ワイヤレス電力伝送技術の研究開発と実用化の最前線

Frontiers of Research and Development of Wireless Power Transfer

監修：篠原真毅
Supervisor：Naoki Shinohara

シーエムシー出版

巻 頭 言

　ワイヤレス給電は古くは1900年前後に N. Tesla が実証実験（150 kHz の電波送電他）を行ったり、同時期に M. Hutin と M. Le-Blanc が当時開発が盛んだった電気自動車のワイヤレス給電（3 kHz の電磁誘導）の特許を取得したりしたことに始まる。1900年前後のこの取り組みは以降の研究開発にはつながらず、いったんは歴史から姿を消すことになるが、電磁誘導を用いたワイヤレス給電も電波を用いたワイヤレス給電も1960〜90年代に様々な研究開発が行われていた。電磁誘導を用いた電動歯ブラシのワイヤレス充電器が商品化されたのは1981年であるし、同じく電磁誘導を利用した IC カード規格 Felica が発売されたのは1995年である。しかし、これらの研究開発や商品は世間一般に目立つようなものではなかった。

　2007年に MIT（マサチューセッツ工科大学）が発表した共鳴（共振）送電は、瞬く間に世間の注目を集め、それまで目立たなかったワイヤレス給電が広く認知され始めるきっかけとなった。その後、携帯電話の置くだけ充電器の世界標準化を目指したコンソーシアムが複数設立され、2010年前後より様々な国際学会でもワイヤレス給電研究が大きく取り上げられ、現在につながることとなった。ワイヤレス給電は、パワーエレクトロニクスや高周波回路技術、アンテナ技術、半導体技術等様々な技術を基盤としてその組み合わせとエネルギーという新しい視点を取り入れることで成り立つため、古くも新しい技術としてその実用化の期待が高まったのである。高まりすぎた期待が近年「ワイヤレス給電はこの先なくなるの？」という疑問も生んだりもしているが、逆にこのような疑問が生まれた背景を技術的に克服し、ワイヤレス給電の一層の実用化を加速するように現在は研究開発が行われている。これまで電波法的には定義すらなかったワイヤレス給電は、電波の利用法について議論する国際会議 International Telecommunication Union Radiocommunication Sector（ITU-R）で2013年以降議論が一気に活発化し、並行して電波利用機器の利用法や規格等を定める ARIB（一般社団法人電波産業会）や CISPR（国際無線障害特別委員会）でもワイヤレス給電について議論されるようになった。2015年後半には電波法施行規則の一部を改正する省令が総務省より発行され、国際的にも国内的にもワイヤレス給電の実用化の加速が始まっている。

　本書第1章ではワイヤレス給電技術の総論として、ワイヤレス給電の基礎理論、2007年以前のワイヤレス給電の研究開発の歴史と、2007年以後のワイヤレス給電の標準化や国際動向、安全性や EMC の議論を述べている。第2章ではワイヤレス給電が最も期待されている自動車へのワイヤレス給電の応用の最新状況を述べている。第3章では携帯電話やホームユース、工場内搬送車等、様々なワイヤレス給電の応用の最新状況を述べている。本書では電磁誘導を用いたワイヤレス給電も電波を用いたワイヤレス給電も両方をカバーしており、また日本のみならずアメリカ、ヨーロッパ、韓国の研究開発の現状もカバーしている。本書を通じ、ワイヤレス給電の基礎から最新の世界のワイヤレス給電の研究開発現状まですべて俯瞰することができるはずである。

2016年8月

京都大学　篠原真毅

―――― 執筆者一覧（執筆順）――――

篠原 真毅	京都大学　生存圏研究所　生存圏電波応用分野　教授
平山 裕	名古屋工業大学　工学部　准教授
高橋 俊輔	早稲田大学　大学院環境・エネルギー研究科　環境調和型電動車両研究室　客員上級研究員
松木 英敏	東北大学　未来科学技術共同研究センター　次世代移動体グループ　教授
藤野 義之	東洋大学　理工学部　電気電子情報工学科　教授
庄木 裕樹	㈱東芝　技術統括部　技術企画室　参事
Nuno Borges Carvalho	Instituto de Telecomunicações, Dep. Electrónica Telecomunicações e Informática, Universidade de Aveiro, Full Professor
Apostolos Georgiadis	Heriot-Watt University, School of Engineering and Physical Sciences, Institute of Sensors, Signals and Systems, Associate Professor
Pedro Pinho	Instituto de Telecomunicações, Instituto Superior de Engenharia de Lisboa
Ana Collado	Heriot-Watt University, School of Engineering and Physical Sciences, Institute of Sensors, Signals and Systems
Alírio Boaventura	Instituto de Telecomunicações, Dep. Electrónica Telecomunicações e Informática, Universidade de Aveiro
Ricardo Gonçalves	Instituto de Telecomunicações, Dep. Electrónica Telecomunicações e Informática, Universidade de Aveiro
Ricardo Correia	Instituto de Telecomunicações, Dep. Electrónica Telecomunicações e Informática, Universidade de Aveiro
Daniel Belo	Instituto de Telecomunicações, Dep. Electrónica Telecomunicações e Informática, Universidade de Aveiro

Ricard Martinez Alcon	Escola d' Enginyeria de Telecomunicacio I Aerospacial de Castelldefels, Universitat Politecnica de Catalunya
Kyriaki Niotaki	Benetel Ltd.
大西 輝夫	㈱NTTドコモ　先進技術研究所　ワイヤレスフロントエンド研究グループ　主任研究員
平田 晃正	名古屋工業大学　大学院工学研究科　電気・機械工学専攻　教授
和氣 加奈子	（国研）情報通信研究機構　電磁波研究所　電磁環境研究室　主任研究員
日景　隆	北海道大学　大学院情報科学研究科　助教
横井 行雄	京都大学　生存圏研究所　研究員
Seungyoung Ahn	Korea Advanced Institute of Science and Technology (KAIST) Associate Professor
大平　孝	豊橋技術科学大学　電気・電子情報工学系　教授，未来ビークルシティリサーチセンター　センター長
石野 祥太郎	古野電気㈱　技術研究所
中川 義克	インテル㈱　政策推進本部　主幹研究員
Hatem Zeine	OSSIA INC. CEO
Alireza Saghati	OSSIA INC.
鶴田 義範	㈱ダイヘン　ワイヤレス給電システム部　部長
細谷 達也	㈱村田製作所　技術・事業開発本部　シニアリサーチャー
原川 健一	㈱ExH（イー・クロス・エイチ）　代表取締役
張　　兵	（国研）情報通信研究機構　ワイヤレスネットワーク総合研究センター　ワイヤレスシステム研究室　主任研究員
牧野 克省	（国研）宇宙航空研究開発機構　研究開発部門　宇宙太陽光発電システム研究チーム　主任研究開発員

目次

第1章 総論

1 ワイヤレス給電の理論
　—電磁誘導とマイクロ波送電の関係性—
　……………………… 平山　裕 … 1
　1.1 そもそも，電力とは ……………… 1
　1.2 そもそも，ワイヤレス電力伝送とは
　　　…………………………………… 2
　1.3 ワイヤレス給電システムの分類 … 3
　1.4 ワイヤレス給電システムの構成要素
　　　…………………………………… 5
2 電磁誘導方式ワイヤレス給電技術の歴
　史—EV— ……… 高橋俊輔 … 11
　2.1 はじめに …………………………… 11
　2.2 移動型ワイヤレス給電 …………… 11
　2.3 静止型ワイヤレス給電 …………… 15
　2.4 おわりに …………………………… 23
3 電磁誘導方式ワイヤレス給電技術の歴
　史—医療応用— ………… 松木英敏 … 25
　3.1 はじめに …………………………… 25
　3.2 非接触電力伝送方式 ……………… 25
　3.3 医療分野への応用 ………………… 32
　3.4 生体影響の考え方 ………………… 34
4 マイクロ波方式ワイヤレス給電の歴史
　……………………… 藤野義之 … 40
　4.1 マイクロ波方式ワイヤレス給電の歴
　　　史 …………………………………… 40
　4.2 実証試験を中心としたマイクロ波受
　　　電技術 ……………………………… 44
　4.3 まとめ ……………………………… 49

5 ワイヤレス給電，日本と世界はどう動
　くのか—標準化の最前線から—
　……………………… 庄木裕樹 … 50
　5.1 はじめに …………………………… 50
　5.2 制度化・標準化における課題 …… 50
　5.3 我が国における制度化 …………… 51
　5.4 利用周波数の国際協調 …………… 53
　5.5 CISPRにおけるEMC規格の標準化
　　　状況 ………………………………… 56
　5.6 IEC TC106における電波暴露評価,
　　　測定方法の検討 …………………… 56
　5.7 標準規格化の動向 ………………… 57
6 Far-Field Wireless Power
　Transmission for Low Power
　Applications
　……………… Nuno Borges Carvalho,
　　　　　　　　Apostolos Georgiadis,
　　　　　　Pedro Pinho, Ana Collado,
　　　　　　　　　　Alírio Boaventura,
　　　　　　　　　　Ricardo Gonçalves,
　　　　　　Ricardo Correia, Daniel Belo,
　　　　　　　　Ricard Martinez Alcon,
　　　　Kyriaki Niotaki, 篠原真毅 … 61
　6.1 概要—小電力応用のための遠距離ワ
　　　イヤレス電力伝送— ……………… 61
　6.2 Introduction ……………………… 62
　6.3 Far Field WPT – Rectenna Design:
　　　Recent Progress and Challenges … 62

6.4 Novel Materials and Technologies – Use of Cork as an Enabler of Smart Environments ……………………… 75
6.5 Applications – Bateryless Wireless Sensor Networks ……………… 83
6.6 Applications – Bateryless Remote Control ……………………………… 87

7 ばく露評価と国際標準化動向
…… **大西輝夫, 平田晃正, 和氣加奈子**…… 96
7.1 はじめに …………………………… 96
7.2 評価指標 …………………………… 97
7.3 ばく露評価手順 …………………… 98
7.4 ばく露評価例 …………………… 101
7.5 国際標準化の動向 ……………… 105
8 ワイヤレス給電とEMC―ペースメーカを一例に― ……………… **日景　隆**…108

第2章　自動車への展開

1 EV用ワイヤレス給電の市場概要と今後の標準化ロードマップ
……………………… **横井行雄**… 113
1.1 はじめに …………………………… 113
1.2 ワイヤレス給電の市場概要とロードマップ ………………………… 114
1.3 ワイヤレス給電と法制度と規則 … 117
1.4 EV向けワイヤレス給電の国際標準化 ………………………………… 121
1.5 今後の展開 ………………………… 123
2 EVバスへのワイヤレス充電システムの開発動向 ……… **高橋俊輔**… 127
2.1 はじめに …………………………… 127
2.2 バス用ワイヤレス充電システムの初期の歩み …………………………… 128
2.3 EVバス用ワイヤレス充電システムの開発動向 ……………………… 130
2.4 おわりに …………………………… 138
3 Korean WPT to EV – OLEV
……… **Seungyoung Ahn, 篠原真毅**… 141
3.1 概要―韓国における電気自動車へのワイヤレス給電技術 – OLEV …… 141
3.2 Wireless Power Transfer Technology in Korea …………… 142
3.3 Vehicular Wireless Power Transfer System ……………………………… 142
3.4 Future Wireless Power Transfer System in Korea ………………… 151
4 電化道路電気自動車（EVER）
………………………… **大平　孝**… 154
4.1 ワイヤレス3本の矢 ……………… 154
4.2 ワイヤレス電力伝送 ……………… 154
4.3 電気自動車 ………………………… 159
5 管内ワイヤレス電力伝送技術の車載応用 ……………… **石野祥太郎**… 164
5.1 車載ワイヤレス技術の動向と要求 ………………………………………… 164
5.2 管内ワイヤレス電力伝送 ……… 165
5.3 ワイヤレス電力・通信伝送 …… 170
5.4 今後の展望と課題 ……………… 172

第3章　携帯電話他への応用展開

1 AirFuel Alliance の現状と今後の展開 …………中川義克… 176
  1.1 はじめに ………………………… 176
  1.2 AirFuel Alliance の組織構成 ……… 177
  1.3 AirFuel Inductive WC の活動 …… 178
  1.4 AirFuel Resonance WC の活動 …… 179
  1.5 AirFuel Uncoupled WC の活動について ………………………………… 181
  1.6 AirFuel Infrastructure WC ………… 182
  1.7 最後に …………………………… 183

2 Remote Wireless Power Transmission System 'Cota'
  …… Hatem Zeine, Alireza Saghati, 篠原真毅… 185
  2.1 概要—遠隔ワイヤレス電力伝送システム「Cota」 …………………… 185
  2.2 Abstract ………………………… 185
  2.3 Introduction …………………… 186
  2.4 Operation Concepts …………… 187
  2.5 System ………………………… 193
  2.6 Applications …………………… 194
  2.7 Conclusion …………………… 195

3 工場内自動搬送台車（AGV）へのワイヤレス給電 ………………鶴田義範… 197
  3.1 はじめに ………………………… 197
  3.2 磁界共鳴方式によるワイヤレス給電の電力伝送原理 ………………… 198
  3.3 AGV の市場について …………… 200
  3.4 AGV のワイヤレス給電化の利点について …………………………… 200
  3.5 AGV で使用されている蓄電デバイス ………………………………… 202
  3.6 蓄電デバイスとしての電気二重層キャパシタ（EDLC）利用の利点について …………………………… 203
  3.7 実用例 …………………………… 204
  3.8 まとめ …………………………… 207

4 小型 MHz 帯直流共鳴ワイヤレス給電システムの設計開発 ……細谷達也… 208
  4.1 はじめに ………………………… 208
  4.2 直流共鳴ワイヤレス給電システムと高周波パワーエレクトロニクス ………………………………………… 208
  4.3 6.78 MHz 帯磁界結合方式直流共鳴ワイヤレス給電システム規格 …… 216
  4.4 直流共鳴ワイヤレス給電システムの設計 …………………………… 218
  4.5 共鳴結合回路の統一的設計法（MRA/HRA/FRA 手法） ………… 222
  4.6 まとめ …………………………… 229

5 電界結合方式を用いた回転体への電力伝送技術 ………………原川健一… 231
  5.1 まえがき ………………………… 231
  5.2 電界結合方式 …………………… 231
  5.3 在来技術との比較 ……………… 235
  5.4 実施例 …………………………… 238
  5.5 まとめ …………………………… 241

6 2次元 Surface WPT ………張　兵… 243
  6.1 はじめに ………………………… 243
  6.2 2次元 Surface WPT 技術の概要 ………………………………………… 243
  6.3 電力伝送をする周波数とその共用検討 ………………………………… 244
  6.4 Q 値の算出方法 ………………… 245
  6.5 電力供給制御方式 ……………… 247
  6.6 表層メッシュパターンの検討 …… 247

6.7 レトロディレクティブ方式による電力伝送 …………………………… 250
6.8 おわりに ………………………… 252
7 宇宙太陽光発電システムを想定したマイクロ波ビーム方向制御技術の研究開発 ……………………… **牧野克省**… 254
7.1 はじめに ………………………… 254
7.2 宇宙太陽光発電システム（SSPS）の概要 ……………………………… 254
7.3 過去に世界各国で検討された代表的な宇宙太陽光発電システム（SSPS） …………………………………… 256
7.4 日本において検討されてきた代表的な宇宙太陽光発電システム（SSPS） …………………………………… 257
7.5 宇宙太陽光発電システムの実現に向けて（マイクロ波無線電力伝送地上実証試験の実施）………………… 260
7.6 おわりに ………………………… 265

第1章　総論

1　ワイヤレス給電の理論―電磁誘導とマイクロ波送電の関係性―

平山　裕*

1.1　そもそも，電力とは

　ワイヤレス電力伝送の特徴を明らかにするために，まずは有線による電力伝送について考えよう。最も単純な有線電力伝送回路は，図1に示すような乾電池と豆電球を2本の線でつなぐ回路である。2線間の電圧をV，線を流れる電流をIとすれば，$P=VI$の電力が乾電池から豆電球に輸送され，豆電球で光および熱エネルギーに変換されている。では，この回路のどこを電力が輸送されているのだろうか。この問題に答えるためには，電気回路学の知識では不十分であり，電気磁気学の理解が必要となる。図1に示されているように，電圧は電界を積分した値であり，電流は磁界を積分した値である。一方，輸送される電力の実体は電界と磁界のベクトル積であるポインティングベクトル[1]であり，これを2本の線を横切る平面上で積分した値が$P=VI$と等しくなる。つまり，このような単純な回路であっても，電力の実体は電圧や電流ではなく，空間中の電磁エネルギーである[2]。これは，3相交流であっても同様である[3]。

　この回路において，インピーダンス$Z=V/I$は，電力の状態を表す量となる。インピーダンスという概念は機械や音響の分野においても圧力と速度の比を表す量として定義されている。つまり，電気の世界の物理量である電圧Vと電流Iよりも，その積である電力$P=VI$と，その比で

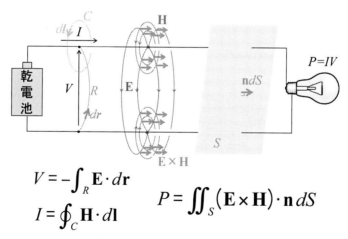

図1　電気回路における電力の流れ

---

*　Hiroshi Hirayama　名古屋工業大学　工学部　准教授

あるインピーダンス $Z=V/I$ が，エネルギーとしてのより汎用的で本質的な物理量であるといえる。

通信工学の分野ではよく知られているように，電磁エネルギーはTEモードやTMモード，TEMモードなど，伝播のための構造に応じたモードで伝播する。また，それぞれの伝播モードにはカットオフ周波数が存在し，構造の大きさにより決定される，ある周波数以上，もしくは以下の周波数は伝播できない。様々なモードのうち，カットオフ周波数に下限が無い，すなわち直流から電磁エネルギーを伝播できるのはTEMモードであり，TEMモードの伝播のためには2本の導体が導波路構造として必要になる。図1の回路において乾電池と豆電球を接続するために2本の線が必要な理由は，まさしくここにある。

以上より，有線による電力伝送とは，2本の導体からなる導波路構造を用いて，TEMモードの電磁界により，電力 P を，インピーダンス Z の状態で，導体の周りの空間を通して輸送するシステムといえる。

1.2 そもそも，ワイヤレス電力伝送とは

前項を鑑みて，ワイヤレス電力伝送の本質は何であるか考えてみよう。電磁誘導からマイクロ波送電まで多様なワイヤレス電力伝送技術があるが，一般化した構成は図2のようになる。商用電源やバッテリーから来た電力を，主に半導体から構成される電源回路で高周波に変換し，インダクタやキャパシタから構成される高周波受動回路を通して，アンテナやコイルなどの結合器に供給する。受電側では結合器・高周波受動回路を通った後，整流器で直流にされ，場合によってはDC-DCコンバーターなどで必要な電圧に調整される。

前節で論じたように，電力の実体が電磁エネルギーであることを考えると，電力は図2の矢印のように電源から負荷へと輸送される。それでは，この矢印の上で，電力はどのように姿を変えているだろうか。ワイヤレス電力伝送システムにおける最重要デバイスである結合器（アンテナやコイル）は，2本の導体をTEMモードで伝わってきた電力を，モード変換して導体から引き離して伝播させるデバイスである。これを実現するためには周波数が高い必要がある一方，電源

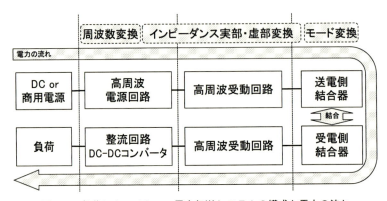

図2　一般化したワイヤレス電力伝送システムの構成と電力の流れ

や負荷は直流もしくは50/60 Hzである。そのため，電力の周波数を変換するのが高周波電源回路や整流回路である。さらに，高周波受動回路やDC-DCコンバーターは，電力のインピーダンスを変換して伝送効率を高める役割を果たす。

すなわち，ワイヤレス電力伝送システムとは，電磁エネルギーの周波数とインピーダンスとモードを変換することにより，空間中を介して電力を輸送するシステムであるといえる。

電力の周波数変換・低周波におけるインピーダンス変換を扱う分野はパワーエレクトロニクスである[4]。一方，電磁界のモード変換や高周波におけるインピーダンス変換はアンテナ・マイクロ波工学[5]の範疇となる。また，磁気工学[6]も電磁界（特に磁界）を扱う学問体系である。さらに，パワーエレクトロニクスの基礎となっているのは半導体工学である。そのため，ワイヤレス電力伝送技術は，これらの境界領域にある技術となる。

1.3 ワイヤレス給電システムの分類

ワイヤレス給電システムは，高周波を用いて電力を送る技術である。そのため，高周波技術と電力技術の両方の領域で，それぞれ独自の発展を遂げてきた。ここでは，それらの技術を電磁エネルギー伝送の観点から図3に分類する。なお電磁エネルギー伝送には，厳密には光エネルギー伝送も含まれるが，ここでは割愛する。

(1) 近傍界を用いるワイヤレス電力伝送：力率整合のみ

古くから電動歯ブラシやRFIDなどで実用化されている方法である。電磁誘導を用いた結合に力率補償を目的とした共振コンデンサを接続した方式である。インピーダンスの虚部は補償されるが実部の整合を行っていないため，伝送距離が離れると結合係数が低下し，それがそのまま伝送効率の低下となる。

(2) 近傍界を用いるワイヤレス電力伝送：共役影像インピーダンス整合を用いる

MITの論文[7]により，いわゆる「共振型」に注目が集まった。従来からの電磁誘導方式にも力率補償のための共振コンデンサが用いられていたのにも関わらず，「共振型」は高効率が達成できるのは，同論文で「at exact resonance（$\omega_1 = \omega_2$ and $\Gamma_1 = \Gamma_2$）」と書かれているように，単に共振周波数をそろえるだけでなく，インピーダンス実部の整合も行うためである。電力の分野では，1個の電源に複数の負荷が接続される上，負荷の電力需要が負荷の都合で決まるため，電圧を一定として負荷のインピーダンス実部を任意とするのが常識であった。また，電源の出力インピーダンスは十分に小さいとみなすことができるので，伝送損失を最小にするために力率整合，すなわちインピーダンスの虚部のみの整合を行うことが常識であった。一方，通信の分野では送信機とアンテナは1対1で接続する。また，ケーブルの長さが波長に比べて無視できないため，整合をとらないとインピーダンスがケーブルの長さに依存してしまう。そのため，電源の出力インピーダンスと伝送線路の特性インピーダンスと負荷の入力インピーダンスを一致させることが常識であった。さらに，有限の出力インピーダンスを前提として，負荷の受電電力を最大にするために複素共役整合をとることが常識で

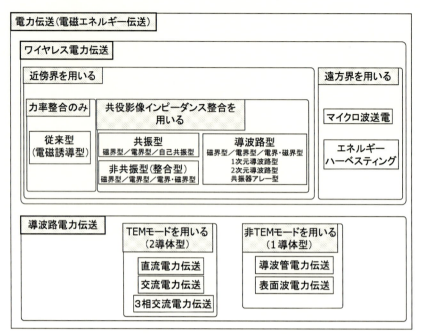

図3　電磁界モードとインピーダンス整合から見た電力伝送方式の分類

あった。この観点からすると，いわゆる「共振型」の本質は，近傍界を用いた結合に，送電側と受電側で同時に複素共役整合を達成する，共役影像インピーダンス整合を適用することといえる。

MITの論文が出た直後は，「共振」の原理に基づく方式が多数提案されていた。一方，研究が進み，その本質は「共振」ではなく「共役影像インピーダンス整合」であることが理解されるようになると，共振の原理を用いない方式も多数提案されるようになった。

さらに，走行中給電を目的とした，送電側に1次元導波路を使う方式や，机の上や室内のどこでも使えることを目的とした2次元導波路を用いた方式なども提案されている。これらの方式は，送電側が共振器という構造をもたないため，導波路型と分類することが適当であろう。

いずれの方式においても，送電側と受電側の結合に注目すると，電界を主に用いる方式，磁界を主に用いる方式に分類される。自己共振を用いた場合は，電界と磁界の両方の影響が無視できなくなる[8]。

(3) 遠方界を用いるワイヤレス電力伝送

従来から宇宙太陽光発電などを目標に開発が進められてきたマイクロ波送電は，遠方界を用いる方法に分類される。遠方界においては磁界と電界の大きさの比が自由空間の空間インピーダンス（約377 Ω）となり，電界と磁界の両方が等しくエネルギー伝送に寄与することになる。

また，最近注目が集まっている，電磁波を用いたエネルギーハーベスティングも遠方界を用いるワイヤレス電力伝送に分類される。

(4) 導波路電力伝送：TEMモードを用いる（2導体型）

1.1項で議論したように，電気回路の領域における有線電力伝送も，TEMモード電磁界を用いた空間中の電磁エネルギー輸送であるといえる。

(5) 導波路電力伝送：非TEMモードを用いる（1導体型）

マイクロ波送電の応用として，導波管を応用した電力伝送が提案されている。この場合，TEモードやTMモードなど，単一の導体からなる構造体でも伝播可能なモードを用いた導波路電力伝送であるといえる。

また，放送波の伝送を目的として，1本の導線の表面波を用いたグーボー線路[9]が提案されている。これも，非TEMモードを用いた表面波電力伝送に分類が可能である。

1.4 ワイヤレス給電システムの構成要素
1.4.1 結合器

ワイヤレス給電システムにおける最重要デバイスは，コイルやアンテナに代表されるような，空間を介して電力を送受するデバイスである。しかしながら，ワイヤレス給電は，様々な分野に基づく技術であるため，この最重要デバイスの統一した名称が無いことが，異分野間の技術を理解する上で問題となっている。

たとえば，「コイル」という用語が用いられる。この用語は，電界型や伝送路型など，コイルを用いない方式には使用できない。さらに，物理的形状としての「コイル」と，インダクタとしての「コイル」の区別がつかず，自己共振型「コイル」は，インダクタではなくLC共振回路として動作する場合があるという問題もある。

「共振器」という用語も用いられる。これは，共振を利用しない方式には使えない上，「共振器」に含まれるものが曖昧という問題がある。すなわち，結合コイルと共振キャパシタから構成される「共振器」の場合，結合コイルだけを指すのか，結合コイルと共振キャパシタの両方を指すのかが，同一の文献の中でさえも混同して用いられている場合が見受けられる。

「アンテナ」という用語も用いられる。電子情報通信学会の定義によれば[5]，「アンテナ」とは「電磁波と回路の間のエネルギー変換デバイス」である。電磁波と電磁界の違いを考慮すると，近傍界を用いたシステムで「アンテナ」と呼ぶことは適切ではない。

ここでは，「電磁界と電気回路の間のエネルギー変換を行うことを目的としたデバイス」を「結合器」と呼ぶ。電磁誘導による結合に用いられるコイルは結合器であるが，整合回路でインダクタとして用いられるコイルは結合器ではない。電界もしくは磁界結合によるワイヤレス給電を目的とした平行2本線路は結合器であるが，回路と回路を接続するための平行2本線路は結合器ではない。遠方界を送受するためのアンテナは結合器である。

なお，マイクロ波の分野においては「方向性結合器」などの「結合器」という概念が既に用い

られているが，ここでいう「結合器」はマイクロ波における結合器を含む，より広い概念である。

ワイヤレス給電のためには，少なくとも2個の結合器が必要である。分野によっては「1次側」「2次側」と呼んだり「送電側」「受電側」と呼んだりする場合があるが，ここでは後者に統一する。

1.4.2 ワイヤレス給電システムにおける周波数変換・インピーダンス変換・モード変換の実装方法

1.2項で議論したように，ワイヤレス給電システムは周波数変換・インピーダンス変換（実部・虚部）・モード変換の機能を有する。これを実際にどのように実現するかによって，1.3項で分類したような多様な方式が存在する。ここでは，図4を用いて，これらの方式がどのように周波数・インピーダンス・モード変換を実現しているのかを整理する[10]。

(1) 結合コイルと共振コンデンサを用いる場合

kHzオーダーのワイヤレス電力伝送でよく用いられる，結合のためのコイル（インダクタ）と，共振のためのキャパシタを用いた場合は，図4(a)のようになる。同一の回路構成であっても，2通りの解釈が可能である。

コイルとキャパシタから構成された共振器の結合と捉えると，図4(a)iのようになる。「共振」の意味を入力インピーダンスの虚部が0になることと考えれば，ここでいう「共振器」はインピーダンスの虚部の変換と電磁界のモード変換を行っていることになる。この考え方に基づけば，結合により共振周波数が割れる現象は，結合モード理論で説明できる。

結合コイルの結合のうち，結合に寄与する磁束を理想変成器で等価回路表現すると，漏れ磁束は直列に挿入されたインダクタと等価になる。これによる遅れ位相を進相コンデンサにより力率補償すると考えれば，図4(a)iiのようになる。伝送距離が変われば漏れ磁束も変わるため，進相コンデンサの値も変えるべきものとなる。この考え方に基づけば，結合により共振周波数が割れる現象は，進相コンデンサの値を変えずに伝送距離を変えたため過補償もしくは補償不足になるためと説明できる。

いずれの場合も，伝送効率を最大にするためには，インピーダンスの実部の整合が必要となる。

(2) 高周波パワーエレクトロニクス技術と結合器を用いる場合

インバーターのデューティー比を変えることにより，結果的にインピーダンスの実部を変換するのと等価となる。このことを積極的に利用した場合は，図4(b)のようになる。

(3) 自己共振アンテナを用いる場合

両端が開放になったコイルは，中央部を流れる電流と端部にたまる電荷によりLC共振器となる。このような自己共振器を用いた場合は図4(c)のようになる。共振器という一つの構造物自体が電磁界のモード変換とインピーダンスの虚部の整合の役割を果たす。

(4) 間接給電された自己共振器を用いる場合

MITの実験[7]で用いられたような，自己共振のための開放型ヘリカル構造の近傍に給電のためのループを設置し，ループに電源や負荷を接続する場合は図4(d)のようになる。MIT

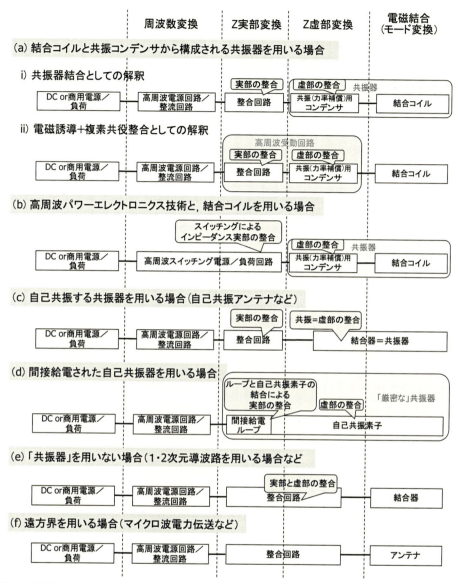

図4　多様な無線電力伝送方式における周波数変換・インピーダンス変換・モード変換の実現方法

の論文で明記されているように，「厳密な共振」というのは，単に2つの共振器の共振周波数が等しいだけではなく，インピーダンスが等しい必要がある．自己共振素子は電磁界のモード変換とインピーダンスの虚部の整合を行うと同時に，自己共振素子とループの結合がインピーダンス変換トランスの役割を果たし，インピーダンスの実部の整合を行う．

(5) 共振器を用いない場合

　走行中給電のような場合は，送電側の構造が導波路構造となり，共振という考え方がそぐわない．このような場合は，図4(e)に示すように結合器はモード変換を行い，整合回路に

よってインピーダンスの実部と虚部の変換を行うことになる。

(6) 遠方界を用いる場合

マイクロ波送電のような遠方界を用いる方法も，図4(f)のように表現できる。遠方界を使う場合は結合が非常に弱くなり，受電側の負荷の状態が電源側に影響しないので，それぞれのコンポーネントを独立に設計して接続できることが特徴となる。

1.4.3 近傍界型ワイヤレス給電システムにおける構成要素のパラメータ

前項の議論では，電磁誘導からマイクロ波送電までのワイヤレス電力伝送システムを，定性的に，1つのモデルで説明することができた。本項目では，近傍界を用いた方式に限定して，定量的な議論を進める。ワイヤレス電力伝送システムの設計目標は高効率化であり，そのためには結合係数 k と Q ファクタが重要であることは，既に MIT の論文で述べられている通りである。しかしながら，ひとことに k や Q と言っても，その定義は様々である。共振器の k や Q は，共振モードに対して定義され，周波数の依存性を持たない。一方，インダクタやキャパシタの k や Q は，周波数依存性を持つ量となる。図5で示すように，「結合器」という概念と「共振器」という概念を明確に識別することにより，これらの区別が可能となる。

図5は，近傍界を用いた方式について図4をパラメータにより特徴付けたモデルである。直流または商用電源から負荷の間の効率が，最終的な総合効率となる。これは，高周波への変換効率と，高周波区間の効率と，直流への変換効率を乗じたものとなる。

結合器は単体時の Q ファクタと，結合器間の結合係数 k で特徴づけられる。結合係数は電界結合係数 kc と磁界結合係数 km により決定する。結合器の対を2ポートデバイスとみなせる場

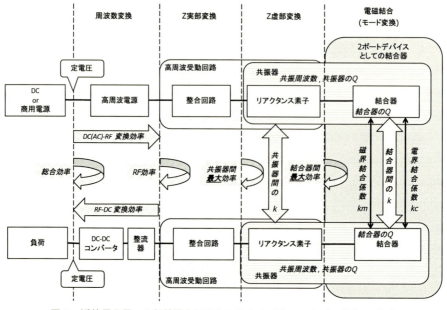

図5　近傍界を用いた無線電力伝送システムのパラメータ（一般化モデル）

合は，この結合器の対により実現できる最大効率は，2ポートデバイスのSパラメータにより決定する[11]。遠方界を用いた方式では，アンテナ間の伝送効率はフリス伝達公式[12]により決定されるが，近傍界を用いた方式においては文献[11]で示された効率が達成しうる最大の効率となる。すなわち，結合器の設計者は最大効率を向上させる設計を行い，整合回路や電源回路の設計者は，この効率を達成する回路の設計を行うという分業が可能となる。

結合器にリアクタンス素子を接続して，これらを共振器とみなした場合は図6のようになる。この場合の共振器間の結合係数やQ値は，結合器だけでなくリアクタンス素子の影響も含んだものとなる。

図5の一般化モデルを，インピーダンス整合と捉えた場合は図7のように示される。結合器間の最大効率を実現するための整合回路を設計すれば，共振の概念を用いずとも効率の向上が可能である。インピーダンスの虚部が0になることを以て共振と呼ぶのならば，結果的に整合回路の接続により共振が達成されたこととなる。

結合器の結合においては電界結合と磁界結合の両方が影響する。等価回路を用いた電界結合係数・磁界結合係数の導出は文献[13]で示されている。また，共振器の結合現象については，文献[14]で多面的に検討されている。

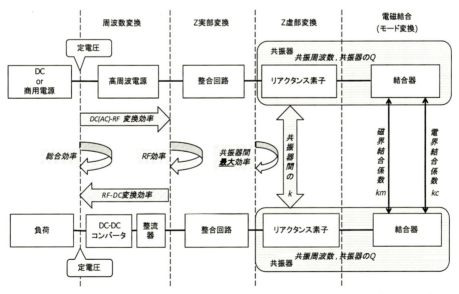

図6　近傍界を用いた無線電力伝送システムのパラメータ（共振器の結合と捉えた場合）

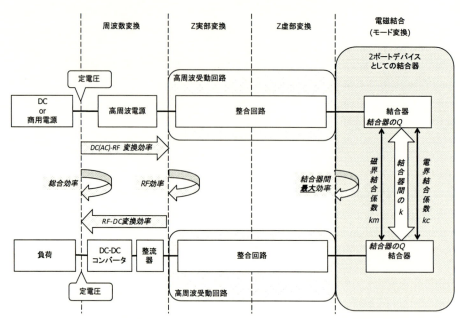

図7 近傍界を用いた無線電力伝送システムのパラメータ（インピーダンス整合と捉えた場合）

文　　献

1) J. H. Poynting, *Phil. Trans. R. Soc. Lond.*, **175**, 343-361（1884）
2) 原雅則，電気エネルギー工学通論，p. 21, オーム社（2003）
3) L. S. Czarnecki, *IEEE Transactions on Power Delivery*, **21**(1), 339-344（2006）
4) パワーエレクトロニクスハンドブック編集委員会，パワーエレクトロニクスハンドブック，オーム社（2010）
5) 電子情報通信学会編，アンテナ工学ハンドブック，電子情報通信学会（2008）
6) 川西健次，近角聰信，櫻井良文編集，磁気工学ハンドブック，朝倉書店（1998）
7) A. Kurs, A. Karalis, R. Moffatt, J. Joannpoulos, P. Fisher, M. Soljacic, *Science Magazine*, **317**(5834), 83-86（2007）
8) 平山裕，菊間信良，電子情報通信学会論文誌, **J98-B**(9), 868-877（2015）
9) G. Goubau, *Proceedings of the IRE*, **39**(6), 619-624（1951）
10) 平山裕，信学技報, **115**(289), WPT2015-49, 17-22（2015）
11) T. Ohira, *IEICE Electronics Express*, **11**(13), 1-6（2014）
12) H. T. Friis, *Proceedings of the IRE*, **34**(5), 254-256（1946）
13) N. Inagaki, *IEEE Trans. on Microwave Theory and Techniques*, **62**(4), 901-908（2014）
14) 粟井郁雄，張陽軍，電子情報通信学会論文誌 C, **J98-C**(12), 314-321（2015）

2　電磁誘導方式ワイヤレス給電技術の歴史 ― EV ―

高橋俊輔[*]

2.1　はじめに

　電気と磁気を結びつける関係として1820年にデンマークの Hans C. Oersted により電流による磁気作用は発見されていたが，磁気から電気が発生することは1831年にイギリスの Michael Faraday によって見出された。これは，静止している導線の閉じた回路を通過する磁束が変化するとき，その変化を妨げる方向に電流を流そうとする電圧（起電力）が生じるという電磁誘導現象の発見であり，この発見から変圧器の基本となる原理であるファラデーの電磁誘導の法則が導き出され，後のイギリスの James C. Maxwell による電磁方程式の確立に多大な影響を与えた。1836年にアイルランドの Maynooth 大学 Nicholas Callan 牧師が誘導コイルを発明し，これが変圧器として広く用いられる初めてのものとなった。

　それ以降，電磁誘導の原理に基づき，対向させた一対のコイルと磁束収束用の磁性体を用い，送受電コイル間に共通に鎖交する磁束を利用するワイヤレス・エネルギー伝送技術がいろいろ研究されたが，この技術を用いた製品が具体的に身の回りで見られるようになったのは1980年代になってからである。これは電磁誘導による電力伝送に高周波電力を用いるため，商用周波数の電源を高周波にするためのインバータ技術が必要となるが，大電力半導体デバイスの普及により，安価で小型，高性能なインバータを容易に入手できるようになったのが，1980年頃であることによる。この頃から，電磁誘導方式のワイヤレス・エネルギー伝送システムの本格的な研究が始まった。

　本稿では，この電磁誘導方式のワイヤレス給電技術の開発の歴史について EV 用を中心に述べる。

2.2　移動型ワイヤレス給電

　電磁誘導式を含むワイヤレス給電には，静止型（図1(a)）と移動型（図1(b)）の2つの方式がある。静止型はヒゲ剃りなどの家電品や EV 用として使われるように，給電中は1次側コイルの直上にギャップを隔てて2次側コイルを置いておく必要があり，移動体側に搭載した電池に電気エネルギーを充電する。移動型は，静止型の1次側コイルのコアを取り去り，コイルをレール状に伸ばして給電線としたもので，ピックアップが給電線上にある限りは搬送車の移動中にも給電が可能である。ワイヤレス給電の当初は，蓄電池の性能が低く大きく重いものであったため EV や搬送台車への走行中連続給電の研究が主で，静止型はかなり後になって蓄電池性能の向上に伴い出現してくる。

　1978年，米国 Lawrence Berkeley Laboratory の J. G. Bolger らによって行われた EV 用ワイヤ

---

[*]　Shunsuke Takahashi　早稲田大学　大学院環境・エネルギー研究科
　　　　　　　　　　　　　環境調和型電動車両研究室　客員上級研究員

ワイヤレス電力伝送技術の研究開発と実用化の最前線

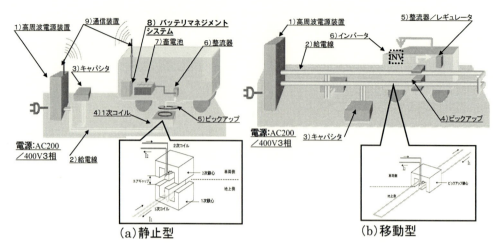

図1　ワイヤレス給電システムの方式

レス給電システムの実験が電磁誘導式ワイヤレス給電システム開発の始まりと言える。20 kWの出力を幅60 cm，長さ1.52 mのピックアップに伝送できたが，使用周波数が180 Hzと低かったため，伝送効率は非常に低く，エアギャップも1インチと短く，当初考えていた走行中給電の実現は難しく，室内での台上試験のみで終わった（図2）[1]。

　1986年に同じく米国のK. Lashkariらが発表した道路に埋設した給電線からEVに走行中給電する実験システムはPATH（Partners for Advanced Transit and Highway）プロジェクトに使われ，3インチのギャップ長で6〜10 kW／モジュールの電力を伝送できたが，漏れ磁束が大きく，また共振回路，特に1次側について十分な検討がなされていなかったため，漏れインダクタンスにより電源力率が悪く効率が60％以下であったため実用には至らなかった（図3）[2]。

　1989年にA. W. Kelleyらが飛行機の座席が移動しても機体側から椅子に給電できる可動疎結合トランス式のワイヤレス給電システムについて発表した。1次側，2次側共に磁性コアを設け

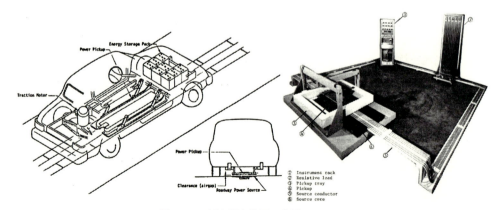

図2　EV用走行中給電の実験システム

第1章　総論

図3　EVバスと受電モジュール

て結合係数とQ値を高め効率の上昇を図っているが，共振回路の検討については十分ではなく，可動距離は短かった[3]。

ニュージーランドのAuckland大学では1970年代初めからDon Ottoがワイヤレス給電の研究を始め，それを受けてA. W. GreenとJ. T. Boysが1988年から研究を進めて，1990年には本格的に共振回路の検討を行って試作機を作った（図4）。1993年に現在の移動型の基本となるIPTシステムを発表し，1次側，2次側共に共振回路を持つ電磁誘導方式のワイヤレス電力伝送システ

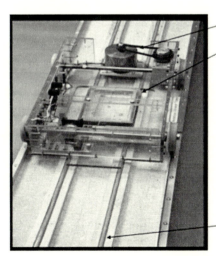

図4　Auckland大学でのIPTシステム

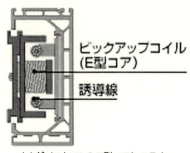 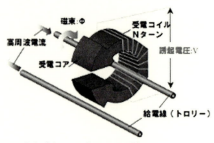

(a) ダイフクHIDのE型コアシステム　　(b) パナソニックDHSのC型コア

図5　移動型のコア形状

ムの形がほぼできあがった。Auckland大学が1988年に特許ホールディング会社として設立したAuckland UniServices がこれらの技術の特許を，日本の搬送システム製造会社のダイフクには全世界の自動車組立，クリーンルーム（半導体・液晶）ライン向けに，ドイツのクレーンリールメーカーのWampflerに対しては前記以外の全ての分野に対し使用許諾をした[4〜6]。

ダイフクは1993年，Auchlamd大学の技術をベースに，使用周波数を日本の電波法に抵触しない10 kHz以下にし，移動型に特化した図5(a)のE型コアを持つHIDシステムを開発し，半導体・液晶パネル製造クリーンルームや自動車の塗装・組み立てライン向けの搬送システムを製品化して1万システム以上を納入し，業界のディファクトスタンダードと見なせる大きな成功を収めた[7]。ダイフクの特許は非常に強力なもので，同じような製品を開発していた神鋼電機（現，シンフォニアテクノロジー）は最終的には特許訴訟でダイフクに勝訴したものの，訴訟途中でこの分野から撤退した。またパナソニックはダイフクとの特許訴訟から逃れるために，給電線の片側だけから電力供給を受けるC型コアを持つDHSシステムを開発している（図5(b)）。

一方，Wampflerは1996年に移動型のIPT（Inductive Power Transfer）レールシステムを開発し，本業のコンテナクレーン用リールシステムの代替システムやAGV，ソーターなどの搬送ライン，エレベータおよびアミューズメント施設での水中ライドなどの移動体への給電システムで成功を収めた。2002年にWampflerは三井造船とExclusive Distributorship Agreementを締結し，日本国内でのダイフクの分野を除くすべての領域での使用許諾を与え，つくばの土木研究所（現，国土技術政策総合研究所）の舗装耐久性試験台車用に当時世界最大の120 kWのIPTレールシステム（図6）やシールドトンネル内電気機関車，炭鉱内移動監視ロボットへの給電などのフィールド分野に応用されたが，IPTの使用周波数が15〜20 kHzで日本では設置申請が必要なうえ，給電線を長くすると電磁放射が大きくなり，その抑制が難しく，あまり普及することなく2008年に契約を終了している。物流部品総合メーカーを目指すフランスのDelachauxグループは2006年にWampflerを買収し，既に1975年に買収していたスリップリング大手のIER，1976年に買収した導体レールメーカーのInsul-8と合併させて物流における接触と非接触の給電分野に特化したConductix-Wampflerを設立，物流分野に特化したIPTレールシステムを販売している。

第1章 総論

図6 土木研究所（つくば）の舗装耐久性試験用台車システム

ドイツの物流機器電源と導体レールメーカーである Vahle は1997年に独自技術の移動型ワイヤレス給電システム CPS（Contactless Power Supply）を開発し，Wampfler と同じような分野や中国上海市のトランスラピッド給電用など広く世界に販売し，Wampfler に相前後して2000年代に日本に進出しファーレ・ジャパンを設立したが，使用周波数がやはり20 kHz であったことから，なかなか販売が伸びず極東貿易に商権を譲り，その子会社として販売を続けている。

2.3 静止型ワイヤレス給電

移動型ワイヤレス給電システムは1次側の給電線と2次側のピックアップコイルが近接していて結合係数が大きいことと，移動体の位置によってコイル間の共振条件が大きく変わるため殆ど電磁誘導方式が採用されている。一方，EV 用大電力静止型ワイヤレス充電システムには電磁誘導方式と磁界共鳴方式の両方が使われているが，両方のシステムとも等価回路のみならず実際の電源システムや両コイルの共振回路構成も殆ど同じで，1次側と2次側のコイルを積極的に共振させる程度の違いしかなく，最近は磁界結合型と括られることが多いが，ここではメーカーが電磁誘導方式と称しているものを取りあげる。

EV 用の静止型ワイヤレス給電システムとしては，1995年フランスの PSA（Peugeot/Citroen グループ）が発案した Tulip（Transport Urbain, Individuel et Public）計画で，地上に設置した

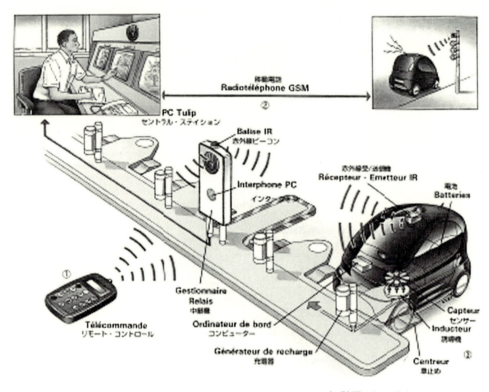

図7 Tulip（Transport Urbain, Individuel et Public）計画のシステム

最大出力6 kWの円形送電コイル上にEVが跨り，床面に設置した受電コイルとの間で給電すると共に，通信システムで充電制御を行うという，現在のものと殆ど変わらないシステムが採用されたが，満充電に道路上で4時間が必要であり，また磁束漏洩が大きく，実験のみで終わった（図7）[8]。1997年，同じくフランスのCGEAおよびRenaultがパリ郊外のサンカンタン・イヴリーヌ市で実験を行ったPraxiteleシステムの構造は，高周波による電磁波漏洩問題から逃れるために床下につけた低周波トランスによるワイヤレス給電であったが，効率が悪く，車両の位置決めが難しいという課題が克服できなかった。コイルの位置決めの問題を解決するため，1998年に本田技研工業がツインリンクもてぎで，ICVS-シティパル用の自動充電ターミナルにおけるワイヤレス充電システムの試験運用を一般公開した。その構造は棒状の分割トランスの1次コイルをロボットアームにより車両の2次コイルに差し込むもので，入力AC200 V，周波数100 kHz，最大出力6 kW，効率87％以上でNi-MH電池を充電率（SOC）20％から100％まで2時間で充電可能であったが，製品化には至らなかった（図8）[9]。

EV用の静止型ワイヤレス給電システムで製品化されたものとしては，米国General Motorsが開発したMagne Chargeと呼ばれるパドル型のものがあり，入力単相200 V，周波数130 kHz～360 kHz，効率86％，最大出力が6.6 kWであった。FCC規則パート15のLow-power, non-licensed transmittersの規定に適合し，他に混信を与えた場合は停止などの措置をするもの

第1章 総論

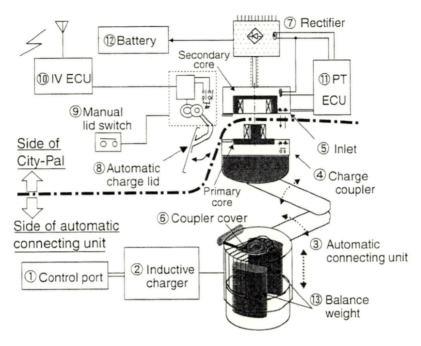

図8 本田技研工業のワイヤレス自動充電システム構成

として認可されていた。制御通信プロトコルはSAE J1773に準拠していて，これ以降のEV用ワイヤレス給電システムも殆どがこのプロトコルを採用している[10]。製造は当初 General Motors の子会社 Delco Electronics が行っていたが，1993年に豊田自動織機にて国産化され，国内数百台，国外に数千台以上が販売された。しかしながら，図9に示すように1次コイルに相当するパドルを2次コイルとなるインレット部に差し込まねばならず，コネクション操作が不要というワ

図9 GMが開発したMagne Charge

17

ワイヤレス電力伝送技術の研究開発と実用化の最前線

図10　ジェノア市に設置されたIPTシステム

イヤレス給電の特徴を損ねる構造をしていたため広く普及するには至らず，2002年にGeneral Motorsは製品サポートを打ち切っている。

　WampflerはIPTレールシステムの電磁誘導技術をベースに，1998年に地上コイルに跨るだけで容易に給電できる入力3相400 V，周波数20 kHz，最大出力30 kWの円形コイル式静止型ワイヤレス給電システムIPTチャージシステムを開発し，2002年に2台並列に接続した60 kWシステムがイタリアのトリノ市やジェノア市の数十台のEVバスに採用された（図10）[11]。日本でも国土交通省の次世代低公害車開発・実用化促進プロジェクトでのIPTハイブリッドバスや新エネルギー・産業技術総合研究開発機構（NEDO）での早稲田大学先進電動マイクロバス（WEB-1）などに採用された。2006年にWampflerからConductix-Wampflerになると買収したDelachauxグループの経営方針に沿って交通系よりも物流系のワイヤレス給電システムに力を入れるようになった。しかしEV，EVバス用ワイヤレス給電システム供給の要望に押されて，Auckland UniServicesは2010年にHalo IPTを設立し，J. T. Boysらが考案したDD-Qコイルを使用したEVを発表するなど活発に活動したが，2011年12月に米国Qualcommに買収されQualcomm Haloになった。Qualcomm Haloは2012年以降，EV分野のワイヤレス給電事業に積極的に進出，3.7 kW／7.4 kW／22 kWのラインアップでDD-Qコイルのほかマルチコイルシステムにも取り組み，円形コイルとの互換性を含め標準化の世界でも存在感を示している。Halo IPTを失ったAuckland UniServices/Conductix-Wampflerグループは2014年に交通系分野に特化する会社としてIPT TechnologyをConductix-Wampflerから独立させ，英国ロンドン近郊のミルトン・キーンズ市で1路線8台のEVバスに30 kW型コイルを4基並列にした120 kW型ワイヤレス給電システムを搭載し，2014年1月から運行を行っている。この他にも2012年にオランダのスヘルトーヘンボス市のEVバスにミルトン・キーンズ市と同じシステムを，2015年にはロンドン市内

第 1 章　総論

図11　2次コイル昇降式 IPT システム

の2階建て EV バスなどに出力を100 kW にして，それを2台並列接続にしたシステムを搭載している。これらのシステムでは2次側コイルを地上給電コイルの上に機械的に降ろしてエアギャップ4～5 cm 程度で電力伝送をすると言う Wampfler の開発当初からの方法を踏襲している（図11）[11]。

早稲田大学による IPT 搭載 WEB-1の運用試験で省エネに効果があることが判明し，NEDO は2005年から4年間，昭和飛行機工業らの研究グループに委託をして IPT と同じ出力30 kW，周波数22 kHz の仕様で開発した円形コイル式 EV バス用ワイヤレス給電システム IPS（Inductive Power Supply）を開発し，コイル形状やリッツケーブル構造，高周波電源装置の最適化により，コイル間ギャップを50 mm から100 mm に増加，商用電源から電池までの総合効率を86％から92％に改善した。その他，2次コイルの重量や厚みを半分にするなど小型，軽量化がはかられている。30 kW 以外に一人乗りのミニカーから LRT などの大型車両向けに1 kW，10 kW，50 kW，150 kW の大電力までシリーズで開発した[12]。環境省の補助金を得てコイル間ギャップを140 mm にした30 kW 型 IPS を2009年に WEB-3，2011年に WEB-4の床下に固定搭載，地上側コイルは地面に面一に設置して，WEB のニーリング機能を使って大ギャップ充電を行い，長野市内で3年間運用した（図12）[13]。

Auchland 大学の電気・電子および生体工学の博士コースを出た H. Wu は2012年ユタ州立大学

図12　WEB-4の1次コイルと2次コイルの設置

図13　Aggie Bus の 1 次コイルと 2 次コイルの設置

で図13の周波数20 kHz，出力25 kW の円形コイルのワイヤレス給電システムをキャンパスバスの Aggie Bus に搭載運用してデータを蓄え，このシステムを製造するために設立された WAVE（Wireless Advanced Vehicle Electrification）は改良を加え周波数23.4 kHz，エアギャップ 7 インチ，出力50 kW のワイヤレス給電システムをバスに搭載し，2015年 6 月からカリフォルニア州モントレー市で 4 マイルの走行ルートを10分間充電，30分間走行の運用を行っている[14]。

　鉄道車両や航空機のメーカーでコングロマリット企業の Bombardier は自社で開発した周波数20 kHz，エアギャップ6.5 cm で効率92％，出力250 kW の電磁誘導式ワイヤレス給電システムである PRIMOVE 技術と，車両搭載の電気二重層キャパシタに回生を行う MITRAC energy saver 技術と合わせてエネルギー消費量を30％軽減するシステムをドイツのアウグスブルグ市の路面電車へ搭載して，2010年末に0.8 km の走行中ワイヤレス給電実証試験を成功裏に実施した。2012年に Flanders' DRIVE research project において同じシステムをベルギーのロンメル市の1.2 km の道路に埋め込んで EV バスへの走行中給電の実証をした。地上のコイルは車体長より短い区間に区切られ，車両が上に来た時にだけ電流を流す PRIMOVE 技術で電磁波の影響を最小限化していて，磁束密度は EU 基準に適合している。2014年にドイツのブラウンシュバイク市の全長12 km の環状ルート M19のターミナルとバス停の 2 カ所に200 kW のワイヤレス給電システムを設置し，乗客が乗り降りする間に12 m と18 m 連接の EV バスに静止中充電をしている。ベルギーの世界遺産都市ブルージェ市やドイツのマンハイム市でも運用が始まっている。Bombardier のシステムも IPT Technology と同じように 2 次側コイルを地上給電コイルの上に

図14　2 次コイル昇降式 PRIMOVE システム

第1章　総論

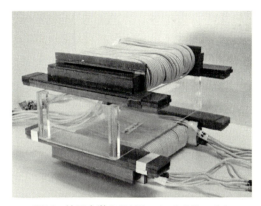

図15　埼玉大学の10 kW ソレノイドコイル

図16　パイオニアのEV用プリント基板コイル

機械的に降ろして数cmのエアギャップで電力伝送をしている（図14）[15]。

コイル移動式は耐久性やコストの点から不利であるが，エアギャップを小さくすることでコイルサイズを小さくできることと電磁放射を少なくできるメリットがある。

EV用としては，2009年に埼玉大学とテクノバグループはNEDOの委託を受けてソレノイドコイル式EV用ワイヤレス給電システムを開発した。仕様としては周波数30 kHz，7 cmギャップで総合効率90％，出力1.5 kWと10 kWである（図15）[16]。その後も開発を続け最近ではインバータ周波数85 kHz，コイル間ギャップ175〜220 mm，効率89.6％で送電出力25 kW，受電電力3 kWの走行中給電システムを開発中である[17]。パイオニアは2011年に出力3 kW，ギャップ100 mm，周波数85 kHzで効率85％のものを図16に示すように僅か225 μmの厚さのプリント基板コイルで実現し，2012年には実運用に向け金属や生物といった異物がコイル間に入ったことを検知する機能を搭載した[18]が，その後，この分野から撤退している。Audiはフランクフルトモーターショー2011でAudi Wireless Chargingというシステム名で出力3.6 kWのものを自社のEVであるA2 Conceptに搭載し，CES2015で周波数85 kHz，出力3.6 kWの1次コイルに蛇腹状の可動部を設けて昇降させる方式のデモ展示をしている[19]。SEW-EURODRIVEは出力3 kW，効率90％以上のもの[20]を，2012年にVahleが出力3.6 kW，効率90％以上のもの[21]を発表している。2013年Volvo社は自社EVのC30 Electricに対して1次コイル出力を20 kWにして急速充電用として使えるものを発表している（図17）[22]。2013年に米国のEvatranがBosch ASSと組んで日産リーフとGeneral MotorsのプラグインハイブリッドChevrolet Voltを対象にした出力3.3 kW，周波数19.5 kHz，ギャップ7〜15 cm，効率91.7％のPlugless L2 Electric Vehicle Charging Systemを3000 US$という安さでネットを通じて発売，Bosch ASSが車両搭載作業を行っている[23]が，現在のところ米国内の販売のみである（図18）。

EV用ではないが電動車両用に，ダイフクは2012年にAuckland UniServicesと技術提携およびライセンス契約を新たに再締結し，静止型の電磁誘導方式ワイヤレス給電システムD-PADの実用化に向けた開発と使用用途を進め，産業用小規模（出力電力連続10 W）の給電システム，

ワイヤレス電力伝送技術の研究開発と実用化の最前線

図17　Volvoの20 kWワイヤレス給電システム

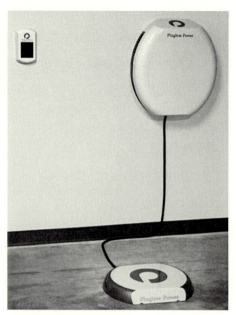

図18　Evatranのワイヤレス給電システム

中規模（同0.5～1.5 kW）と大規模（同3.5 kW）に向けた充電システムを開発，テクノフロンティア2016で電動フォークリフトへのワイヤレス給電システムとして完成させている[24]。その仕様はエアギャップ70 mmにおいて効率80％で3.5 kWを送電できる。図19のコイル形状は，フェライトの中心部は水平にコイルを巻き，その後空間を空けて，端面近くでは垂直に重ねてコイルを巻くと言う特殊な構造をしていて，コイルが巻かれていない2カ所の間，それも表側だけで磁束が飛ぶため，伝送距離が長くなり，効率も高くなる。伝送周波数が10 kHz未満のため，高周波利用設備としての電波法に基づく申請が不要で様々な現場に導入し易い[25]。

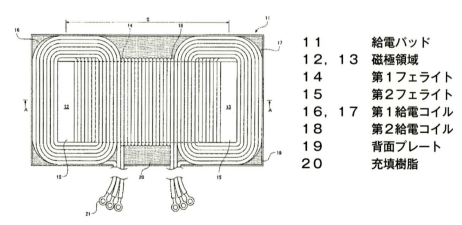

11	給電パッド
12，13	磁極領域
14	第1フェライト
15	第2フェライト
16，17	第1給電コイル
18	第2給電コイル
19	背面プレート
20	充填樹脂

図19　D-PADのコイル構造

2.4 おわりに

　1980年代のワイヤレス給電の黎明期から30年，ようやく実用の領域に入った最近のEV用ワイヤレス給電システムは電源力率改善のための1次側の共振および効率改善のための2次側共振を別々に採る歴史的な電磁誘導型だけではなく，電磁誘導型と変わらない回路システムでありながら1次側と2次側のコイル間の共振もしっかり採ることで，エアギャップを大きく，許容位置ずれ寸法も大きくできる最新の磁界共振型のシステムも数多く発表されてきている。

　電磁誘導型と磁界共振型をまとめて磁界結合型と呼ぶが，これらEV用ワイヤレス給電システムの標準化，規格化が早急にまとめあげられ，その利便性の高さから広くEVやEVバスに搭載され，街中を走行しているシーンを早く見たいものである。

文　　献

1) J. G. Bolger, F. A. Kirsten, and L. S. Ng, Vehicular Technology Conference, 1978. 28th IEEE, pp. 137-144（1978）
2) K. Lashkari, S. E. Schladover, and E.H. Lechner, Proc.8th Int. Electric Vehicle Symp.1986, pp. 258-267（1986）
3) A. W. Kelley, and W. R. Owens, *IEEE Trans. Power Electronics*, **4**(3), 348-354（1986）
4) A. W. Green, and J. T. Boys, IEE PEVD, No. 399, pp. 694-699（1994）
5) G. A. Covic, Auckland Uniservices, pp. 1-126（2010）
6) J. T. Boys, and G.A. Covic, *IEEE circuits and systems mag.* **15**(2), 6-27（2015）
7) http://eetimes.jp/ee/articles/1604/27/news094.html（2016）
8) 高木啓, カースタイリング別冊, **139** 1/2, 99-105（2000）
9) 山本章善, 内堀憲治, 林清孝, 今井裕道, 瀧澤敏明, 曽根利浩, HONDA R&D Technical Review, **12**(1), 1-6（2000）
10) GM ATV, WM7200 Inductive Charger Owner's Manual, P/N27005584（1998）
11) IPT Technology GmbH, Wireless Charging of Electrical Buses with IPT® Charge Bus, CAT9200-0003-EN（2014）
12) 高橋俊輔, 大聖泰弘, 紙屋雄史, 松木英敏, 成澤和幸, 山本喜多男, 自動車技術会シンポジウム前刷集, No. 16-07, pp. 47-52（2008）
13) 永田祐之, 木村祥太, 飯田ひかり, 紙屋雄史, 髙橋俊輔, 大聖泰弘, 自動車技術会2014年秋季大会学術講演会前刷集, No. 149-14, 298, pp. 13-18（2014）
14) http://www.metro-magazine.com/sustainability/news/410998/wave-secures-funding-for-wireless-power-transfer-growth-development（2016）
15) Neil Walker, PRIMOVE Wireless eMobility Inductive opportunity charging for convenient, emission-free mobility（2013）
16) 阿部茂, 電学誌, **133**(1), 25-27（2013）

17) 藤田稔之，保田富夫，岸洋之，金子裕良，自動車技術会2016年春季大会学術講演会講演予稿集，No. 065, pp. 342-346（2016）
18) 漆畑栄一，電子情報通信学会，信学技報，WPT2012-24, pp. 23-26（2012）
19) http://techon.nikkeibp.co.jp/article/NEWS/20150217/404565/?ST=eleizing&P=1（2016）
20) Mobilitat weitergedacht, 80Jahre Kompetenz in Antriebstechnik, SEW_EURODRIVE_brochure_17058406
21) F. Turki et al., Inductive Charging of Electric Vehicles, ETEV2012 Session3.2（2012）
22) Volvo Car Corporation participates in a project for the development of inductive charging for electric cars, Volvo press release（May 19, 2011）
23) BOSCH-EvaTran Press release（2013）
24) http://eetimes.jp/ee/articles/1604/27/news094.html（2016年5月28日アクセス）
25) 西野修三，田中庸介，渡辺義孝，布谷誠，土井善雄，大西宏，二宮大造，公開特許番号2015-179704（2015）

3 電磁誘導方式ワイヤレス給電技術の歴史 ― 医療応用 ―

松木英敏[*]

3.1 はじめに

　電気機器に非接触で電力を供給する非接触電力伝送方式は，家電分野などで実用品が世に出てから20年近い歴史のある技術である。昨今のエネルギー情勢から，電気自動車に対する関心の高まりと共に，次世代充電技術としてにわかに注目されるようになり，「ワイヤレス給電技術」と称されることも多くなった。非接触電力伝送技術の特徴が最も生かされる分野のひとつに医療・ヘルスケア分野がある。筆者は埋込み型人工心臓をはじめとする体内埋込み型の電磁型医療機器を対象とした非接触給電方式について20年近く取り組んできた。図1は電磁誘導から磁界共鳴に至るまでに提案され，あるいは実用化されてきた技術をまとめて示したものである。以後，非接触電力伝送技術の特徴を整理し，併せて体内埋め込みを前提とする人工臓器を始め，医療分野における研究開発動向について解説するとともに，併せて今後想定される用途や解決すべき課題について明らかにする[1~3]。

3.2 非接触電力伝送方式

　ワイヤレス給電技術は，商用電源に代表される交流電源，あるいは太陽光電池などの直流電源から得られる電力を，高周波インバータなどにより適当な高周波電力に変換したのち送電器を通して空間に「送電」し，離れた受電器で受電された電力をコンバータなどを経て直流電力に変換する電力変換・伝送方式の総称である。送電器で空間に電磁界・電磁波の形でエネルギーを分布

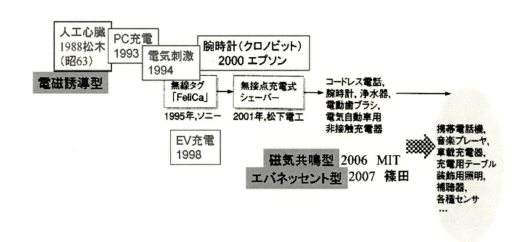

図1　電磁誘導方式の開発事例

---

[*]　Hidetoshi Matsuki　東北大学　未来科学技術共同研究センター
　　　　　　　　　　　次世代移動体グループ　教授

させるのでここが非接触電力伝送技術の鍵となるのはもちろんであるが，高周波インバータ，コンバータなどの電力変換機器を必要とすることからこの部分における高効率化も大事な鍵となる。

　空間に形成される電磁界の様相によって，マイクロ波方式，エバネッセント波方式，磁界共鳴方式，電界共鳴方式，電磁誘導方式などに分けられる。レーザを用いる方式やエネルギーハーベストの概念に基づく微小電力伝送も広義では非接触電力伝送に含める立場もあるが，ここでは電波以下の周波数帯の電磁波・電磁界を用いたミリワットから百キロワット級の電力伝送を対象とする。なお，「共鳴」という用語は resonance の和訳であるが，本質的には LC 共振を積極的に利用した原理に基づくものであり，古くから知られていた技術である。磁界共鳴，電界共鳴，電磁誘導はまとめて「電磁界共振」と呼ぶべきかもしれない。最近，変圧器結合を前提としない電磁誘導方式も提案されており，磁界共鳴方式を包含する領域にわたり電力伝送が可能となることが明らかになってきている。

　図2は現在開発が進められている非接触電力伝送方式の概要を示したものである。非接触電力伝送方式は送電源により，定電圧源による「電界源伝送」と定電流源による「磁界源伝送」に大別される。前者は定電圧源により空間に交流電界を生じさせ，電界エネルギーを蓄積し，空間は高インピーダンス負荷にみえる。後者は定電流源により空間に交流磁界を発生させ，磁界エネルギーを蓄積するので，空間は低インピーダンス負荷にみえる。蓄積エネルギーの単位はジュール

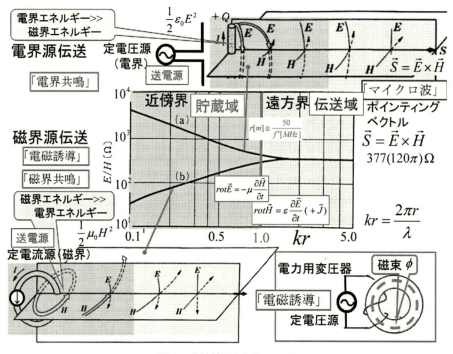

図2　非接触電力伝送モード

第1章　総論

毎キログラム，すなわちエネルギーの空間密度である。電界源伝送，磁界源伝送のいずれの場合も空間に電磁エネルギーを蓄積することが特徴であるため，空間蓄積エネルギー量は時間と共に変化はするが，「エネルギー伝送」の性質はもたない。したがって，「受電側」では能動的にエネルギーを吸収する仕組みを必要とする。これに対して，電源からより離れた状態を想定すると，電源からの距離が離れるにつれて，空間にはマックスウェルの方程式に従う磁界，電界が互いに誘導されることで，電界源，磁界源，いずれの場合の空間分布形状は近づき，やがては同一の空間インピーダンス377Ωがみえるようになる。同時に，この領域においては空間蓄積エネルギーは光速で伝播されるようになり，そのエネルギー伝送量はポインティングベクトルの大きさで表現される。単位はワット毎平方メートルである。

　おおよその話ではあるが，波長程度の距離を境に送電部に近い領域の電磁界は近傍界，遠い領域の電磁界は遠方界とよばれている。近傍界では，電界エネルギー，磁界エネルギーはそれぞれに異なる分布で時間変動しながら空間に蓄積されている。コイルを用いて磁界を生成する送電器における近傍界においては，時間変動する磁界は電界を誘導するものの，この誘導電界はほとんど磁界を空間に誘導せず，エネルギーの空間的な流れはほとんど存在しない。同様に，電界を生成する電極を用いる送電器における近傍界では，時間変動する電界は磁界を誘導するものの，この誘導磁界はほとんど電界を空間に誘導せず，エネルギーの空間的な流れはほとんど存在しない。これらの場合のエネルギーはいわば波打つ池の水のようなものであり，エネルギーは能動的にくみ取るほかは手立てがないことになる。

　これに対して遠方界では，誘導された変動電界（磁界）が空間に磁界（電界）を新たに誘導し，ここで空間に誘導された磁界（電界）が空間に変動電界（磁界）を新たに誘導する，という連鎖機構が働く。これは，空間の性質のみで電磁界分布が決定されることを意味する。その結果，電磁エネルギーは光速で伝搬されていく。ホースから飛び出す水流のようなものである。電磁気学ではこのエネルギーの流れは電界ベクトルと磁界ベクトルの外積で与えており，単位はワット毎平方メートルである。

　電界共鳴，電磁誘導の2方式は近傍界を利用しており，磁界共鳴は主として近傍界を利用するが，誘導される電界も利用するのが基本である。マイクロ波は遠方界を利用している。平面（曲面）内にマイクロ波を閉じ込めて，エネルギーの注入，抽出に近傍界を利用し，空間伝送に遠方界を利用するのがエバネッセント波方式である。

　変圧器で代表される「電磁誘導」方式は図2における電界源伝送，磁界源伝送のいずれにも含まれず，図中右下に書かれているモードで動作する。すなわち，交流磁束を磁性体中に閉じ込め，定電圧源によってその交流磁束の最大値を常に一定に保つことで二次側巻線に電力を伝えている。したがって，「電磁誘導」に基づく非接触電力伝送方式の代表として変圧器があげられることが多いが，実は変圧器は非接触電力伝送の立場からは特殊な使い方をしている，ということができるのである。

　図3はこれまでに提案されている主な電力伝送方式を動作別に分類したものである。図におい

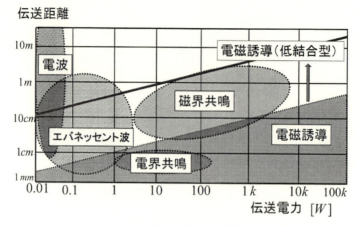

図3　電力伝送方式の分類

て電波（マイクロ波）の占める領域が小電力（0.1 W 以下）になっているのは，電波の場合，ヒトが立ち入れるほどの遠距離まで電力伝送が可能となるため，健康影響に対する防護指針から，飛ばせるエネルギー密度に上限が課せられるからである。

3.2.1　マイクロ波方式

マイクロ波方式は2.45 GHz のマイクロ波（電波）を主として用い，遠方界を利用した伝送方式である。健康影響に関する人体曝露ガイドラインなどの社会的な制限がなければ，換言すれば，制限内での使用に限ればこれに勝る方式はないといってよい。その値はポインティングベクトルの値で十ワット毎平方メートルとなる。送電器，受電器を10 km サイズに想定すればこの値を遵守しながらの百万キロワット級伝送も可能であるが，図3では伝送に用いる機器のサイズを最大でも可搬型と想定している。この方式ではアンテナ設計と共に，受電後の整流回路の効率上昇が鍵となる。

3.2.2　磁界共鳴方式

磁界共鳴方式は2006年に MIT が提唱した方式で，電界も生じる形状の「コイル」によって空間に広がる電界，磁界を共に利用するため，比較的距離を延ばすことができる。磁界によるインダクタンスと電界によるキャパシタンスを利用した LC 共振による伝送方式である。この方式では「コイル」設計と共振回路設計が鍵となる。磁界共鳴方式のメリットを活かすには MHz 帯と思われるが，効率上昇のためには「低周波化」が望ましく，伝送電力増加を図るには100 kHz 帯が指向されているようである。その結果，後述の低結合電磁誘導との違いが不明確となる。

3.2.3　電界共鳴方式

コンデンサ部分は，元々，電気的には非接触部を含んでおり，変位電流によってエネルギーが伝送されている。電界共鳴はこれに着目して，電界に蓄積されるエネルギーを利用した伝送方式であり，回路素子としてのインダクタンスとの LC 共振を実現している。電界を利用するため伝送距離は制限されるが，コンデンサ間に電圧を印加すれば，極板間に均一電界を構成できるので，

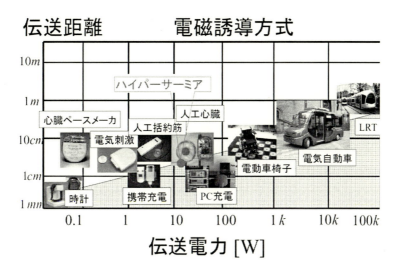

図4　非接触電力伝送の実績例

大面積化に有利な方式でもある。また，大面積化するほど，また高周波化するほど，回路のインピーダンスは低下するため，大型化に適した特徴を持つ。この方式では共振回路設計が鍵となる。電界利用のため，狭ギャップの電力伝送に有利であり，「機械的に接触していても電気的には非接触」といった応用に向いている。

3.2.4　電磁誘導方式

コイルで磁界エネルギーをくみ出す方式であるが，図3に示した電磁誘導の領域は，いわゆる変圧器結合を前提としたものである。したがって，大電力になれば当然大きなコイルを使用することになり，それにつれて相対的に伝送距離は増大する。図4は筆者が開発してきた対象機器を伝送電力と伝送距離に分類して示したものである。試作段階のものでは10 mW級から150 kW級までをすでに実現している。

ここで，変圧器型と表現しているのは，コイル間の結合が高く，送受電コイル間に共通に鎖交する磁束を基にした電磁誘導方式，すなわち，電力用変圧器の電力伝送メカニズムを基本とした方式のことである。図5はその伝送メカニズムを示したものである。

簡単のために巻線抵抗を無視すると，定電源電圧（実効値V一定）の瞬時値vは送電コイル端誘起電圧瞬時値eと常にバランスしているため，図中に記載の通り最大磁束値Φ_{1m}は電源電圧実効値Vに比例，すなわち常に一定となる。その結果，受電側が開放されている場合は励磁電流（大半が無効電流）が送電側にのみ流れるが，図に示すような負荷が受電側に接続されている場合は，負荷電流が送受電双方のコイルに流れることとなり，電力が送電側から受電側へと「伝送」される。したがって，送電側に定電圧源が接続されていることが電力伝送に必要な条件であり，これは回路的な条件である。回路に依存しているということから，ファラデーの電磁誘導則そのものに由来する条件ではない，ということに注意する必要がある。すなわち，変圧器は

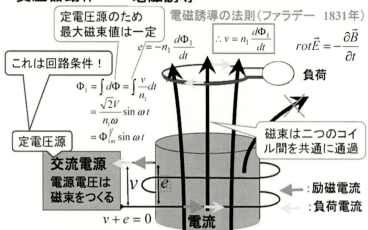

図5　変圧器の電力伝送メカニズム

電磁誘導の応用のひとつではあるが，「電磁誘導の応用がすべて変圧器である」という記述は誤解を招く。電磁誘導の応用ではあるが，変圧器動作には依らない電力伝送方式は存在するからである。

　近年，コイルによって空間に形成した磁界エネルギーのみを伝送に用いる低結合型電磁誘導方式（LCブースター方式）を筆者らは開発している。この方式は，磁界共鳴方式とは異なり，周波数の制限，コイル形状の制限はなく，大小のコイルの組み合わせによっても効率よく電力伝送が可能となる方式である。図3中には，低結合型の伝送可能領域の上限を併せて示している。伝送距離はほぼ磁界共鳴方式に匹敵し，結合係数が数パーセントであっても電力伝送が可能であるため，実用上は互角の性能を発揮すると考えている。電磁誘導方式は空間の電界を利用しないため，本質的には磁界共鳴方式よりも伝送距離は低下するが，100 kHz帯ではほぼ互角といえよう。コイルが交流磁界をまともに浴びるため，線材の選択，リッツ線化が鍵となる。

　図6に，電磁誘導則に基づく電力伝送において，伝送効率が最大となる最適負荷を維持し，そのときの最大効率値とコイル特性との関係を与える一例を示した[4]。最大効率は送受電コイルの各々のQ値と結合係数の自乗の積で定義されるパラメータαであらわされる。

　非接触エネルギー伝送系に汎用電源のような特性を持たせる場合には，負荷が変動した場合の受電側の電圧変動を考慮する必要がでてくる。当然最大効率を実現する負荷とは異なる負荷に給電することとなるため最大効率条件からははずれていくが，送電側にもキャパシタンスを用いることで効率，電圧変動の両者を勘案した設計を行うことができる。

　図7は，電磁誘導方式における高結合型，低結合型の特徴を対比して示したものである。高結合型はいわゆる変圧器結合を前提としたものであり，一次側鎖交磁束がすべて二次側（受電側）

第1章　総論

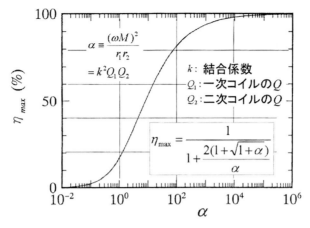

図6　最大効率とコイル特性との関係

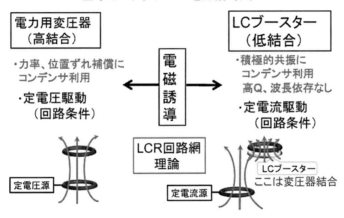

図7　電磁誘導方式における高結合型と低結合型の対比

コイルを鎖交することが望ましいことはいうまでもない。磁束を利用する伝送方式であるが，電源には定電圧源を用いる。低結合型においては，一次側周囲に低エネルギー密度の磁界空間を定電流源によって形成し，二次側（受電側）コイルの近傍にLC共振器（LCブースター）を配置する。LCブースターと二次側コイルとの結合は高結合型である。一次コイルと二次コイルとの結合度は数パーセントでもよい。効率を高めるためには高Q値を必要とする。

　高結合型，低結合型のいずれの方式もファラデーの電磁誘導則を基本としており，「電磁誘導方式」である。しかしながら，変圧器は電磁誘導を利用しているが，電磁誘導方式の応用すべてが変圧器ではないのである。

　高結合型，低結合型の動作を水（エネルギー）の移動になぞらえて示したのが図8である。高結合型は，大容量タンク底部のパイプで結合された小容量タンクのようなもので，水圧一定の状

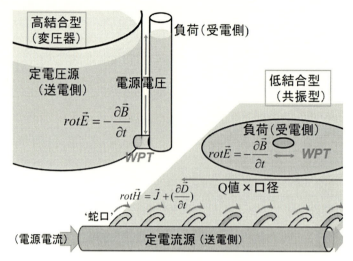

図8 電磁誘導におけるエネルギー伝送のイメージ

態で水が大容量タンクから低容量タンクに移動する場合に相当する。パイプの位置がずれるとうまく伝送することができなくなる。

低結合型は，地上におかれた送水パイプに空けられた無数の穴から水が流れ出して（漏水し）薄く広がり地上を冠水させた状態で，実際の排水口の大きさの高 Q 倍の大きさの排水口が LC ブースターによって出現すれば，地上に冠水した水が効率よく排水されることになる。したがって実際の排水口の位置は重要ではない。

3.3 医療分野への応用

ワイヤレス給電が最も注目されているのはこの分野であると考えられる。この分野では電磁誘導方式がやはり先行しているが，最近では磁界共鳴方式，低結合型の電磁誘導方式が広く研究されている。

体内埋込みを想定した医療機器に対し，皮膚を介して有線でエネルギーを送ることは，感染防止など日常のケアの大変さなどからも避けたいところであり，非接触でエネルギーを送ることが大きな福音となることはいうまでもない。前項で述べた方法により体内に伝送された受電電力の利用の仕方によって，電力として出力（ペースメーカ，電気刺激）するもの，機械エネルギーとして出力（人工心臓，人工括約筋，人工食道）するもの，などにわけることができる。

これまでは，先行する変圧器型の電磁誘導方式による応用例が数多く報告されているが，今後は磁界共鳴方式や低結合型の電磁誘導方式が，医療や福祉分野において注目されると予想される。特に電池駆動によるロボットなどの導入が進むにつれ，ワイヤレス給電技術の必要性は高まると考えられる。

第1章　総論

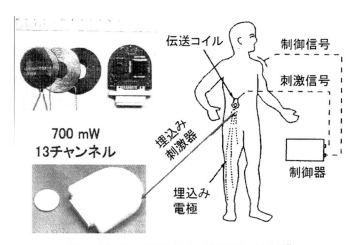

図9　埋め込み式機能的電気刺激装置の試作例[5]

3.3.1　充電式心臓ペースメーカ

現状では貯蔵エネルギー密度の観点から一次電池を電源とするペースメーカが使われているが，ワイヤレス給電を前提とした二次電池仕様の次世代ペースメーカが実現すれば，検診時に充電を行うことでペースメーカのいっそうの小型化が可能となると考えられる。技術的課題は金属ケースで覆われたペースメーカ内部の電池に充電する設計技術の確立であるが，3Cの急速放電とした電磁誘導方式で金属ケースの温度上昇を数度以内に抑えたワイヤレス給電例が筆者らにより報告されている。

3.3.2　運動再建電気刺激装置

脊髄損傷などの原因による麻痺患者の手足の運動機能再建をめざす機能的電気刺激（FES）用の多チャンネル埋め込み装置に対して伝送電力700 mW，13チャンネルのワイヤレス給電を適用した例が報告されている（図9）[5]。また，刺激電極を制御回路内蔵の針状とし，その針自身にチャンネルアドレスを認識させ，当該刺激信号と電力の受電を行う方式も提案されている。

3.3.3　人工心臓

機械エネルギーに変換して使用する例としては埋込み式人工心臓システムが報告されている。完全埋め込み人工心臓用血液ポンプでは最大で40 W近い電力を必要とするため，埋め込み電池のみによる長時間駆動が難しい。そのため，埋め込み電池を緊急用電源と位置づけ，常時，体外からの電力供給で人工心臓を駆動するシステムにせざるを得ない。したがって，極めて高い伝送効率が求められるシステムとなるが，ワイヤレス給電システムの最大効率値は93％に達することや，40 W近い電力を伝送しながら，埋込まれたコイルの温度上昇を1度以内に抑えることができることなどが報告されている。

図10は埋め込み型人工心臓システムの構成例であり，図11は開発したシステムの負荷特性の実測例である[6]。コイル間標準空隙を10 mmに設定し，回路パラメータを最適化することで空隙変動に対応している。さらに回路的な工夫を行うことにより，空隙方向に±25 mm，コイル面内方

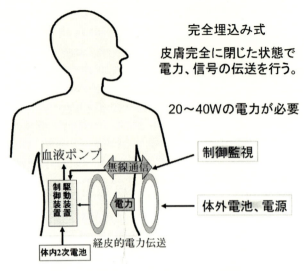

図10 埋め込み型人工心臓システムの構成例

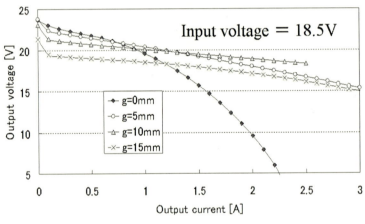

図11 人工心臓用試作電力伝送システムにおける負荷特性例

向に±40 mm の位置ずれを許容するシステムとなっている。

3.4 生体影響の考え方

　1998年に示されている国際非電離放射線防護委員会（ICNIRP）のガイドラインでは，電波以下の周波数の電磁波・電磁界を対象とし，曝露量の増加と共に重篤度の増加する決定論的な影響が取り上げられ，影響が生じなくなるレベルを閾値とし，さらに安全係数を乗じて防護ガイドラインとしている。ただし，そこで議論されていることは，人間の健康に対する有害な影響からの防護であり，EMC/EMI には立ち入らないことはもとより，心臓ペースメーカに代表される埋込み型医療機器との電磁的干渉も考慮されていないことに注意を要する。それらについては別の

ガイドラインが設定されている[7]（たとえば IEC 2005b）。低周波電磁界では神経系への刺激作用が主であり，100 kHz をこえる高周波では，電磁エネルギー吸収による熱作用を根拠としている。また，100 kHz までの低周波については2010年に改訂されており，高周波についても現在，改訂作業が進められている。

3.4.1　100 kHz までの低周波電磁界[8]

遵守すべき値として ICNIRP が示す値は「基本制限」と呼ばれ，この値を満足するような曝露電界，曝露磁界を「参考レベル」という（3.1.2節参照）。100 kHz までの周波数領域では表面電荷作用による知覚や不快感と，時間変動磁界による末梢神経刺激や磁気閃光が考慮すべき影響となる。磁気閃光とは，時間変動磁界の曝露によって，視野の周囲に曝露周波数に応じた点滅光を知覚する現象のことをいう。電気閃光も存在するが，いずれも網膜周囲の誘導微弱電界による作用であり，低周波において，最も閾値の低い現象と認められている。

低周波における人体はかなりの良導体であり，体内への誘導電界の大きさは外部曝露電界よりかなり小さく，商用周波数帯では5～6桁ほどの差がある。

磁界に関しては，人体の透磁率は空気と同等であり，曝露磁界がそのまま体内磁界となり，時間変動磁界では，ファラデーの法則により体内に電界が誘導される。したがって，電界，磁界のいずれの場合も体内誘導電界が主パラメータとなる。2010年に改訂された ICNIRP の低周波ガイドラインはこの考え方に基づく。

図12に頭部と体部の全組織に対する基本制限を示す。以下に共通する区分として「職業的曝露」と「公衆の曝露」がある。職業的曝露は，曝露電界・磁界の値が既知の状態である業務活動中に曝露される成人に適用されるものを指す。これに対して，公衆の曝露は，種々の健康状態にあるすべての年齢を含む集団で，且つその人々は曝露の存在を意識していない「一般公衆」の場

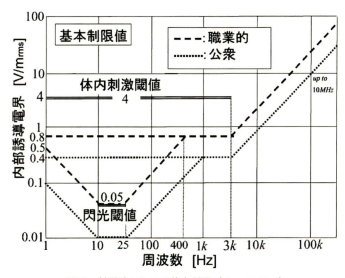

図12　低周波における基本制限（ICNIRP2010）

合に適用される。

　誘導電界の評価は $2 \times 2 \times 2 \, mm^3$ の体積における電界ベクトルの平均値を基本としている。時間的には実効値を用いる。なお，改訂前の低周波ガイドラインでは，誘導電界によって体内に誘導される電流密度を基本制限としていた。今回の改訂で基本制限値が電流密度から誘導電界に変更されたことになる。

　前項に示す基本制限値が守るべきガイドラインであるが，信頼のある数学的モデルを用いて，人体との結合が最も大きくなる条件で基本制限を遵守する曝露電界や曝露磁界の値を導き出した

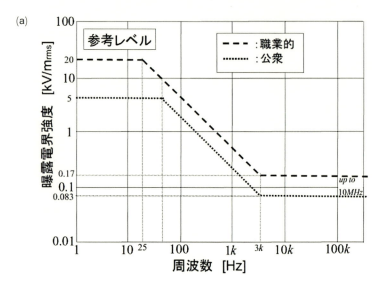

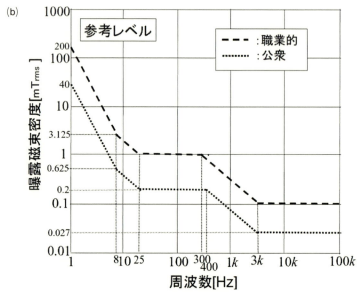

図13　(a)低周波電界に対する参考レベル，(b)低周波磁界に対する参考レベル

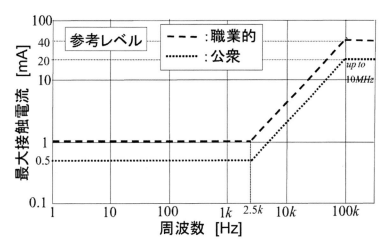

図14　点接触による接触電流の参考レベル

ものを「参考レベル（Reference level）」と呼ぶ。この計算には結合の周波数特性やドシメトリの不確かさが係数として考慮されている。

既に述べたように，参考レベルは信頼のある数学的モデルを用いて，曝露電界や磁界と，人体との結合が最も大きくなる条件で基本制限を遵守する値として導き出したものであり，体が占める空間における曝露電界や曝露磁界が一様な場合を想定して求められている。電磁界発生源からの距離が近く，空間的に一様な電磁界とみなせない場合は，空間平均値を参考レベル以下とし，局所では参考レベルを上回ってもよいとする。ただし，その場合でも基本制限値は遵守する必要がある。図13は低周波電界，磁界に対する参考レベルを示したものである。

図14は導電性物体からの点接触による接触電流に対する参考レベルであり，痛みのある電撃からの回避を想定したレベルである。

3.4.2　100 kHz を超える高周波電磁界[9]

1998年に ICNIRP は 1 Hz～300 GHz の電磁界に対するガイドラインを公表しており，2010年の低周波電磁界の改訂に続いて現在，100 kHz を超える高周波部分の改訂作業が進行中のようであるが，現時点では1998年のガイドラインが基本となる。ここでは1998年のガイドラインのうち，100 kHz を超える部分のみ取り上げる。

100 kHz～10 GHz では比エネルギー吸収率（SAR）が採用されている。したがって，100 kHz～10 MHz の周波数帯では電流密度と SAR 共に制限が設けられていることになる。この事情は2010年の改訂でも同様であるので，表5中で10 MHz までの電流密度は，表1の誘導電界で置き換えねばならない。10 GHz～300 GHz では，電力密度（面密度）が基本制限である。

10 MHz から数 GHz において熱作用の閾値は全身平均 SAR で 4 W/kg（30分曝露で1度の体温上昇）であり，職業的曝露ではその1/10の0.4 W/kg を，公衆の曝露では閾値の1/50の値である0.08 W/kg を基本制限としている。

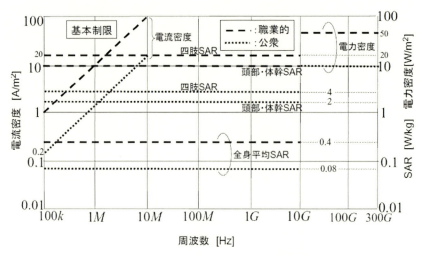

図15　100 kHz～300 GHz における基本制限

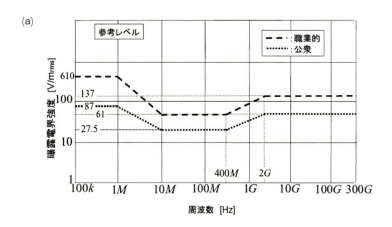

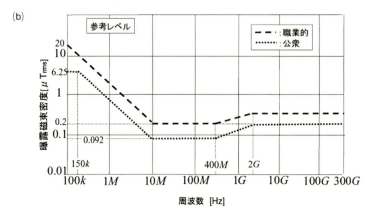

図16　(a)100 kHz を超える周波数帯における電界の参考レベル，
　　　(b)100 kHz を超える周波数帯における磁界の参考レベル

図15は100 kHzを超える電磁界における1998年の基本制限をまとめたものであり，図16にそのときの電界および磁界の参考レベルを示す。

3.4.3 静磁界に対するガイドライン[10]

参考までに静磁界に対するガイドラインを最後に紹介しておく。これは2009年にICNIRPによって改訂されたものである。職業的曝露では，頭部，躯体部において2T，四肢においては8Tとされ，公衆の曝露では，体の任意の部分で400 mTとされている。ここでも埋込み型の医療機器に対しては対象外である。

文　献

1) 松木，高橋，ワイヤレス給電技術がわかる本，オーム社（2011）
2) 監修 篠原，ワイヤレス給電技術の最前線，シーエムシー出版（2011）
3) 日経エレクトロニクス編，ワイヤレス給電のすべて，日経BP社（2011）
4) 松崎，松木，日本応用磁気学会誌，**18**，663-666（1994）
5) 高橋，星宮，松木，半田，医用電子と生体工学，**37**(1)，43-51（1999）
6) H. Miura, S. Arai, F. Sato, H. Matsuki, *Journal of Applied Physics*, **97**(10), 10Q702-1-3（2005）
7) IEC 2005b IEC60601-1-2
8) ICNIRP, *Health Phys.* **99**, 818-836（2010）
9) ICNIRP, *Health Phys.* **74**, 494-522（1998）
10) ICNIRP, *Health Phys.* **96**, 504-514（2009）

4 マイクロ波方式ワイヤレス給電の歴史

藤野義之*

4.1 マイクロ波方式ワイヤレス給電の歴史

マックスウェルによる電磁波の予言やヘルツによる電磁波の実証が行われたのは19世紀後半であった。これらの電磁波に関しては用途として電力伝送が想定されており，電波によって変調信号を送るという概念が成立する以前からの課題として，古くから多くの研究者によって研究されていた。例えば，1899年に交流発電機の発明者であるニコラ・テスラがアメリカのコロラド州コロラドスプリングスにおいて，150 kHzに共振させた大きなコイルに直径0.9 mの銅球を取り付け，300 kWの電力を加えることにより，銅球に100 MVに達する電圧を加えて，放電させる実験を行ったといわれている。これは明確に無線による電力伝送を目指した研究ではあったが，残念ながら正確な記録が残っていない[1]。

また，八木宇田アンテナの発明で有名な東北大学の八木，宇田の両博士は，その発明と前後して電磁波による電力伝送の実験を行い，1926年に発表している[2]。この無線電力伝送の実験は日本で初の試みと考えられ，詳細は以下の通りである。極超短波帯（VHF）の周波数68 MHz（波長440 cm）を用いて，1.5〜50 m程度離した送受電アンテナの間にwave canalという無給電素子を等間隔に配置した一種の導波路を構成し，その間での電力伝送を行う。この構成図を図1に示す。送受電アンテナはのちに八木宇田アレーとして有名となる，給電ダイポールアンテナの前後に長さの異なる無給電ダイポール素子（導波器および反射器）を付加した構造のアンテナを使

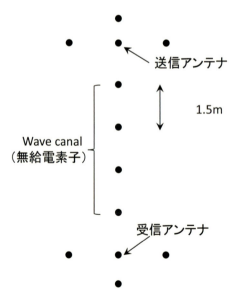

図1 日本で最初の無線電力伝送実験「wave canal」構成図

---

* Yoshiyuki Fujino　東洋大学　理工学部　電気電子情報工学科　教授

用している．放射器の周囲の三角形状の反射器の長さは220 cm（0.5波長）であり，wave canal として使われる導波器の長さはそれより短い180 cm（0.4波長）であった．これらの導波器を1.5 m間隔で並べることでwave canalを構成している．送信機としては7 W定格の発振器を使用しているが，実効的な出力は2～3 Wであった．整流器は真空管で構成しており，数種の構成を試して最適構成を選んでいる．また，負荷抵抗としては700 Ω程度の純抵抗で効率測定を実施すると共に，バッテリーの充電を試みている．この構成で距離を変化させて受電電力の変化を測定している．実験結果は送信機の出力電力が2～3 Wのとき，距離を1.5 mまで近づけることで200 mW程度の出力電力が得られたとされているが，効率の向上が困難である理由は導波路を伝送する電力の他に空間に放射される電力が大きいことを指摘している．

　このような先人達の努力にも拘わらず，応用分野が開拓されるまでマイクロ波送電技術に大きな進展はなかった．この技術が最初に脚光を浴びたのは1964年にアメリカのW. C. Brownがマイクロ波送電によってヘリコプターを飛翔させたときであった[1,3]．実験場所はレイセオンのスペンサー研究所であった．これは，マグネトロンとスロットアンテナを使用したアンテナを送電系として使用し，ヘリコプター上にダイポールアンテナを使ったレクテナアレーを搭載することにより，ヘリコプターを飛翔させる実験であった．ヘリコプターの操縦は行わないため，機体の四隅には回転防止のための紐が付いている．この実験によって200 Wの電力が得られ，送信機の上空60フィート（18 m）を10時間以上にわたり飛行が継続できたことが記録されている．その翌年，P. E. Glaserは宇宙太陽発電衛星（Solar Power Satellite，以降本稿ではSPSと略称する）の概念を提唱し，静止軌道上の宇宙発電基地で発電した電力を地上に向かって送電し，地球へのエネルギー供給に使用するというアイデアを提案した[4]．この概念図を図2に示す．静止軌道上の地上

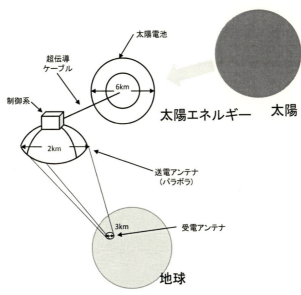

図2　ピーター・グレイザー博士のSPS構想図

ワイヤレス電力伝送技術の研究開発と実用化の最前線

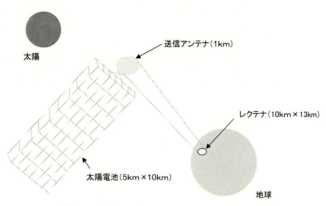

図3　NASAのSPSレファレンスシステム

　36,000 kmの赤道上に直径6 kmに及ぶ太陽電池を設置し，そのとなりに地球への送電用のアンテナとして直径2 kmにおよぶパラボラアンテナを設置する。太陽電池で発電された電力は超伝導ケーブルで送電アンテナに供給されている。太陽電池と送電アンテナはそれぞれ姿勢制御装置を持っており，太陽電池は太陽を追尾し，送電アンテナは地上の受電装置を追尾する。地上受電装置の直径は3 kmである。
　この計画は後に石油ショックが起こったときに，代替エネルギーの候補としてその研究に資金援助され，1970年代にはNASAやDoE（米国エネルギー省）を中心としたフィージビリティ・スタディが行われた。これがNASAレファレンスモデルと呼ばれており，概念図を図3に示す。静止軌道上の太陽電池は10 km × 5 kmの長方形状となり，この端に直径1 kmの送電アンテナを取り付ける構造となった。両者は2軸のジンバル構造を使って連結されている。レクテナは10 km × 13 kmの楕円形が想定されており，レクテナの構造等の非常に細かいところまで検討が行われた優秀なフィージビリティ・スタディであった。これ以降，何種類かのデモンストレーション実験が合衆国を中心に行われている。特に重要なものを2つ記すと，1975年にW. C. Brownの精力的な電力伝送の各区間における効率改善の努力の成果として，無線電力伝送区間すなわち「直流からマイクロ波に変換し，その電力を送電アンテナで送信し無線区間を経由して受信レクテナで受信し，直流に変換するまで」のトータル変換効率の向上に取り組んだ。送信アンテナとして純粋なガウスビームに近いビームを生成するための複モードホーンアンテナを使用し，レクテナ中心部と端部での電力差が50倍あるレクテナを用いて，定在波の計測を入念に行った結果，トータル変換効率として54%，誤差±0.9%を記録した。これは，半分以上の電力を無線電力伝送の結果，直流として負荷で得ることができた実証実験として大変貴重なものである。また，同じ年，JPL（ジェット推進研究所）のR. M. Dickinsonによる地上の固定点間の送電実験が行われた[5]。この送電実験は，30 kWの電力を1マイル（1.6 km）離れた地点に送電する実験であり，JPLのゴールドストーン実験場で実施された。直流電力として30 kW以上の出力が得られ，得られた電力を使って電球を点灯させるデモンストレーションが行われた。この出力電

力は,現在でもマイクロ波電力伝送の最大出力電力であり,その記録は破られていない。

また,1980年代になると,高高度プラットフォームの研究開発の一環として各国で実験が実施されることとなった。

最初に高高度プラットフォームの研究を開始したのはカナダの Communications Research Centre (CRC) であり,Stationary High Altitude Radio relay Platform (SHARP) 計画を推進した。飛翔体を高度21 km に滞空させ,500〜1000 kW の電力を直径85 m の送電アンテナから送電し,飛翔体上で直径30 m 程度のビームスポットに集中する。受電できる電力は40 kW で,これを飛翔体の推進用電力とする計画である。このシステムの開発の段階において,CRC では,SHARP無人機の1/8スケールモデルを開発し,この模型飛行機をマイクロ波送電により飛翔させるデモンストレーションに成功した[6,7]。このデモンストレーションでは,15フィート (4.57 m) のパラボラアンテナから10 kW の電力を放射し,無人機上にレクテナ搭載用の円板を取り付けて,ダイポールアンテナを用いたレクテナを使って受電した。飛行高度は300フィート (91.4 m) 前後であり,3分半の滞空に成功した。受電電力は150〜200 W 前後であった。

日本における成層圏無線中継システムのためのマイクロ波電力伝送技術の研究は,通信総合研究所(現,情報通信研究機構)が中心となって進めてきた。これは,CRC と同じく,高度20 km 程度の成層圏に無人飛翔体を滞空させて,通信の中継,放送,測位等の多目的に使用するものであり,そのカバーエリアは1機500 km となり,5機程度で日本全国をカバーすることが可能となる。成層圏無線中継システムのプロジェクト自体はその後,無線中継技術を中心とするさらに大きなプロジェクト(成層圏プラットフォームプロジェクト)へ引き継がれた[8]。また,1992年には京都大学を中心とした共同研究グループが,マイクロ波による小形模型飛行機の飛翔実験 (MIcrowave Lifted Airplane eXperiment, MILAX[9,10]) を行った。これは,マイクロ波送信機を搭載した自動車からアクティブフェーズドアレーを使って1 kW の電力を15 m 上空の模型飛行機に向かって送電し,小形模型飛行機の飛翔に使用するという実験であった。図4にこの実験を示す。本実験では模型飛行機を150 m,40秒間自由飛行をさせることができ,また,88 W の受電

図4　日本で最初の小型模型飛行機への無線電力伝送実験「MILAX」

図5　無人飛行船のマイクロ波駆動実験「ETHER」

電力を確認することができた。1995年には通信総合研究所，神戸大学，機械技術研究所（現，産業技術総合研究所）等の共同研究グループがさらに大規模化した実験として，無人飛行船のマイクロ波駆動実験（Energy Transmission toward High altitude airship ExpeRiment，以下ETHERという）を行い，10 kWを送電し3 kWの受電電力を確認した。これを図5に示す。

さらに，飛翔体から地上へのマイクロ波送電実験もその後実施された。これは，2009年に京都大学が中心となって実施した実験であり，高度33 mに係留した飛行船からの送電実験に成功している[11]。さらに，近年では小型飛行ロボットシステムとして，Micro Aerial Vehicle（MAV）と称するバッテリ駆動を基本とした無人，自動操縦の小型飛行体の研究も実施されており，送電，追尾，受電に関する原理的な実験が実施されている[12]。

次に，これらの実験を行う上で必要であった要素技術，特にマイクロ波受電技術に関してデモンストレーション実験との関連を述べながら概観する。

4.2　実証試験を中心としたマイクロ波受電技術

通信総合研究所におけるマイクロ波送受電技術に関しては，特に，マイクロ波受電技術の中核であるレクテナに関する研究が中心であった。飛翔体搭載用として，平面アンテナを利用し，駆動用モータを駆動させる実験等を実施した。まず，平面形状をしたレクテナとして，差動モードで動作することで，原理的に偶数次高調波を生成しない整流回路を開発した。また，ダイオードが2個のストリップライン間で整流されることで，スルーホールが不要となるメリットもある。図6にレクテナの構成図を示す。電波はアンテナの両端から逆相でマイクロストリップラインに入力され，ストリップライン間にあるダイオードで整流される。ダイオードの手前には3次および5次高調波に対応するフィルタを設置してあるが，差動モードのためこれらは2組ずつ必要である。最高効率は1 W入力時に70％であり，偶数次高調波はおおむね抑えられていたが，基本波比−48.5 dB程度の僅かな2次高調波が観測されていた[13]。

次に，MILAXの予備試験として，レクテナで得た電力でモータを回転させる試験を実施した。

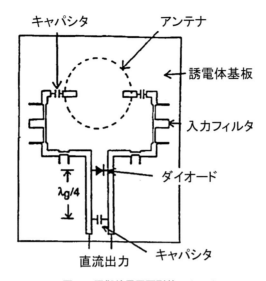

図6　平衡給電平面形状レクテナ

レクテナの負荷特性はこれまで通常抵抗負荷の場合を用いて議論されてきており，負荷抵抗により効率がかなり変動することが知られていた。抵抗負荷のとき，効率が最大となる抵抗値が14Ωであるレクテナを用いて，モータ負荷として定格時の抵抗が15Ωと，それとほぼ等しくなるモータ（定格電圧11 V，消費電力7.7 W）を製作して出力電力を比較した。モータ回転時の逆起電力により出力電力は高くなるものの，両者で効率低下がないことを示した[14]。図7にそれぞれの場合の入力電力対出力電力，出力電圧を示す。

さらに，MILAX受電側として実証試験用のレクテナを開発した。このレクテナは重量が約1 kg，厚さが5 mmと軽量化，薄型化を実現している。このため，アンテナ部にマイクロストリップアンテナを採用し，またその基板材料にペーパーハニカムを使用している。このレクテナの断

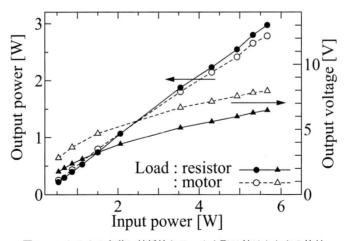

図7　レクテナの負荷に純抵抗とモータを取り付けたときの比較

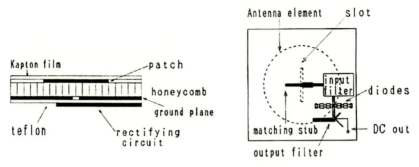

図8　MILAX用レクテナ構成図

図9　MILAXレクテナ搭載写真

面と整流回路面を図8に示す．RF-DC変換効率は52.7%であった．また，機体側で要求する電力を考慮して，120素子のレクテナアレーを作成することとした．このレクテナアレーは20素子のサブアレーパネル6枚に分割されて，模型飛行機に搭載された．全てのレクテナ素子の出力端子は並列に接続され，最適負荷抵抗は0.83Ωとなった．飛翔体の搭載状況を図9に示す．

この成果を引き継ぐ形で宇宙空間でのマイクロ波送電実験であるMETS実験（Microwave Energy Transmission in Space）を1993年に実施した．宇宙科学研究所のS520-16号機を使用し，宇宙空間に親子ロケットを打ち上げ，両者の間で電力伝送実験を行う．このためのレクテナとして，通信総合研究所とTexasA&M大学で開発した2種類のレクテナを搭載した．通信総合研究所作成のレクテナは，4mm厚のテフロン基板を採用した共平面給電円形マイクロストリップアンテナを採用し，整流回路をアンテナ同一面上に作成している．また，整流回路は基本波と入力フィルタで反射される反射波の位相を同相合成する回路を提案し，効率74%を確保した[15]．

次に，1995年のETHER用レクテナについて紹介する．レクテナの効率は以前から米国においては非常に高い効率を出していたが，日本では50〜70%が多かった．このため，R. M. Dickinsonが来日しており，JPLのゴールドストーン実験に使用されたレクテナを実際に測定さ

第1章　総論

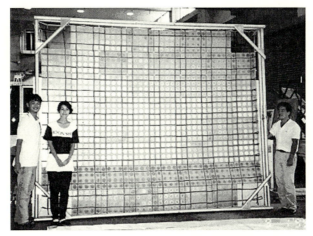

図10　ETHER レクテナ写真（1200素子）

せていただき，非常に高い効率を確認した。このことで，問題はダイオードであると確信した。同時に，前述の JPL の実験に使用されたダイオードが MA/COM 社からカタログ品として（MA46135-32）入手できた。その規格は $V_b = 60\,V$, $C_{t1} = 2.3\,pF$, $R_s = 0.65\,\Omega$ であり，意外なことに IMPATT Diode の分類をされていた。

二重偏波用のレクテナとして，水平，垂直の2点の給電点をもつマイクロストリップアンテナに水平，垂直偏波に対応した2個の整流回路を持つ構成とした。このレクテナの全体の大きさは 2.7 m × 3.4 m であり，この中に1200素子で構成されている。この全体図を図10に示し，20素子パネルの効率特性を図11に示す。効率は81％を達成した[16]。この値はパッチアンテナを使用したレクテナとしては，非常に高い効率である。

また，ETHER 実験においては，二重偏波を使用した。これは，2種類の偏波を用いて送電電力を容易に2倍にするものである。この場合，送信偏波と受信偏波の偏波軸が合致していることが前提であるが，特に偏波軸が合致していない場合における効率低下に関して検討を行った。動作点の異なる複数のレクテナの結合においては，効率低下が観測され，文献17)等で検討されている。二重偏波送電においては偏波角0度の時には水平垂直の独立した偏波成分が各々送電されることなるが，偏波角45度付近では両者の偏波成分からなる2信号を同時に受信することになる。偏波角と出力電力は一定ではなく，図12の実線に示すように変化する。これは各偏波のレクテナに単独に負荷抵抗が接続された場合の算術和であり，これらの負荷抵抗を直流的に並列に接続すると動作点の変化により破線のような特性となり効率低下を生ずる。ここで，偏波角が45度等，2信号の入力レベルの差がない場合には，効率低下は無く，それ以外の場合には2〜8％程度の効率低下を生じることが判明している[18]。

47

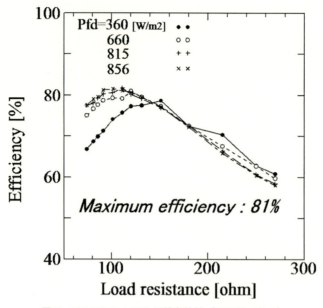

図11　ETHERレクテナの効率特性（20素子パネル）

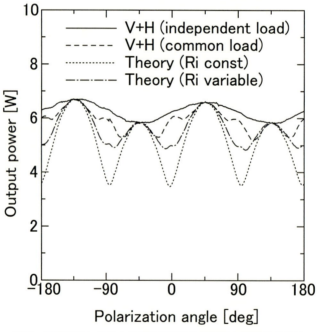

図12　二重偏波レクテナの偏波角特性の計算値と実験値の比較

4.3 まとめ

マイクロ波方式電力伝送技術の歴史として，最初に世界で行われてきた1980年頃までの過去のマイクロ波電力伝送実験について概観し，次に日本のマイクロ波電力伝送実験について執筆者がかかわったものについて概観した．さらに，受電用レクテナを中心にその技術の詳細について述べた．

文　　献

1) W. C. Brown, *IEEE Trans. on Microwave Theory and Tech.*, **MTT-32**(9), 1230-1242（1984）
2) H. Yagi and S. Uda, Proc. Third pan-pacific congress, Vol. 2, pp. 1307-1313（1926）
3) W. C. Brown and E. E. Eves, *IEEE Trans. on Microwave Theory and Tech.*, **MTT-40**(6), 1239-1250（1992）
4) P. E. Glaser, *Science*, **162**(3856), 857-861（1968）
5) R. M. Dickinson, NASA contractor's report, CR-163362（1980）
6) J. J. Schlesak and A. Alden, Proc. IEEE Global Telecomm. Conf.（1985）
7) J. J. Schlesak, A. Alden and T. Ohno, Proc. IEEE MTT-S International Symposium（1988）
8) 成層圏プラットフォームプロジェクト，首相官邸，http://www.kantei.go.jp/jp/mille/seisouken/index.html
9) 松本，賀谷，藤田，藤野，藤原，佐藤，第12回宇宙エネルギーシンポジウム，宇宙科学研究所，pp. 47-52（1993）
10) 藤野，藤田，沢，川端，第12回宇宙エネルギーシンポジウム，宇宙科学研究所，pp. 57-61（1993）
11) 橋本，山川，篠原，三谷，川崎，高橋，米倉，平野，藤原，長野，第28回宇宙エネルギーシンポジウム（2009）
12) 澤原，小田，石場，小紫，荒川，田中，第30回宇宙エネルギーシンポジウム予稿（2011）
13) T. Ito, Y. Fujino and M. Fujita, *IEICE Trans. on Communications*, **E76-B**(12), 1508-1513（1993）
14) Y. Fujino, T. Ito, M. Fujita, N. Kaya, H. Matsumoto, K. Kawabata, H. Sawada and T. Onodera, *IEICE Trans. on Communications*, **E77-B**(4), 526-528（1994）
15) 沢田，川端，賀谷，藤田，藤野，第12回宇宙エネルギーシンポジウム，宇宙科学研究所，pp. 80-84（1993）
16) Y. Fujino, M. Fujita, N. Ogihara, N. Kaya, S. Kunimi and M. Ishii, *Space Energy and Transportation*, **1**(4), 246-257（1996）
17) R. J. Gutmann and J. M. Borrego, *IEEE Trans. on Microwave Theory and Tech.*, **MTT-27**(12), 958-968（1979）
18) 藤野，藤田，賀谷，日下，信学論（B-Ⅱ），J80-B-Ⅱ，(11), 963-975（1997）

5 ワイヤレス給電，日本と世界はどう動くのか─標準化の最前線から─

庄木裕樹*

5.1 はじめに

ワイヤレス電力伝送（WPT）システムを世界中どこでも利用できるようにするためには，電波制度などの国際協調と国際的な製品規格の標準化が必須になる。現在，技術開発，製品開発が盛んに進められている一方で，このような制度や標準化に関わる政策的な活動も活発に進められている。本稿では，2016年6月時点での，その最新の動向について紹介する。

5.2 制度化・標準化における課題

最初に，制度化・標準化など政策的な課題についてまとめておく。

図1には，磁界共振方式（磁界共鳴方式）のうち，マサチューセッツ工科大学（MIT）が用いた典型的なシステム構成例を示す。ここで，実際の製品としての構成においては，ループやコイルで構成される送受電器により電力伝送を行う部分の他に，送受電の開始や停止，受電装置の認証，高効率な電力伝送の維持などのために制御系が必要となる。この制御も無線で行う必要があり，そこに無線通信機能を含めた制御器を用いることになる。このような実用化時の構成を念頭に置いた上で，以下の技術上の課題と制度・政策上の課題を考慮する必要がある。

(1) 技術開発上の課題

① 高効率な電力伝送技術：高効率な電力伝送を行うための電力送受電システムの最適化。送電デバイス，整流器，コイル，整合回路など個々のデバイスの高効率化も必要。

② 利用環境に依存しないシステム：周辺環境の影響や利用条件の変化に対応するための補償技術など。

③ 実装技術：小型化，薄型化，軽量化，低コスト化など。

④ 安全かつ効率的なシステム制御：認証，送電開始・停止などのプロトコル，1対多への電力伝送など。

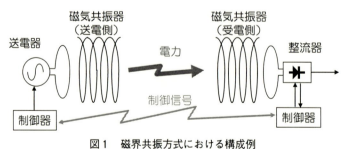

図1 磁界共振方式における構成例

---

* Hiroki Shoki ㈱東芝 技術統括部 技術企画室 参事

第 1 章　総論

(2) 制度・政策上の課題

① 電波法など法令整備：利用周波数の明確化，電波法規上でのWPT機器のカテゴリーの明確化やその制度化。
② 電磁干渉：上記①の課題とも関連し，他の無線システムへの影響が無く共存できるようにするための放射妨害波，伝導妨害波などの規制値の設定とその測定方法の整備など。
③ 人体防護：電波防護指針[1,2]，ICNIRPガイドライン[3]などの指針値の準拠が基本。ただし，そのための評価法・測定法の明確化や標準化も必要。
④ 発熱対策：障害物検知などの安全性対策，発熱時の安全対策など。
⑤ 標準規格化：世界中どこでも同一規格で利用できるようにすることが普及のために必要。

5.3　我が国における制度化

我が国では，総務省の電波利用環境委員会の下に設置されたワイヤレス電力伝送作業班（以降，WPT作業班と呼ぶ）[4]での議論を経て，2016年3月15日に，高周波利用設備／型式指定機器として省令改正が行われた。ここで制度化されたのは，表1に示したWPTシステムのうち，電気自動車用WPT，家電機器用WPT①と③の3つのシステムである。家電機器用WPTシステム②については，他システムとの共用化のために，利用周波数などの仕様や利用条件の見直しが必要であるため，その結論が出るまで一旦ペンディングとなった。

韓国などでWPTシステム専用の周波数の割り当てを行ったケースはあるものの，共用検討などを詳細に検討した結果としてのWPTシステムの制度化は，我が国が世界的に最初に行った。従って，我が国のWPT作業班の中での取り組みは，国際的な法制度整備や今後の新しいWPTシステムの制度化議論において大変参考になるものである。

表1　WPT作業班での制度化対象となったWPTシステム

対象WPTシステム	電気自動車用WPT	家電機器用WPTシステム①（モバイル機器）	家電機器用WPTシステム②（家庭・オフィス機器）	家電機器用WPTシステム③（モバイル機器）
電力伝送方式	磁界結合方式（電磁誘導方式、磁界共鳴方式）			電界結合方式
伝送電力	～3kW程度（最大7.7kW）	数W～100W程度	数W～1.5kW	～100W程度
使用周波数	42～48kHz, 52～58kHz, 79～90kHz, 140.91～148.5kHz（注）上記のうち，最終的に79kHz～90kHzのみが制度化された。	6765～6795kHz	20.05～38kHz, 42～58kHz, 62～100kHz	425～524kHz（注）上記の周波数帯の中で，船舶無線およびアマチュア無線で利用している周波数を除外し，制度化された。
送受電距離	0～30cm程度	0～30cm程度	0～10cm程度	0～1cm程度

ワイヤレス電力伝送技術の研究開発と実用化の最前線

WPT作業班での具体的な検討内容は以下の通りである。

(1) 検討対象のワイヤレス電力伝送システムの技術的諸元の明確化

各WPTシステムの仕様，利用条件，利用環境などを明確にした。

(2) 他システムとの周波数共用条件の検討

WPTシステムが既存の他の無線システムへ影響を与えることは極力避ける必要がある。そのために，WPTシステムの利用周波数や高調波の周波数などを考慮して，周波数共用の検討が必要なシステムを洗い出す必要がある。結果として，表2に示すように，電波時計，鉄道無線，アマチュア無線，AMラジオ放送，船舶無線，固定通信を選定し，各周波数共用相手のシステムとの共用検討を個々に実施した。

(3) 放射妨害波および伝導妨害波に関する許容値の設定

国際規格であるCISPR（国際無線障害特別委員会）規格をできるだけ適用する方向で議論を行った。ただし，150 kHz以下での放射妨害波の許容値などCISPRで規定されていないところについては，上記(2)の共用検討結果を元に，許容値を設定した。

(4) 放射妨害波および伝導妨害波測定のための測定モデル・測定方法の明確化

上記(3)とも関連して，制度化のためには，測定モデル・測定方法を明確化する必要がある。この点についても，CISPRでの標準方法や議論内容と整合させるようにした。

(5) 電波防護指針への適合性確認

WPTシステムからの電波暴露に関しても，他の無線システムと同様に，電波防護指針やICNIRPの指針値を準拠することが基本になる。しかし，指針値は明確であっても，その評価方法や測定方法が整備されていないところがあり，WPT作業班の中で，議論，検討を行った。

上記の検討内容の中で，特に(2)他システムとの周波数共用条件の検討は制度化のための最重要

表2 WPT作業班での共用検討の対象システム

WPTの利用形態・周波数（与干渉側）		周波数共用検討の必要なシステム（被干渉側）
家電機器用WPT② （家庭・オフィス機器）	20.05～38 kHz	電波時計（40 kHz, 60 kHz），列車無線など（10～250 kHz）， AMラジオ（525～1606.5 kHz）
	42～58 kHz	
	62～100 kHz	
電気自動車用WPT	42～48 kHz	
	52～58 kHz	
	79～90 kHz	
	140.91～148.5 kHz	電波時計（40 kHz, 60 kHz），列車無線など（10～250 kHz）， アマチュア無線（135.7～134.2 kHz）， AMラジオ（525～1606.5 kHz）
家電機器用WPT③ （モバイル機器）	425～524 kHz	AMラジオ（525～1606.5 kHz），船舶無線など（405～526.5 kHz），アマチュア無線（472～479 kHz）
家電機器用WPT① （モバイル機器）	6,765～6,795 kHz	固定・移動通信（6,765～6,795 kHz）

課題になっていた。各無線システムとの共用検討の結果は以下の通りである。
① 電波時計：電波時計の周波数40 kHz，60 kHzから離れた周波数帯でWPT機器を運用することで共用が可能になった。
② 鉄道無線：特に，EV用WPTシステムから信号保安設備（ATSなど）への影響について，解析と実験により検討を行った。共用化のためには，EV用WPTシステムを線路から5 m以上離すことになった。
③ アマチュア無線：アマチュア無線の利用周波数帯を避けることで共用が可能になった。
④ AMラジオ放送：隣家との離隔距離を10 mと定義し，WPTシステムからの放射妨害波のレベルを背景雑音以下に下げることを最初の段階の条件として検討を行った。特に，EV用WPTシステムに関しては，試験を実施し，AMラジオへの影響について確認した。現行の誘導型電磁調理器に対して規定されている許容値を適用し，WPTシステムの製造者側でWPT機器からの高調波の低減化を努力することで共用が可能になった。
⑤ 船舶無線：船舶無線の利用周波数帯を避けることで共用が可能になった。
⑥ 固定通信：6.78 MHz帯でのWPT利用周波数帯の一部で放射妨害波レベルを下げることで共用が可能になった。

5.4 利用周波数の国際協調
5.4.1 これまでの国際協調議論

表3に示すように，元々は1978年のCCIR（国際無線通信諮問委員会）総会における電波放射方式のWPTシステムに対する課題提示とレポート策定が発端になっている。しかし，ITU-R（国際電気通信連合 無線通信部門）において，近年では，磁界共振方式も含む磁界結合方式に対

表3　ITU-Rなどでの2015年までのWPTシステムに対する国際協調議論の状況

1978年　第14回CCIR総会	・BEAM-WPTの研究の元になったQuestion 20/2が承認 ・Report 679 "Characteristics and effects of radio techniques for the transmission of energy from space" が承認され，発行（1982年と1986年に改訂版を発行）
1997年　ITU-R会合	・現在のWPT研究の元になっているQuestion 210-3/1の元になったQuestion 210/1が最初に承認
2013年　ITU-R SG1会合	・Working Draft（WD）をNON.BEAM方式とBEAM方式に分割（NON.BEAMの議論の開始）
2014年　ITU-R SG1会合	・NON.BEAM方式のReportが承認 ⇒ ITU-R Report SM.2303の発行
2015年　ITU-R SG1会合	・NON.BEAM方式に関するRecommendation議論の開始 ⇒ Preliminary Draft New Recommendation（PDNR）作成 ・ITU-R Report SM.2303の改訂
2015年　WRC-15会合	・EV用WPTがWRC-19における議題9.1.6に

図2　ITU-R SG1会合が開催されたITU本部のタワービルディングとその中の会議場

するWPTシステムの国際協調の議論が活発になっている。2013年のITU-R SG1会合においては，WPTシステムをNON.BEAM-WPT（磁界結合方式，電界結合方式など近傍界領域におけるWPT）とBEAM-WPT（電波放射方式など電波を意図的に放射させるもの）に分けて議論を行うことになり，翌年には，NON.BEAM-WPTに関するレポートが正式に発行された[5]。NON.BEAM-WPTに関しては，2014年に，勧告（Recommendation）化に向けた議論も開始された。また，2015年11月に開催されたWRC-15（世界無線通信会議）においては，EV用WPTシステムに関しては2019年に開催されるWRC-19における議題9.1.6（Urgent studies to consider and approve the Report of the Director of the Radiocommunication Bureau）に設定された。この議題9.1.6は現段階ではWRC-19の正式議題ではなく，WRC-19で議論を行うためには，ITU-Rにおいて検討を行い終了させ，WRC-19の前にITU-Rの無線通信局長へ承認されたレポートとして提出する必要がある。

5.4.2　2016年ITU-R SG1会合の結果

2016年6月1日（火）〜6月10日（金）に，図2に示すジュネーブのITU本部において，ITU-RのSG1会合およびその下にあるWP 1A（周波数管理技術を担当する作業班），WP 1B（スペクトラムマネージメントを担当する作業班），RG-WPT（WP1Aの下に作られたWPTに関するラポータ・グループ）などの会合が開催された。議論のトピックスは，以下の通りである。

(1)　6.78 MHz帯WPTの勧告化は2017年に延期

2015年のITU-R SG1会合において，6.78 MHz帯磁界結合型WPTの利用周波数に関するPDNRが成立した。1年経って，否定的な意見や修正提案もないことから。勧告化の方向での議論に入ったが，標準規格化が遅れている，他の周波数帯の検討も必要などの理由により英国，オランダ，ドイツから反対があり，結果的に，勧告化は2017年6月のSG1会合に延期された。反対国の状況が変わらなくても，郵便投票などの手続きにより勧告化される予定である。

(2)　NON.BEAM-WPTに関するITU-R Report SM.2303-1改訂版において，AM放送との共用

化のための許容値が議論に

特にEV用WPTに関する他システムとの共用化検討を促進する目的で，日本から共用検討の方法の提案などを含めたレポートの改訂提案を行った。一方で，WP 6A（放送業務に関するSG6の下にある地上放送を担当する作業班）およびEBU（欧州放送連合）から，長波放送波帯および中波放送波帯（日本のAMラジオ放送に対応）におけるWPTシステムからの放射妨害波の許容値の提案があり議論になった。我が国での制度化において規定された許容値に比較して40 dB以上厳しい値になっており，我が国としては反対の立場をとったが，議論は収束せず，今後の会合に持ち越された。

(3) WRC-19に向けたEV用WPTの検討体制はWP 1Bが主体に

EV用WPTに関しては，WRC-19におけるUrgent Study Item 9.1.6になったことから，SG1でのEV用WPTの議論はWP 1Bが担当することが明確化された。一方で，これまで議論を行っていたWP 1Aは，これまで通りTechnicalな視点での検討を担当し，WP 1Bと連携していく。WP 1AのRG-WPTの活動も継続される。また，WP 1Bにおけるワークプランが提示され，EV用WPTに関するReportもしくはRecommendationを策定することも想定し，2018年までにCPMレポートを作成し，無線通信局長へ報告することが目標である。

(4) BEAM-WPTのITU-R Report［WPT-BEAM.APPLICATION］が成立

これまでWD（Working Draft）として維持してきた電波放射方式（マイクロ波電力伝送方式）WPTに関するレポート案について，アプリケーションに特化させたレポートとして再構成し，承認された。また，今後の国際協調化を意図して，共用検討の方法論などに特化した新レポート［WPT-BEAM.IMPACT］のドラフト化およびそのワークプランを提示し，次回会合以降に議論を行う。

5.4.3 2016年ITU-R SG1会合以降の対応について

以上の状況を考慮して，今後（2016年秋以降）は，我が国として，以下のような対応をとると考えられる。

① 6.78 MHz帯WPTの勧告化：2017年SG1会合にて勧告として承認される見通しであり，それをサポートしていく。

② WRC-19に向けたEV用WPTの議論の推進：放送システムとの共用化検討を推進させるため，2016年6月会合におけるWP6A/EBUの寄書内容を精査し，対抗する案を検討するとともに，総務省WPT作業班での共用検討結果を入力していく。WP1A主体で策定しているReport SM2303-1改訂版については2017年会合で承認できるように，ドラフトのステータスアップを目指す。更に，WP1B主体で実施するEV用WPTの議論の推進させるため，上記の共用検討結果などはWP1Bへも入力するとともに，EV用WPTに関するReport/Recommendation案を入力する。

③ BEAM-WPTに関しては，共用検討を主体としたReport案の入力を行う。

以上のように，WPTシステムの実用化を先導していくためにも，今後もITU-Rを始めとす

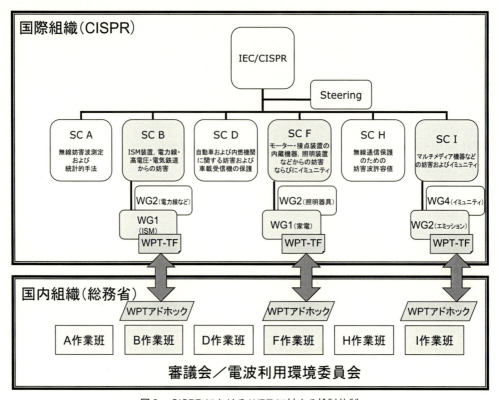

図3 CISPRにおけるWPTに対する検討体制

る国際協調活動を積極的に参画していく。

5.5 CISPRにおけるEMC規格の標準化状況

　IEC（国際電気標準会議）の中のCISPR（国際無線障害特別委員会）において，WPTシステムに対応したEMC規格の議論が始まっている。図3に示すように，B, F, I各小委員会においてWPTに関するタスクフォースが組織化されており，各々に対応する国内組織も整備されている。特に，ISM機器を対象とするCISPR Bにおいて，EV用WPTシステムに注目した議論を行っており，CISPR11 Ed.6.0（2015年発行）のAmendment 2またはEd.7.0を2019年頃に発行することを目標に検討中である。その中で，先ずは，150 kHz以下の放射妨害波の許容値から議論が始まっている。

5.6 IEC TC106における電波暴露評価，測定方法の検討

　電波暴露に対しては，電波防護指針やICNIRPガイドラインなどの指針値に準拠させることが基本になるが，一方で，そのための評価法・測定法が課題である。WPT作業班[4]においては，この点についての検討も行われている。一方で，電波暴露に対する評価法・測定法の国際的な標

準化の検討を行うため，IECのTC106（人体ばく露に関する電界，磁界および電磁界の評価方法を検討する委員会）の中にWG9が組織化されている。先ずは，2017年中に，WPT作業班での検討結果や，学会なども含めて議論されている評価法や測定法をサーベイしたものをまとめた技術報告書（Technical Report）を作成して発行する予定である。その後，評価法・測定法に関する標準化の議論が行われると予想される。

5.7 標準規格化の動向

家電機器および電気自動車の各々の分野において，インターオペーラビリティのための標準規格化の議論も活発である。

図4には家電機器応用における標準規格化動向の状況，図5には電気自動車応用における標準規格化動向の状況を各々示す。特に，注目すべき組織・団体での標準化の動向について，以下に説明する。

(1) モバイル・IT機器用途

① WPC（Wireless Power Consortium）

2010年7月に，業界で最初に5Wの仕様をリリースして，製品展開を積極的行ってきた。

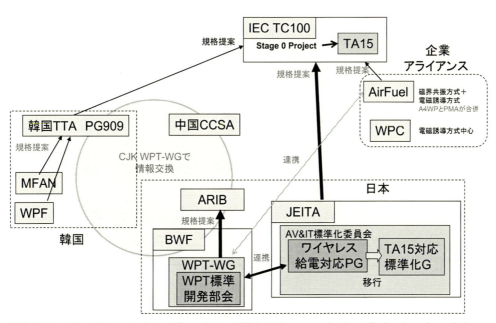

IEC: International Electrotechnical Commission, TTA: Telecommunications Technology Association,
MFAN: Magnetic Field Area Network, WPF: Wireless Power Forum,
CCSA: China Communications Standards Association,
A4WP: Alliance for Wireless Power, WPC: Wireless Power Consortium, PMA: Power Matter Alliance,
ARIB: 電波産業界，JEITA: 電子情報技術産業協会，BWF: ブロードバンドワイヤレスフォーラム

図4　家電機器応用の標準規格化団体と関係

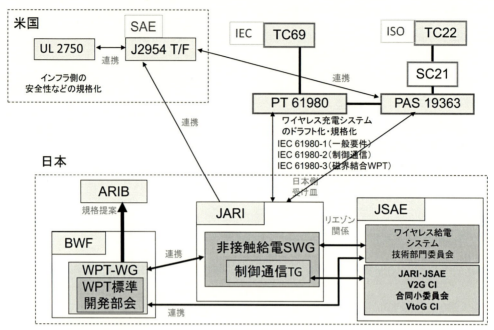

UL: Underwriters Laboratories Inc., IEC: International Electrotechnical Commission, ISO: International Organization for Standardization, ARIB: 電波産業界, JARI: 日本自動車研究所, JSAE: 自動車技術会, BWF: ブロードバンドワイヤレスフォーラム

図5　電気自動車応用の標準規格化団体と関係

2015年6月には，15 W規格もリリースしている。これらの規格におけるWPT方式は電磁誘導方式であり，伝送距離は数 mm，周波数は110～205 kHzが基本になっている。次の規格として，数 kWクラスのキッチンなどの家電応用も検討中である。また，磁界共振方式の規格化も検討している。

② AirFuel Alliance

前身となるA4WP（Alliance for Wireless Power）において，2013年7月にBSS V1.2（スマートフォン向け）仕様を策定した。更に，2014年11月にはBSS V1.3（ノートPC・タブレット向け）仕様も策定し，そのバージョンアップ仕様を策定している。この他に，BSS V1.4（ウエアラブル機器向け）なども検討していた。WPT方式は磁界共振方式であり，伝送距離は数 cm，周波数は6.78 MHz（ISMバンド）を利用している。また，制御にはBluetoothによるOut-of-Band通信を利用している。複数デバイスを同時に給電できるのが特徴である。このA4WPは，2015年7月に電磁誘導方式の規格化を行っているPMA（Power Matters Alliance）と合併し，AirFuel Allianceとなった。

(2) 電気自動車（EV）充電用途

① IEC（国際電気標準会議）TC69（電気自動車）PT61980

以下3つの規格化を行っている。

第1章　総論

- IEC 61980-1（一般共通条件）：2015年7月にIS（International Standard）として発行
- IEC 61980-2（制御通信方式）：当初の予定から遅れており，2017年初め頃にTS（Technical Specification）として発行することを目標としている。制御通信はWPTとは別周波数帯で行うことが基本である。
- IEC 61980-3（磁界結合WPT方式）：これも当初の予定から遅れており，2017年初め頃にTSとして発行することを目標としている。候補となる周波数は，85 kHz帯を支持するのが多勢（一部140 kHz帯を主張）であるが，現状では，利用周波数帯の他に，コイルタイプおよび互換性などについても複数方式がAnnexに掲載されている。

② SAE（Society of Automotive Engineers）J2954T/F

　　国際統一の規格化（単一規格化）を検討中，現在までにTIR（ガイドライン）を発行済。ここで，一般普通電気自動車向けのWPT周波数として，81.38〜90.00 kHzを決定している。ISO（International Organization for Standardization）PAS19363と連携した活動を行っており，PASとしての発行は2016年末を予定している。

(3) 国内での規格化

　国内では，電波産業界（ARIB）においてWPTシステムに関する標準規格化を行う枠組みが出来上がっている。具体的には，業界団体であるブロードバンドワイヤレスフォーラム（BWF）が標準規格案を作成し，ARIBの規格会議においてそれを審議して，承認後にARIB標準規格として成立する。これまでに，ARIB標準規格ARIB-T113として，以下の3つの規格が成立している。

- 電界結合型ワイヤレス電力伝送システム
- 6.78 MHz帯を用いる磁界結合方式ワイヤレス電力伝送システム
- マイクロ波帯表面電磁結合方式ワイヤレス電力伝送システム

　ここで，電界結合型ワイヤレス電力伝送システムについては表1に示したWPT作業班での制度化対象システムと同様なシステムであるが，送電電力は50 W以下である。また，6.78 MHz帯を用いる磁界結合方式ワイヤレス電力伝送システムについては，前述のA4WPのスマートフォン用規格BSS V1.2を国内規格化したものになっている。この2つの規格とも，50 W以下ながら，電波防護指針への対応方法などで総務省のWPT作業班の検討結果との関連があったため，作業班結果に関する一部答申（2015年1月）を受けて，2015年7月のARIB規格会議での審議により成立した。この2つの標準規格は，ARIB標準規格ARIB T-113の各々第1編，第2編として記載されている。また，マイクロ波帯表面電磁結合方式ワイヤレス電力伝送システムについても，2015年12月のARIB規格会議の審議により成立した。今後は，EV充電用ワイヤレス電力伝送システムの標準規格案について，IEC PT61980やSAE J2954などの規格化の推移を見て提案していく予定である。

文　　献

1) 電波防護指針，郵政省電気通信技術審議会答申（平成2年6月）：諮問第38号「電波利用における人体の防護指針」
2) 電波防護指針，郵政省電気通信技術審議会答申（平成9年4月）：諮問第89号「電波利用における人体防護の在り方」
3) ICNIRP ガイドライン，Guidelines for limiting exposure to time-varying electric, magnetic, and electromagnetic fields（up to 300 GHz）
4) 総務省，情報通信審議会，情報通信技術分科会，電波利用環境委員会，ワイヤレス電力伝送作業班
   http://www.soumu.go.jp/main_sosiki/joho_tsusin/policyreports/joho_tsusin/denpa_kankyou/wpt.html
5) Report ITU-R SM.2303-0, "Wireless power transmission using technologies other than radio frequency beam", http://www.itu.int/pub/R-REP-SM.2303（2014）

6 Far-Field Wireless Power Transmission for Low Power Applications

Nuno Borges Carvalho[*1], Apostolos Georgiadis[*2], Pedro Pinho[*3], Ana Collado[*4], Alírio Boaventura[*5], Ricardo Gonçalves[*6], Ricardo Correia[*7], Daniel Belo[*8], Ricard Martinez Alcon[*9], Kyriaki Niotaki[*10], 日本語概要：篠原真毅[*11]

6.1 概要―小電力応用のための遠距離ワイヤレス電力伝送―

本章ではワイヤレス給電のヨーロッパでの研究開発状況を紹介する。紹介する研究開発は主にCOST action-WiPE-IC1301によるものである。COSTはEU内の研究開発の枠組みであり、その枠内でワイヤレス給電を推進するのがWiPE-Wireless Power Transmission for Sustainable Electronics, IC1301である。

　研究開発の成果の一つにレクテナ（整流器付アンテナ）がある。915 MHzと2.45 GHzで整流するデュアルバンドレクテナや、入力電力10 dBmの時に470 MHzから860 MHzという広帯域で60％の変換効率を実現するレクテナ等を紹介している。このような広帯域対応レクテナは入力インピーダンスマッチング回路として広帯域やマルチバンド等、様々なものが考えられるが、本節で紹介するのは主にマルチバンド型のレクテナである。マルチバンド型のレクテナを用い、効率を向上させるために通常の連続波によるワイヤレス給電に加えて、電磁波のエネルギーハーベスティング（放送波等から電力を得る技術）を同時に合わせることで効率向上を図ろうというものである。エネルギーハーベスティングは周辺の電磁波を利用するものであり、その電力をレ

[*1] Nuno Borges Carvalho　Instituto de Telecomunicações, Dep. Electrónica Telecomunicações e Informática, Universidade de Aveiro, Full Professor
[*2] Apostolos Georgiadis　Heriot-Watt University, School of Engineering and Physical Sciences, Institute of Sensors, Signals and Systems, Associate Professor
[*3] Pedro Pinho　Instituto de Telecomunicações, Instituto Superior de Engenharia de Lisboa
[*4] Ana Collado　Heriot-Watt University, School of Engineering and Physical Sciences, Institute of Sensors, Signals and Systems
[*5] Alírio Boaventura　Instituto de Telecomunicações, Dep. Electrónica Telecomunicações e Informática, Universidade de Aveiro
[*6] Ricardo Gonçalves　Instituto de Telecomunicações, Dep. Electrónica Telecomunicações e Informática, Universidade de Aveiro
[*7] Ricardo Correia　Instituto de Telecomunicações, Dep. Electrónica Telecomunicações e Informática, Universidade de Aveiro
[*8] Daniel Belo　Instituto de Telecomunicações, Dep. Electrónica Telecomunicações e Informática, Universidade de Aveiro
[*9] Ricard Martinez Alcon　Escola d'Enginyeria de Telecomunicacio I Aerospacial de Castelldefels, Universitat Politecnica de Catalunya
[*10] Kyriaki Niotaki　Benetel Ltd.
[*11] Naoki Shinohara　京都大学　生存圏研究所　生存圏電波応用分野　教授

クテナに用いるダイオードのスタートアップ電力として補完的に用いて効率向上を図ろうというアイデアである。

ワイヤレス給電の応用の一つとしてコルクに取り付けるRF-IDの例を紹介している。また応用としてバッテリーレスセンサーネットワークや，バッテリーレスリモードコントロール等も紹介する。これらはマルチポートのRF-IDの技術として新たなアイデアが盛り込まれている。

6.2 Introduction

This chapter will present some of the European activities within wireless power transmission. The described work was done included into the COST action, WiPE, IC1301. COST is a European Union research framework run by the COST Association, an International not-for-profit association that integrates all management, governing and administrative functions necessary. The COST Association has currently 32 Member Countries. In the area of Wireless Power Transfer, the program WiPE –Wireless Power Transmission for Sustainable Electronics, IC1301, has begun in mid-2013 with a completion date of mid-2017. WiPE addresses efficient Wireless Power Transmission (WPT) circuits, systems and strategies specially tailored for battery-less systems. There are five research workgroups (WGs). These are:

WG1. Far-field WPT systems

WG2. Near-field WPT systems

WG3. Novel materials and technologies

WG4. Applications (space, health, agriculture, automotive systems, home appliances)

WG5. Regulation and Society Impact

Some of the works developed within this group of researchers include for the near field the use of electrical coupling rather than inductive coupling and for far field the use of special designed waveforms and wide band circuitry for improved RF-DC efficiency.

This chapter will present a limited group of activities developed within this framework.

6.3 Far Field WPT – Rectenna Design: Recent Progress and Challenges

There is a significant amount of literature in the past twenty five years regarding the performance analysis of rectennas and rectifiers. In addition to earlier works on diode detectors[1], and theoretical estimation of the efficiency of diode rectifiers[2], recent publications such as[3,4] focus on the performance as RF-dc power conversion circuits in low power far-field wireless power transfer or RFID applications. Despite the large amount of literature and the recent popularity of the topic with respect to energy harvesting and Internet-of-Things application scenaria[5,6], there are several pending technical challenges in rectenna and rectifier design. These include signal design for optimum RF-dc conversion efficiency, design of rectifiers which are insensitive to load and input power variation, as well as the design of ultra-broadband rectifiers. In the next paragraphs a brief discussion of the above topics and recent progress is presented.

The rectifier efficiency η_A is defined as the ratio of the dc power $P_{L,dc}$ delivered to the output load R_L over the average available RF power from the source P_A.

$$\eta_A = \frac{P_{L,dc}}{P_A} \tag{1}$$

Instead of the available source power one may compute the efficiency η using the input power to the rectifier. η_A is a lower bound of η ($\eta_A \leq \eta$). Typically harmonic balance simulation is used to simulate and optimize rectifier circuits by placing appropriate optimization goals on the rectifier efficiency but also on the input impedance, output load and output dc voltage.

In Fig. 1 the simulation setup of a series diode rectifier is presented. A source with an intrinsic resistance R_s is connected in series with a Schottky diode D, which is followed by a shunt capacitor C_L and a resistive load R_L.

A harmonic balance simulation with seven harmonics has been setup in a commercial simulator. A nonlinear Schottky diode model has been considered corresponding to the Skyworks SMS7630 diode. In order to investigate the theoretical performance limits of the rectifier the diode series resistance, diode junction capacitance and package parasitics were set to zero, while the diode breakdown voltage was set to a very high value of 100 V. The diode saturation current is 5 μA. The load capacitance was set to a sufficiently high value (10 nF) in order to eliminate any RF signal at the output of the rectifier. Without

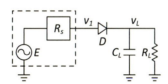

Fig. 1 Series diode rectifier simulation in harmonic balance.

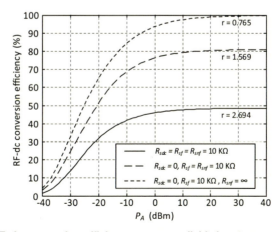

Fig. 2 Simulated RF-dc conversion efficiency versus available input power of a CW input signal.
The ratio of load resistance to source resistance at the fundamental frequency is r.

loss of generality, the source resistance was set to an arbitrary value of 10 KΩ which is constant at all frequencies. The harmonic balance optimization was set to maximize the RF-dc conversion efficiency η_A for an input available power $P_A = -20$ dBm, while the output load was the optimization parameter. Once the optimum load was found for $P_A = -20$ dBm, the input power was swept and the obtained efficiency value was computed. Fig. 2 shows the simulation results.

One can see that as the input available power increases a maximum efficiency value of approximately 48.5 % can be obtained, which is intuitive as the series diode rectifier represents a half-wave rectifier circuit. The same procedure is repeated, but this time allowing a frequency dependence of the source resistance and specifically by setting the source resistance at dc equal to zero, providing a dc short at the input terminal of the rectifier. In this case the long dash curve of Fig. 2 is obtained which shows a maximum efficiency of approximately 80.9 % for a sufficiently large input power. This is consistent with the theoretical limit obtained in[7]. Furthermore, proper harmonic termination can lead to a maximum theoretical efficiency of 100 % as noted by[7] and shown in[8]. Setting the source impedance to zero or to infinity at harmonic frequencies, results in a maximum simulated efficiency of 99.5 %, as shown in Fig. 2. It should be emphasized that the above maximum efficiency values require an input signal with sufficiently large available average input RF power, and are reduced by the diode series resistance, nonlinear capacitance and breakdown voltage, the diode package parasitics, as well as losses in the source impedance network.

There is a load resistance value which maximizes the RF-dc conversion efficiency of the rectifier circuit. Fig. 3 shows the obtained efficiency values versus R_L for an input average power of -20 dBm of a continuous wave (CW) signal for the three cases of different source impedance considered in Fig. 2. The peak efficiency values of each of the curves of Fig. 3, correspond to the efficiency value listed in Fig. 2 for $P_A = -20$ dBm. It can be seen that the optimal load leading to the peak efficiency is strongly affected by the source impedance at dc and the harmonics of the fundamental frequency.

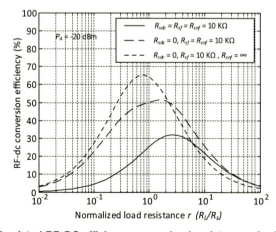

Fig. 3 Simulated RF-DC efficiency versus load resistance of a CW signal.

第 1 章 総論

Recently the signal characteristics which can lead to an improved RF-dc conversion efficiency compared to a continuous wave signal have been investigated. The rectifier efficiency under multi-sine input signals was investigated in[9,10], while a preliminary study of rectifier efficiency under a two-tone excitation had been first presented in[5]. Following these original works several further studies of the performance of rectifier circuits under signals with a time-varying envelope were published, which include among others the generation of multi-sine signals using mode-locked coupled oscillators and spatial power combining[11] as well as the use of other types of modulated signals such as white noise, chaotic signals and digitally modulated signals[12]. The obtained results showed that it is possible to obtain a higher RF-dc conversion efficiency at low input average available power compared to a CW signal, due to the fact that the signal peaks can drive the non-linear rectifier element to a bias point which generates larger mixing products at dc. However, this efficiency improvement depends in addition to the input available power on the load resistance, and it was generally observed at high load values[13].

It was shown that there is an optimum load resistance which maximizes the RF-dc conversion efficiency of the rectifier. This optimum load depends on the available source power, signal characteristics as well as rectifier circuit topology[13]. It is possible to tailor the value of the optimum load by forming an array of rectennas and connecting the various rectifier outputs in series or parallel combinations[14~16]. Rectenna array design presents a challenging design problem in terms of maximizing the harvested dc power by considering the trade-off between combining at RF level by forming antenna sub-arrays, or combining at dc level by properly summing the rectifier output dc signals.

A 2×2 rectenna array was designed at implemented operating at 2.4 GHz. The rectifier elements consisted of a shorted circular slot antenna, an impedance matching network and a series Shottky diode rectifier. A photo of the array is shown in Fig. 4.

Using the fabricated prototype the value of the optimum load resistance was investigated for different combination topologies of the rectifier outputs but also for different angles of incidence of the incoming CW wave from the transmitting source. The results are shown in Fig. 5. In accordance with existing literature[14~16], the optimum load is increased when a series rectifier connection is formed, whereas it is reduced when a parallel connection is used. Additionally, the results show that the optimum load is also dependent on the direction of the incoming wave due to the existing mutual coupling among the antenna elements. It is seen that for the fabricated array, the optimum load increases as the angle of incidence deviates from broadside.

The rectifier RF-dc conversion efficiency is sensitive to many parameters such as the input power and output load resistance. It is therefore important to design rectifier architectures which are insensitive to power and load variations. A method to increase the dynamic range of rectifier circuits has been proposed in[17] where a rectifier topology using two branches, similar to the Doherty topology used in power amplifier circuits, has been employed achieving an efficiency above 50 % over an input power range from -7 dBm

ワイヤレス電力伝送技術の研究開発と実用化の最前線

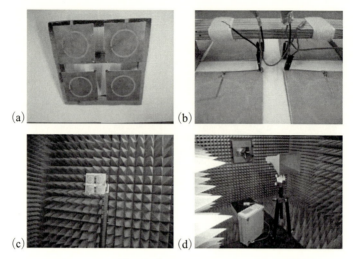

Fig. 4　Rectenna array
(a) fabricated protoype. antenna side, (b) fabricated prototype rectifier side,
(c) receive rectenna array setup in anechoic chamber, (d) transmitter setup exciting the rectenna array.

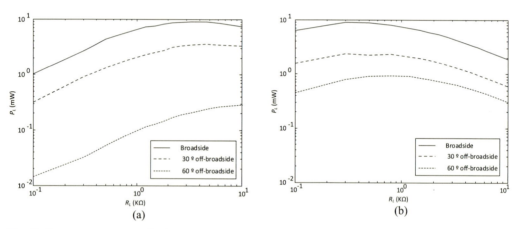

Fig. 5　Rectenna array received dc power versus the output load resistance for different incoming wave angle of incidence relative to broadside
(a) series connection of the rectifier outputs, (b) parallel connection of the rectifier outputs.

to 16 dBm. One way to maintain a high efficiency over a large range of output load values is to employ a resistance compression network[18]. A resistance compression network consists of the parallel connection of two branches which include two identical copies of the variable load connected in series with reactive elements which introduce an opposite phase response at a desired operating frequency[18]. Recently, dual band rectifier circuits with resistance compression networks have been demonstrated where the reactive networks consist of dual band bandpass filter sections[19]. The circuit topology of the dual band resistance compression network used in[19] is shown in Fig. 6. Dual band bandpass performance is obtained using a

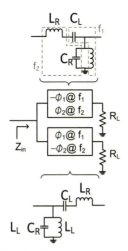

Fig. 6 Dual band resistance compression network
Parallel connection of two branches which include identical copies of the variable load and reactive networks introducing a properly designed and opposite phase at two desired frequency values.

network of a series and a shunt LC section. The desired opposite phase response is introduced by using the same network but reversing the node which is connected to the varying load. Design details can be found in[18] and[19]. The obtained RF–dc conversion efficiency of the dual band rectifier with RCN in[18] is compared to the efficiency of a conventional dual band rectifier in Fig. 7, showing a higher efficiency over a wider range of load values. In general one achieves an improved performance by sacrificing circuit complexity introducing additional circuit branches and rectifier elements.

Finally, a key problem in rectenna and rectifier design is that of maximizing efficiency over a wide aggregate bandwidth including multiple narrower frequency bands or a single ultra-wide frequency band.

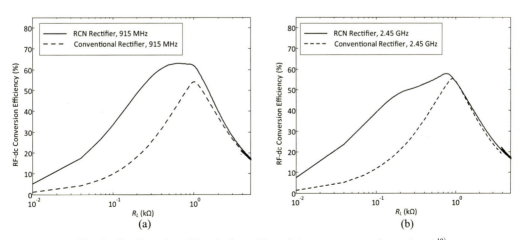

Fig. 7 Dual band rectifier design with resistance compression network[19]
Efficiency versus output load compared to a conventional dual band rectifier, (a) 915 MHz, (b) 2.45 GHz.

This is important in order to maximize the total harvested ambient RF energy from broadcast transmissions at different frequencies.

The challenge in designing ultra-wideband rectifiers is of fundamental nature. A rectifier circuit is a capacitive load, with an equivalent circuit which consists of a shunt resistor in parallel with a shunt capacitor. The equivalent circuit elements are nonlinear in nature and depend on the input power, output load as well as the circuit topology of the rectifier[20]. The minimum reflection coefficient that can be achieved using a lossless network to obtain broadband impedance matching over a desired frequency band is bound by the theoretical limit obtained in the work of Bode and Fano[21]. In[20], a matching network based on a non-uniform transmission line was proposed in order to design a wideband rectifier with an octave bandwidth. The rectifier and its RF-dc conversion efficiency are shown in Fig. 8. A measured efficiency of more than 60 % was obtained at 10 dBm input power for a frequency band extending from 470 MHz to 860 MHz.

There are several recent publications of dual band, triple or quadruple band rectifier circuits, such as[22~24] to name a few. In order to harvest RF energy from several frequency bands, narrow-band/multi-band, wideband designs or even a mix of them can be considered. The most commonly used RF-DC converter is presented in Fig 9(a). This type of RF-DC converter is mainly composed by a matching network, a rectifier element, and a DC pass filter. Some configurations of wideband RF-DC converters are presented in Fig. 9

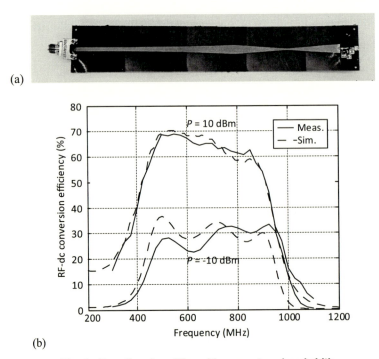

Fig. 8 Broadband rectifier with one octave bandwidth
(a) circuit prototype, (b) RF-dc conversion efficiency[20].

(b) and (c). In order to power loss by mismatch at the rectifier input due to the large bandwidth, the configuration shown in Fig. 9(c) can be adopted, where the DC output of several rectifiers, each optimized for a single frequency/band, can be added and thus virtualizing a larger operation bandwidth. Although the DC summation on this example is made by a parallel configuration, it can also be realized by a series configuration or a mix of them[14,16]. One of the main issues of this topology is that no energy can be harvested outside the selected frequencies bands. Moreover, this design is not suitable for compact applications due to the high number of antennas that need to be used.

Another approach to harvest energy from several frequency bands is presented in Fig. 9(d). The matching network for this circuit should be designed in order to match it on the desired frequency bands simultaneously, while maintaining a narrow design for maximum achievable power transfer between the antenna and the rectifier. The complexity of such solution increases as the targeted frequency bands for operation increases and so does the power losses.

Most RF-DC converters are simple peak detectors, like the ones presented in Fig. 9. That is, the receiver detects the peak of the input signal and charges the output filtering capacitor close to its value. It is well known that multicarrier signals like OFDM, commonly used on telecommunication, exhibits a high PAPR. Similar to these signals, multisines have been used to intentionally increase the PAPR of the transmitted waveform to excite the rectifier diodes more efficiently[25].

Conventional multisines can be described in time domain by (2)

$$s(t) = \frac{1}{\sqrt{N}} \sum_{n=0}^{N-1} A_k \cos\left((\omega_c + n\Delta\omega)t + \theta_k\right) \tag{2}$$

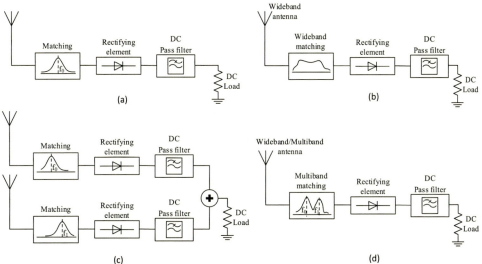

Fig. 9 Narrow-band and multi-band approaches
(a) Single frequency series rectifier circuit. (b) Wideband rectifier circuit. (c) Two single band rectifiers with DC combining virtualizing a larger operation bandwidth. (d) Multiband single series rectifier.

where $\Delta\omega \ll \omega_c$. If $\Delta\omega$ is to low, the resulting waveform will have a very large envelope period. A large ripple can occur on the output of the RF-DC converter, minimizing the output DC level. It must be noted that high value filtering capacitors are desired but, on the other hand, such high values should be avoided at high frequencies. In order to solve such problem, a new kind of multisines with unique time domain properties is proposed in[26] which consists on an harmonic spaced multisine, that is, $\Delta\omega = \omega_c$.

A simple and intuitive mathematical model of the current flowing on a diode can be expressed by its Taylor expansion as in (3)

$$I(V) \approx k_1 V + k_2 V^2 + k_3 V^3 + k_4 V^4 \tag{3}$$

Considering that our focus is the DC power, equation (3) will be simplified to consider only the even order terms, since the odd orders do not contribute to DC power. Applying a single tone excitation to a diode, $v_1 = A\cos(\omega_c t + \theta)$, and filtering its output with an ideal filter to extract DC terms

$$V_{1,DC} \propto k_2 \frac{A^2}{2} + k_4 \frac{3A^4}{8} + k_6 \frac{10A^6}{32} + \cdots \tag{4}$$

Next, if we use a two tone equally weighted conventional multisine as the excitation, $v_2 = B\cos(\omega_c t + \theta_1) + B\cos((\omega_c + \Delta\omega)t + \theta_2)$, the amount of DC is proportional to (5):

$$V_{2,DC} \propto k_2 B^2 + k_4 \frac{9B^4}{4} + k_6 \frac{25B^6}{4} + \cdots \tag{5}$$

Considering $B = A/\sqrt{2}$ to keep the same average power for comparison purposes, it can be shown that $V_{2,DC} > V_{1,DC}$. If the number of tones used is increased, greater will be the DC voltage achieved and so does the DC power obtained. DC level becomes phase dependent for multisines with more than two tones. Usually, in order to keep the receiver matched, the frequency spacing between tones must be kept small, $\Delta\omega \ll \omega_c$, but on the other hand, small $\Delta\omega$ will generate large output ripples. Most RFID tags are simple peak detectors and a simple RC output filter is commonly used, making the filtering less effective with these signals[10].

To avoid such filter stress, harmonic spaced multisines can be considered. These signals are composed by a fundamental frequency and N-1 harmonics, equally weighted. Fig. 10 shows the difference between a conventional multisine with $\Delta\omega = 1$ MHz and a harmonically spaced multisine with $\Delta\omega = 900$ MHz, both composed by two tones and same average power. While keeping the same PAPR, their peak frequency is very different. In this example, harmonic spaced multisine's peak frequency is 900 times greater, allowing an efficient DC filtering even for low resistive load values. Moreover, applying the same theory as above, exciting a diode with a harmonic spaced multisine in the form $v_3 = B\cos(\omega_c t + \theta_1) + B\cos(2\omega_c t + \theta_2)$ will

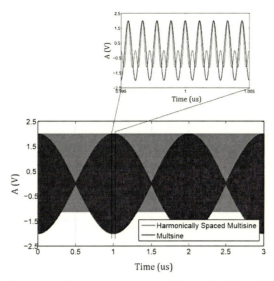

Fig. 10 Example of a conventional multisine with 900 and 901 MHz,
$\Delta\omega = 1$ MHz (black) and a harmonic spaced multisine with 900 and 1800 MHz, $\Delta\omega = 900$ MHz (dark grey)

give us (6)

$$V_{3,DC} \propto k_2 B^2 + k_4 \frac{9B^4}{4} + k_6 B^6 \left(\frac{25}{4} + \frac{15}{32} \cos(2\theta_1 - \theta_2) \right) + \cdots \tag{6}$$

By (6) it is possible to verify the appearance of an additional DC term when compared with (5), which is phase dependent even for the two tone case.

Not only considering the high PAPR and peak frequency, Fig. 10 still shows an interesting characteristic: this signal is asymmetric due to its harmonic content, holding low negative peak amplitude which benefits the energy conversion efficiency when the diode operates near its breakdown zone. Note that the maximum DC voltage that a diode can output, for a symmetric signal excitation is given by (7)

$$V_{outDC,max} = \frac{V_{br}}{2} \tag{7}$$

where V_{br} is the diode breakdown voltage. From Fig. 10 the envelope of a harmonic spaced multisine is similar to the one of a CW signal with "positive DC offset", thus allowing the diode to output more DC voltage than what it could with a symmetric signal. All these unique characteristics have direct impact on DC generated as will be demonstrated with a practical implementation.

In order to evaluate such signal, a dual band RF-DC converter was designed following the approach given in Fig. 9(d). Fig. 11 presents a peak detector which is composed by a multiband matching network, a single diode rectifier and a low-pass filter. The circuit was optimized to operate at 900 and 1800 MHz simultaneously[26] and for -10 dBm of average input power, using large signal S parameters simulations. A

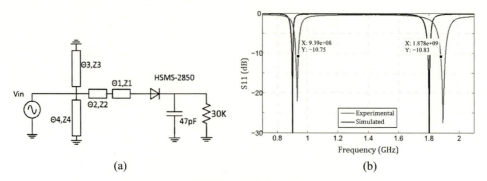

Fig. 11 Multiband RF-DC converter.
(a) Schematic of the circuit. (b) Simulated and measured S-parameters for an average input power of −10 dBm.

small deviation from the simulated results was obtained but it is possible to find two frequencies which are harmonically related, 939 and 1878 MHz, as well.

Next, the circuit's performance was evaluated when excited with the signals described above. Before starting the measurement, from (6) one can check that the DC generated by harmonic spaced multisines is phase dependent even for two tones and the best case occurs when the argument of the cosine from the last term is multiple of 2π. A simple experience consisted on fixing the input power and varying the relative phase of the second tone with respect to the first. The results are shown in Fig. 12 and it is possible to observe that the best case is actually 200°. In fact, this is an expectable result because each tone is considerably separated in frequency. Thus, each tone suffers different amount of phase shift.

After this preliminary test, an input power sweep was performed and the results were registered on Fig. 13(a) and (b), showing the energy conversion efficiency and output DC voltage, respectively, when the best phase arrangement is obtained. From Fig. 13(b) it is easy to verify that harmonic spaced multisine has the capability to generate more DC voltage. This is mainly due to the input peak frequency which is higher than in a conventional multisine, maintaining the same PAPR.

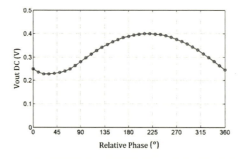

Fig. 12 Measured DC voltage generated by a harmonic spaced multisine when the relative phase between tones are varied. Relative phase of the second tone with respect to the first.

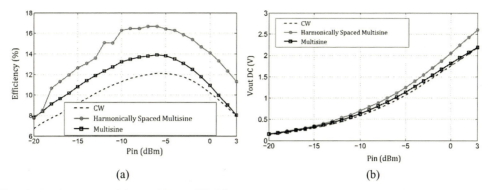

Fig. 13 Performance of the multiband RF-DC converter under two tone harmonic spaced multisine (939 and 1878 MHz) and a two tone conventional multisine (938 and 940 MHz).
(a) Efficiency. (b) Output DC voltage.

In other words, the output filtering capacitor is kept charged with a reduced ripple voltage. For higher input power, the voltage gain of a harmonic spaced multisine does not drop as on the conventional multisine techniques, because of its asymmetric characteristic. This phenomena is more noticeable if the number of subcarriers is increased. Energy conversion efficiency was calculated as follows:

$$\eta_{RF\text{-}DC} = \frac{\frac{V_{out,DC}^2}{R_L}}{P_{in,RF(Average)}} \tag{8}$$

Referring to Fig. 13 (a), the efficiency gain between harmonic spaced multisine and a CW is kept approximately constant for high input power. The same does not occur for a conventional multisine due to its symmetric propriety, reaching the diode's breakdown zone for lower input power. As shown, the efficiency gain between a conventional multisine and a CW drops considerably for high input powers. It is still important to note that the energy conversion efficiency is directly dependent on the value of the resistive load, and this isn't the best case. A lower value would lead to better conversion efficiency but on the other hand, DC voltage achieved would be lower. In this experience the load was chosen to both maximize DC voltage and energy conversion efficiency.

While in WPT the electromagnetic beams are clearly directed in the direction of the device to power up, in Electromagnetic Energy Harvesting (EEH) the main concept is to gather electromagnetic waves from the environment and convert them into usable DC energy.

The interesting approach in energy harvesting is that energy is already there, it is mainly a question of harvesting it, while in WPT there is the need to generate RF power. This seems that energy harvesting is thus more interesting than WPT, nevertheless the amount of available energy is limited and only a few μ Watts are normally available. On the other hand, in far field WPT the RF-DC energy conversion efficiency is sometimes quite mild for low values of power been delivered to the rectifier circuit. This is mainly due to

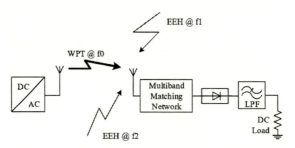

Fig. 14 Sketch of the proposed WPT and simultaneous EEH far field wireless powering system.

the fact that the Schottky diodes do not have a zero threshold voltage, which limits the turn on of the diode and impose a minimum value of RF energy wasted to put the diode operating. One solution that can be used to improve this is to use the approach followed in[27], where thermal energy harvesting was used to give a certain amount of voltage to the diode configuration, and thus create a minimum turn on voltage using the thermal energy to start it up.

The following discusses an approach that actually combines intentional WPT with EEH, as sketched in Fig. 14[28]. This way, EEH will be able to create the start-up voltage that will be used afterward for WPT conversion. By using a multiband, single rectifier approach, we can make a simple low cost solution by using just a few components. Moreover, it must be noted that a narrow band design allows higher efficiency values, boosting the main source of power, which is the WPT dedicated link. This link will have higher amounts of power as a CW or any other high efficient waveform, as discussed before. The combination with EEH on the other bands will be investigated.

For that purpose, the circuit on Fig. 12(a) was re-optimized in order to operate in three different bands, simultaneously. The higher frequency band is used for a dedicated WPT link and the lower two bands are used for energy harvesting. Simulation as well as measured reflection coefficients are presented in Fig. 15 (a). The peak efficiency of the converter is around 40 % on all bands for a CW excitation at −10 dBm of

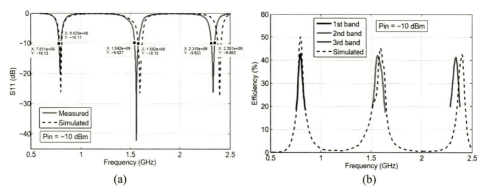

Fig. 15 Performance of the multiband RF-DC converter under CW excitation.
(a) Simulated and measured input reflection coefficient. (b) Power conversion efficiency calculated using (7).

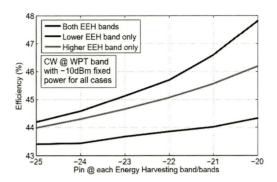

Fig. 16 Measured overall efficiency when the power from the EEH bands are swept from −25 dBm up to −20 dBm with a fixed WPT input power of −10 dBm.

average input power as shown in Fig. 15(b).

After CW characterization, this multiband RF-DC converter is exploited when it is simultaneous excited by the WPT dedicated link and the energy that is present in the environment on other frequencies. To do so, two single carriers with 64-QAM modulations and 10 MHz bandwidth were generated, representing the energy that can be harvested. Those two modulation signals were set in the middle of the two lower frequency bands while the WPT link, a CW signal with a fixed input power of −10 dBm, was set to the higher frequency band. The overall efficiency achieved by simultaneous sweeping the energy that is able to harvest on both bands and the WPT is presented in Fig. 16.

The efficiency of the WPT link alone was measured and it was found to be 41 % at −10 dBm of input power. It is possible to conclude from Fig. 16 that with the additional energy that is possible to harvest from the existing ambient energy, we are able to increase the overall efficiency of the system from 41 % up to 48 %, when the energy available from harvesting gets close to 10 μ Watts at both EEH bands. It can also be verified that the higher EEH band contributes more for an efficiency increase. This is mainly due to the lower S_{11} (Refer to Fig. 15(a)). It was also experimental checked that the circuit is matched at the EEH power levels and central frequencies shown in Fig. 16. The efficiency, in this case, is computed as follows:

$$\eta_{RF\text{-}DC} = \frac{Pout_{DC}}{Pin} \times 100 = \frac{Vout_{DC}^2}{R_L \times Pin} \times 100 \ (\%) \tag{9}$$

where, Pin is the average input power at WPT frequency, $Vout_{DC}$ is the output DC voltage and R_L is the DC load that is being powered, in this case 1470 Ohm.

6.4 Novel Materials and Technologies – Use of Cork as an Enabler of Smart Environments

RFID technology has been applied in an increasing number of applications ranging from identification and localization to various types of monitoring and sensing[29]. The large and diverse number of application scenarios has resulted in various challenges for the tag design, which include the use of a diverse range of substrate materials such as paper, plastic (PET)[29], plywood, to name a few, as well as the use of different fabrication techniques targeting large volume production such as inkjet printing[30], and consideration of low cost conductive materials such as paperclips[30]. The challenge for conformal and low-profile antennas, has led to different designs, such as a meander monopole placed inside a hollow plastic bottle closure[31], and several designs consisting of dipole antennas placed around the bottle plastic or glass neck[32~33] or body[34]. Here, we discuss in detail the design and analysis of UHF tag antennas and how the presented solutions are viable for efficient bottle tagging. We also propose a possible implementation of a humidity sensor using the supporting cork as the sensing element. The basic techniques to perform sensing in a wireless way are usually based on resonant frequency shifts[35] and/or wakeup power changes of the passive tags[36]. Temperature sensing using passive RFID tags has been explored in[35~37], in the first and second cases by using substrates with permittivity sensitive to the temperature changes, while in the third case thermistors are used in the tag matching network to shift the resonant frequency of the tag according to the temperature.

Instead of just temperature measurements, in[38] a combined temperature and humidity sensor is explored. In this case a proposal for HF and UHF sensor tags is presented. A microcontroller is used to interface a RFID chip and the sensor elements or ICs responsible for the temperature and humidity measurements. The micro-controller reads the data from the sensors and writes it in the RFID chip memory, which is then accessed with a regular RFID reader. This solution seems to be the most mature and most reliable although it is also the more expensive. It has been also considered for harsh environments but it is severely dependent on the packaging which may affect the accurate temperature and humidity sensing in many scenarios.

In addition to its application in wine and bottle industry, cork material has found increasing applicability as an insulator in various fields, including space technology, due to characteristic properties such as lightweight and low thermal conductivity[39]. Therefore the characterization of this material and the successful design of antennas and circuits in it might open the door for many diverse and interesting applications. There are several ways to etch the cork with conductive materials in order to fabricate the antennas or circuits on cork. Standard milling fabrication is used to transfer the antenna design on a low cost adhesive copper tape, which is then attached to the cork substrate, allowing for a fast and cost effective fabrication. Another possible implementation is the use of inkjet printing, if care is taken to create a coating on the cork that has enough surface energy to sustain the ink in place.

6.4.1 Cork Permittivity and Loss Estimation

Antenna design requires knowledge of the electrical properties of the materials which comprise the antenna topology. Moreover, through visual inspection of the cork material and given the structure of the material of the cork laminates, we expect to see an anisotropic behavior of the dielectric material. Therefore, different orientations should be considered when analyzing cork's electrical properties. There are numerous types of cork materials that are used for the elaboration of wine cork bottle stoppers (Fig. 17). Among them we can disguise the wine corks punched directly from a panel of natural cork (Fig. 17(a)) and the ones fabricated with pressed or agglomerate cork (Fig. 17(b)). In order to determine the cork electrical properties (permittivity and loss factor) we used the microstrip lines technique, where the difference in their respective lengths is quite clear, in a similar way as proposed in[40~42]. Due to the expected anisotropic behavior of the cork, which is confirmed by the results shown in Fig. 18, slices of the material were cut in two different directions: axial and radial.

The measured permittivity for the cork is rather low, with values ranging between 1.49 and 1.91, which was expected due to the existing air gaps in the cork[39]. Another characteristic that can be easily observed in the depicted results is the anisotropic (permittivity is different for different directions) behavior of the natural cork in contrast with the nearly isotropic (permittivity is the same in both axis) behavior of the agglomerate cork. This is mainly due to the random distribution of the cork pieces on the agglomerate cork, in comparison to the clearly stratified structure of the natural cork. The lower permittivity of the agglomerate cork is also explained by the larger number of air gaps in its slabs, which is clear from the

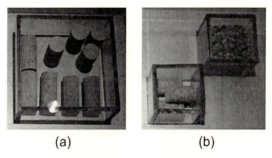

Fig. 17 Types of cork materials
(a) natural cork (b) agglomerate cork

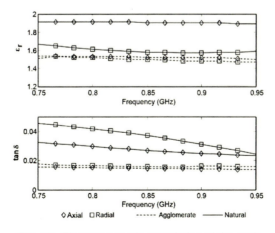

Fig. 18 Electromagnetic proprieties of the cork

photographs in Fig. 17. The isotropy/anisotropy of the different cork materials is also clear in the loss tangent values. The measured losses for the natural cork are different over different directions while they are roughly the same for the agglomerate cork. Besides, the dissipation factor of the agglomerate cork is slightly lower than the natural cork, as shown in Fig. 18. This indicates that agglomerate cork might be a better candidate for use in antennas and microwave circuits applications.

6.4.2 Design of an UHF RFID Tag Antenna

The proposed RFID tag antenna design for the wine bottle cork stopper is depicted in Fig. 19. At the feed point there is an inductive loop in order to match the antenna to the complex input impedance of the chip. In this case, a UCODE SL3ICS1002 from NXP was used, which has an input impedance of 16–j158 Ω at 866 MHz. The radiation pattern is essentially omnidirectional which was expected considering the antenna geometry. This can be observed in the simulation results depicted in Fig. 20(a). However, this is true when the bottle is empty. The simulation model was designed with a glass (ε_r = 4.8) bottle with a thickness of 6 mm, which is the thickness of the glass measured from a typical wine bottle. The presence of liquid inside the bottle has a considerable effect on the radiation pattern, which is shown in Fig. 20(b). For simulation purposes, water was considered inside the bottle. Most beverages are mainly composed of water, which means that for electromagnetic simulation purposes it will render similar results as wine. Water has an estimated relative permittivity of 78.3 at 25 C[43]. The water is set at a distance of around 15 mm of the

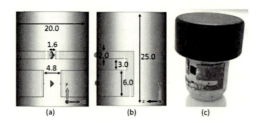

Fig. 19 Antenna prototype

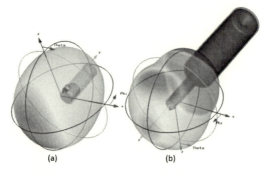

Fig. 20 Radiation pattern of the RFID tag inside the bottle neck
(a) empty bottle scenario and (b) full bottle scenario.

stopper edge.

6.4.3 RFID Tag Measurements

The read range of the designed RFID tags was tested using a signal generator, an oscilloscope or a vector signal analyzer (VSA) and an antenna that is used for transmit and receive using a directional coupler, as depicted in Fig. 21. In order to evaluate the distance of communication with the tag, a query is sent to the tag and the back-scattered response is analyzed to see if a modulation is discernible. The back-scattered signal from the RFID tag is received by the digital oscilloscope which can be configured to perform the FFT over the received time window and show the frequency spectrum. A VSA can also be used to check the frequency spectrum. Since the tag uses amplitude shift keying (ASK) to modulate the back-scatter signal, the presence of the tag response is discerned by the presence of sub-carriers around the interrogation carrier.

The maximum read range for different operation frequencies and for a EIRP maximum of 1 W was determined using this method. Fig. 22 shows the maximum reading range obtained for the bottle cork stopper tag where the peak reading range occurs around 900 MHz, corresponding to nearly 3 m for the bottle cork stopper.

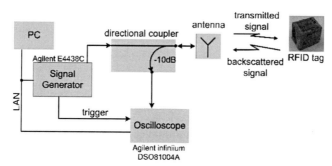

Fig. 21 Measurement setup schematic

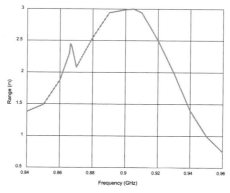

Fig. 22 Reading range

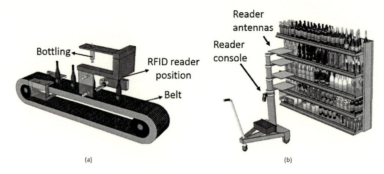

Fig. 23 Application scenarios

The reading range of the considered prototype in an application scenario condition, which is, inserted into a water filled glass bottle, was of 0.3 m at 866.6 MHz, achieved for the maximum output power (30 dBm) of a commercial RFID reader. However, this reading range is obtained regardless of the orientation of the bottle. That is, either if the bottle is placed horizontally or vertically, the reading range obtained in the maximum direction of radiation is the same.

Although small, the reading range obtained is rather acceptable if we consider the following application scenarios. In the first case during bottling process, the RFID reader antennas can be mounted in a platform hanging over the belt that circulates the bottles around the bottling facilities, as illustrated in Fig. 23(a). On a distribution scenario, for instance, on supermarket shelves, the readings can be obtained by an employee with a portable reader, which points the reader to the shelves, as illustrated in Fig. 23(b). In both cases the readings are obtained in close vicinity to the bottles, therefore we can say that the reading ranges obtained with the considered tags, although small, are acceptable.

6.4.4 Humidity Sensors Based on Cork

In order to develop a passive humidity sensor, we are using cork as the sensing surface. Cork is a porous dielectric material, and as such, it absorbs water. This results in a material that is sensitive to humidity changes. In order to determine to which extent the cork permittivity changes with the difference in water content, permittivity measurements were performed on the dry and soaked cork slabs, using the two-line method, according to[31], with Microstrip lines. The effective permittivity values are presented in Fig. 24. We can see that the permittivity changes considerably, between 1.5 when dry to 3 when in wet condition, which proves the water absorption properties of the cork. Besides, we can also observe an increase in the losses, from around 0.015 when dry to 0.04 when wet.

In order to develop the passive sensor we designed an UHF RFID antenna (Fig. 25) inserted in between two cork slabs. The antenna was fabricated by inkjet printing a silver nanoparticle (SNP) ink from ANP. In order to be able to print the ink on top of the cork, a coating surface has to be created so that it doesn't absorb the ink. Epoxy and SU-8 were used for this purpose. By placing a slim layer of epoxy on the surface

第 1 章　総論

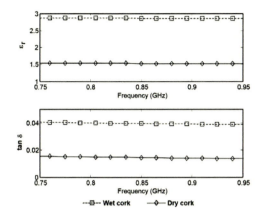

Fig. 24　Permittivity changes in wet and dry cork

of the cork we were able to create a smooth surface for printing. The SU-8 was then inkjet printed on top of the epoxy layer, to furthermore increase the smoothness of the surface while providing an optimal wettability for the SNP ink printing.

The simulated prototype comprised three different dielectric layers. An epoxy layer on top of which the antenna was printed and then two different layers which emulate the cork. A slim fixed permittivity cork slice which accounts for the fact that not all the dielectric cork slab will absorb water and an outside slab with varying permittivity which is going to change based on the humidity. The proposed prototype is shown in Fig. 25. In order to access the behavior of the tag, the minimum threshold power to turn on the tag is measured at each frequency. For that purpose an easier setup was used, with the Voyantic Tagformance 7, RFID test equipment. The frequency at which the tag presents the lowest turn on power corresponds to the frequency at which the antenna has the better match to the chip input impedance. The measured threshold power of the tag is shown in Fig. 26. By looking to the transmitted power measurements it is easy to identify a shift in the matched resonance of the antenna to the chip for different humidity values. It is also possible to just look into the turn on power at a single frequency and match the minimum power level required to a given humidity level. Considering the relative humidity levels inside the lab were of 60 %, we can see that

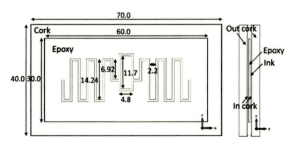

Fig. 25　UHF RFID antenna

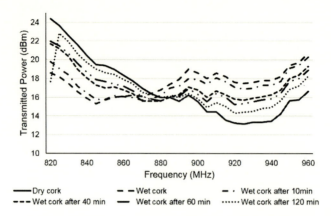

Fig. 26 Minimum transmitted power to activate the prototype tag with different wetting conditions.

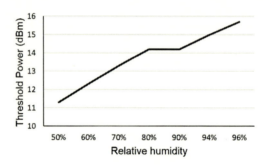

Fig. 27 Threshold power variation with humidity measured within the thermal chamber with humidity control.

there is a large and easily traceable power shift up to 100 % at 920 MHz, which is the frequency at which the antenna is matched for the dry cork condition. Still on the plot from Fig. 26 we can see that when the cork becomes wet, the best matched frequency is around 845 MHz, which matches with the simulation prediction for the wet condition.

Another measurement was performed inside a thermal chamber with humidity control. The threshold power was measured at 915 MHz for different humidity conditions. There is a threshold power difference of roughly 4.4 dB, between 50 to 96 % relative humidity. The threshold power variation with humidity is shown in Fig. 27. This behavior confirms the response obtained for the previous measurements by spraying and drying the cork.

6.4.5 Conclusion

This section covered the use of cork as a possible enabler for smart applications. RFID tags developed on cork aim to be used in wine bottles integrated in their cork stoppers for inventory and monitoring of bottled beverages. It is shown that this material has a very low dielectric constant and also a reasonable dissipation factor that makes it suitable to the design and implementation of printed antennas for different applications.

The RFID tags proposed here have shown a very good result in terms of reading ranges while maintaining conformity with the targeted application dimensions' constraints. The proposed RFID tag for bottle labeling is small enough to fit regular cork bottle stoppers and shows a reading distance of 30 cm, which for the application envisioned is an acceptable value. Cork is also explored as a possible way to implement a humidity sensor. Its properties are explored and it is shown that cork has a considerable sensitivity to the water contents due to its absorption characteristic. A passive humidity sensor can be developed taking advantage of these properties and using RFID technology.

6.5 Applications - Bateryless Wireless Sensor Networks

Nowadays the Wireless Sensor Networks (WSNs) depend on the battery duration and there is a lot of interest in creating a passive sensor network scheme in the area of Internet of things and space oriented WSN systems. However, almost all of the sensors operate on batteries that normally deplete long before the predicted life span of basically all the other hardware components. Nevertheless, the large size of the batteries is actually preventing sensor nodes from becoming smaller. One way of overcoming the drawbacks related to batteries is to remove them and harvest all the necessary energy from electromagnetic waves being radiated by a nearby source.

There's been a huge interest in developing solutions for the commercial market of wireless energy transfer. This is also been explored in space, where one of the main problems, power connectors, constitutes a very important component for the success of every space mission. These missions require crucial connector attention in order to perform successful operations. In the far field electromagnetic wireless power transmission (WPT), the choice of wireless saves the cost of deploying long wires in harsh environment, issues related of rotating connectors in the case of solar panels, limit the mobility of portable devices and the payloads of spacecraft. Technologies enabling the development of compact systems for WPT through radio frequency waves (RF) is thus very important for future space based systems.

The development and the conducting missions in space require a reasonable cost and a reusable spacecraft to allow frequent missions. Conventional systems for health monitoring using cables for power and data have major disadvantages due to the weight, volume and price[44]. WPT is an attractive solution to develop the aerospace sensors, which can be used to measure the temperature, pressure and hydrogen gas sensors[45]. Combining WPT with low power communication[43,47] could actually cause a batteryless sensor that could be used inside a spacecraft. The low power communication is known as backscatter radio. Current or possible applications of backscatter radio include parcel tracking, temperature sensors, inventory tracking, position location, passive memory sticks, and so on. The growth of backscatter radio technology is expected only to increase as many yet undiscovered applications that require communication with little-to-no power consumption are identified. A simple and conventional scheme of the backscatter system is shown in Fig. 28. Backscattering radio frequency identification is a type of RFID technology employing

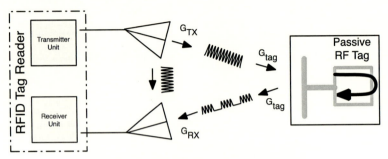

Fig. 28 Conventional backscatter system

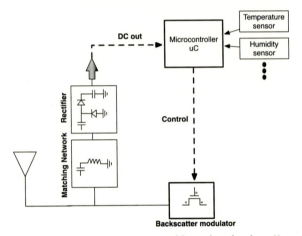

Fig. 29 Block diagram of system proposal based on backscatter with WPT

tags that do not generate their own signals but reflect the received signals back to the readers. Conventional backscatter systems always use a single continuous carrier to emit between the RFID tag reader and the passive tag (Fig. 28). In traditional backscatter communication (e.g., RFID), a device communicates by modulating its reflections of an incident RF signal.

Since in space applications the conventional approach is to use wired sensor network systems[48], it began to be considered the wireless communication systems in order to overcome the issues related to the maintenance and weight[49].

In order to develop batteryless sensors for space applications it was used backscatter radio communication combined with WPT, in a way that the circuit was powered up continuously over the air[46].

The system proposed is based on Fig. 29 and it was firstly evaluated with another configuration in[46]. A matching network, a backscatter modulator and a dual band rectifier compose the system. The goal is to transfer wireless power in one tone (5.8 GHz) and with the other tone (2.45 GHz) transfer data by backscatter means. The dual band rectifier employs a receiving antenna, an impedance matching network, DC power conditioning and the sensor to be powered. The backscatter modulator employs the receiving antenna, an impedance matching network and a semiconductor (transistor) to control the reflection coefficient. The signal at the gate of transistor is a sequence of one and zero bits. When the signal is zero, the transistor is OFF and the impedances are matched at frequency of 2.45 GHz. When the signal is one, the transistor is in conducting stage and results on a mismatch of the impedances at frequency of 2.45 GHz. The switch toggles between the backscatter (reflective) and non-backscatter (absorptive) states to convey bits to the receiver. We additionally implemented our circuit to do the opposite at another tone (5.8 GHz), when the signal at the gate of transistor is zero, the impedances are mismatched and when the signal is one the impedances are matched. Hence, the circuit operates at two distinct frequencies.

The backscatter radios, by receiving the local oscillator over the air, do not need their own radio frequency (RF) oscillator or phase-locked loop (PLL). By removing these circuits it reduces the power consumption and the cost of the chip[50]. Nevertheless, the backscattered signal received by the readers is weak, thus limiting communication range.

A schematic of the RF to DC conversion circuitry is shown in Fig. 30 (Rectifier). A 3-stage Dickson multiplier was developed to maximize the amount of DC power collected. RF Schottky diodes, Avago/Agilent HSMS-2852, were employed. A matching network is essential in providing the maximum power transfer from the antenna to the rectifier circuit. This matching network is actually the key in this approach, since it should be designed for the backscatter load modulation, but at the same time allow a continuous energy beam for the WPT frequency.

In Fig. 31 the matching of this RF-DC/backscatter circuit can be seen where at 0 V in the transistor, the load at 2.45 GHz is $50.5 - j\,8.2\ \Omega$ and at 5.8 GHz is $13.6 + j\,34.1\ \Omega$. When the gate transistor has 1 V the load at 2.45 GHz is $79.2 - j\,130.6\ \Omega$ and at 5.8 GHz is $53.2 - j\,1.9\ \Omega$.

Fig. 32 shows the measured output DC voltage as function of RF input power considering three different cases:

(1) using the circuit as a simple backscatter WSN without the WPT energy beam (1 tone at 2.45 GHz);

(2) using only the WPT energy beam (1 tone at 5.8 GHz);

(3) the complete solution (2 tone)

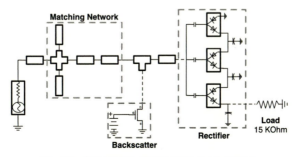

Fig. 30 Schematic of the proposed system

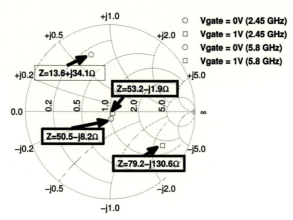

Fig. 31 S11 parameter as function of frequency

The microcontroller used needs 1,8 V, our system is capable of supplying 2.1 V and 2.8 V when gate voltage is 0 V and 1V with a 0 dBm of RF input power.

By comparing the values in experiment (1) and (2) using both states of the transistor, we observe that the voltage is optimized at the experiment (1) for the OFF-state and optimized in experiment (2) for the ON-state.

This configuration proves that is possible, with two different frequencies, to implement both backscatter and WPT simultaneously.

In Fig. 33 a potential solution for totally passive sensor networks is presented, where the nodes use a combination of WPT and amplitude shift keying (ASK) backscatter transceivers, as was presented in[46]. This solution can achieve a continuous operation with large number of sensors powered by fixed wireless power transmitters used for both wireless charging and transfer data.

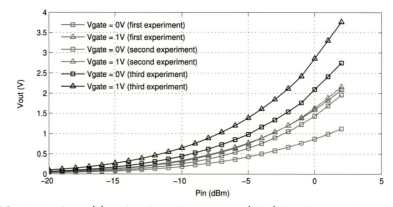

Fig. 32 DC output voltage (V) as function of input power (dBm) for: Vgate = 0 V and Vgate = 1 V

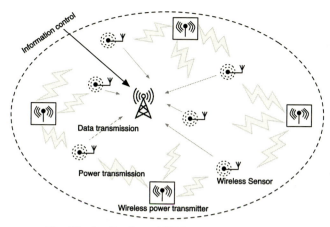

Fig. 33 Application of WPT in wireless sensors

6.6 Applications – Bateryless Remote Control

The remote control is probably one of the most widespread convenience devices ever invented. Conventionally, remote control systems are based on infrared (IR) technology and the controller unit is operated by disposable chemical batteries, which generate toxic waste at the end of their lifecycle and take hundreds of years to decompose in the nature.

The first wireless remote control invented by Eugene Polley in 1955 used a light beam to control a TV[51]. Recently, many battery-powered remote control solutions based on radio frequency have been released by the industry. In 2009, ZigBee Alliance and a consortium of consumer electronics manufactures announced a new standard especially tailored for home automation, the RF4CE (RF for Consumer Electronics)[52]. Mechanical energy harvesting using piezoelectric effect has also been proposed for low-power applications[53~55].

This section, summarizes an eco-friendly battery-free remote control solution based on Wireless Power Transfer (WPT) and passive RFID.

6.6.1 The Proposed System

The implemented Remote Control (ReC) unit is based on a (N) multi-RFID approach in which each RFID chip is associated to a key as shown in Fig. 34(a). The Device to Control (DeC) incorporates an RFID reader that is used to read the ID of the active RFID transponder and to identify the respective key. A switch-controlled resonant circuit is used to control each RFID chip [see Fig. 35(a)]. In order to interconnect the N passive RFID chips and to allow them to share a common antenna, a custom microstrip switch is designed [Fig. 35(b)]. This N-port network guarantees that, by default all the chips are in idle mode; once a key is pressed the respective transponder goes to active mode and is read by the reader to identify the pressed key; the inactive transponders do not interfere with the active one.

Alternatively to the described configuration, a passive sensor-alike configuration as the one in Fig. 34(b)

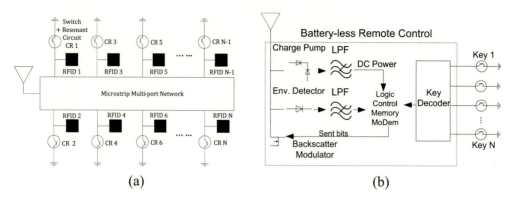

Fig. 34 (a) Diagram of the proposed multi-RFID *ReC*. (b) Alternative passive sensor-alike configuration.

could be used.

(1) The Multi-Port Switched Network

A resonant switch controlled LC circuit is parallel-connected to each matched RFID chip. By default the switch is closed and the series circuit resonates at the system operating frequency, short-circuiting the RFID chip and preventing it to respond to the reader. Once the user presses the key, the switch opens and the series circuit no longer resonates (Fig. 35(a)).

In addition, a multi-port network (Fig. 35(b)) is designed to interconnect the N RFID chips and the respective N switch-controlled resonant circuits. This network guarantees that only the active RFID chip is connected to the antenna (port Z_{IN}) while all the inactive chips do not interfere with the active one. Moreover, this network remains matched and balanced as the user presses different keys. Some similarities exist between this multi-port network and traditional Single-Pole N-Throw (SPNT) switches[56~58]. This multi-port network could be considered as such a type of switch, connecting one of N RFID chips to a single antenna. However, while SPNT switches are electrically controlled (typically using PIN diodes), the proposed multi-port is mechanically controlled by the user through contact switches. Furthermore, in this implementation, each port termination load is tuned to the operating frequency (in inactive mode) by using a resonant circuit (see Fig. 35(a)).

Fig. 35(b) illustrates the principle of operation of the *ReC* circuit. Considering a 4-key *ReC* and assuming that the user presses the key number four, forcing the normally-closed switch to be open, the impedance termination of branch four becomes equal to Z_0 (the impedance of the matched chip RFID4 - active chip). Since each inactive chip remains in parallel with a short circuit (imposed by a resonant circuit), the impedance seen by the inactive branches is zero. These null impedances are transformed into open circuits by 90° phase shifts imposed by the quarter wavelength lines. In this sense, the short-circuited chips do not interfere with the rest of the circuit as illustrated in Fig. 35(b), where the crosses represent infinite impedances that do not have impact in the parallel impedance association. The same reasoning can

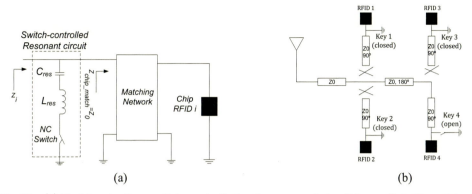

Fig. 35 (a) Port termination: switch-controlled series resonant circuit in parallel with matched RFID chip. (b) Illustration of a 4-key *ReC* in which chip RFID4 is active and all other are inactive.

be applied to any other active key situation.

6.6.2 Simulation and Measurement Results

(1) Devices Characterization and Impedance Matching

RFID chips from NXP (manufacture ref. SL3S1002FTT) compliant with EPC Global standard[59] were used in this work. In order to match the chip impedance to the system impedance, it was necessary to first measure its large signal S-parameters. Details of UHF RFID chip measurements can be found in[60]. It was also important to characterize the RF behavior of the switch. For this purpose, the S-parameters model of the switch was measured and imported into ADS simulations for further evaluation and design. Figure 36 depicts the measured input impedance of the switch alone (point A and B) and the complete port termination (points C and D). Point A corresponds to the default closed position in which the switch has a predominant inductive behavior and point B corresponds to the open position in which the switch behaves predominantly as a capacitor. In the default (closed) state of the switch, the series switch-controlled resonant circuit resonates at 866.6 MHz imposing a short circuit (point C). When the switch is open, the input impedance of the circuit approximates the matched chip impedance (point D), which means that the series switch has no significant impact.

(2) Multi-Port Switch Network and Remote Control Prototype

A custom N-port switch network was simulated in ADS, prototyped and measured. The circuit of Fig. 37 was used to evaluate the performance as the number of keys and the distance from the antenna port increase. The following quantities were measured: return loss of the antenna port (S_{11}), return loss of the active port n (S_{nn}), insertion loss between the antenna port and the active port (S_{1n}), isolation between the active port and an adjacent inactive port ($S_{n,n+1}$) and isolation between the antenna and an inactive port adjacent to the active one ($S_{1,n+1}$). The switch ports are terminated with switch-controlled resonant circuits, allowing the activation and deactivation of the ports during the measurements. In addition, the ports are probed through SMA connectors. The results are summarized in Table 1 for a single frequency (884 MHz). Good return

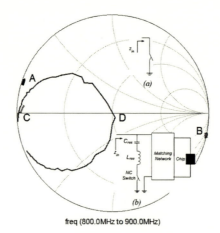

Fig. 36 Measurements of the stand-alone switch (points *A* and *B*), and measurements of the switch-controlled resonant circuit in parallel with the matched RFID chip.

loss values are achieved both at the antenna port as well as at the active port. The insertion loss values are also acceptable and suffer a slight performance degradation with the increase in n.

A four-port switch network and a dipole antenna (both matched to 50 Ω) were fabricated in FR4 substrate in order to assemble a *ReC* prototype (Fig. 37(b)).

6.6.3 The Demonstration Prototype

A complete demonstration prototype (Fig. 38 (b)) was engineered, including the four-key *ReC* prototype and the *DeC* (a TV). The proposed remote control system was integrated in a commercial TV by using an RFID-to-infrared converter. The communication between the *ReC* and the *DeC* is performed in two steps: the RFID-to-infrared converter receives control information from the *ReC* through backscatter interface (RFID reader) and send this information to the *DeC* via infrared. This was an effective way to

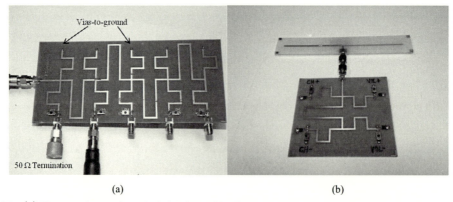

Fig. 37 (a) N-port microstrip switch fabricated in FR4 substrate for evaluation purposes.
(b) A four-key remote control prototype that implements the four basic TV control functions (CH +, CH -, Vol +, Vol -).

Table 1 MULTI-PORT PERFORMANCE AT 884 MHZ DEPENDING ON THE ACTIVE PORT (N)

n	Antenna Return Loss $|S_{11}|$ (dB)	Port n Return Loss $|S_{n,n}|$ (dB)	Insertion Loss $|S_{1,n}|$ (dB)	Isolation $|S_{1,n+1}|$ (dB)	Isolation $|S_{n,n+1}|$ (dB)
2	14.6	18.3	1.8	31.0	31.1
3	15.6	21.5	1.9	23.5	23.8
4	16.6	25.1	2	29.2	29.3
5	18.7	22.5	2.2	28.5	20.2
6	19.2	22.9	2.3	28.4	28.3

n – is the number of the active port (corresponding to the key being pressed).

quickly assemble a complete demonstrator while it could also be used to incorporate the proposed scheme into conventional equipment's that use IR technology. A commercial RFID reader[59~62] was used in conjunction with a universal IR remote control to implement the aforementioned RFID-IR interface. Figure 38(c) depicts the flowchart of the developed demo application software running on a PC to control the RFID reader. The application first sets the RFID reader to auto mode in order to continuously scan the field. Once a tag is detected, the application validates its ID. If it is a valid key ID, then the application activates the corresponding key in the universal IR remote control through an I/O interface of the reader. The universal IR remote control was placed in close proximity to the *DeC*, allowing line-of-sight IR communication between the RFID-IR interface and the TV. An alternative suitable for industrialization consists of embedding the RFID reader system in the *DeC*.

Using 5.5 dBi circularly-polarized antennas at the *DeC* and a simple dipole antenna at the *ReC*, a maximum communication distance of 3.5 m was obtained for a 27 dBm radiated power.

Further details about this work can be found in[63~66].

Note

The work of Apostolos Georgiadis has been supported by the European Union Horizon 2020 Research and Innovation Programme under the Marie Sklodowska-Curie grant agreement No 661621.

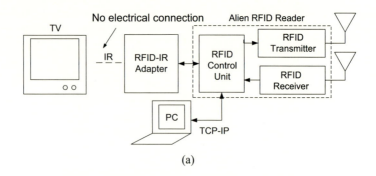

(a)

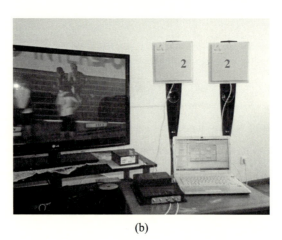

(b)

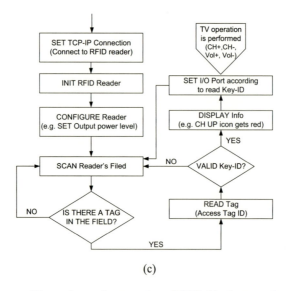

(c)

Fig. 38 (a) Block diagram of the system using an external RFID-IR adapter to interact with the TV. (b) Demonstration prototype: 1-RFID reader, 2-reader antennas, 3-external RFID-IR interface. (c) Simplified flowchart of the developed JAVA application software (running on a PC) to control the RFID reader.

第1章 総論

Reference

1) R. G. Harrison, Proc. IEEE MTT-S Int. Microwave Symp. Dig., Albuquerque, NM, pp. 267-270 (1992)

2) T.-W. Yoo, K. Chang, *IEEE Transactions on Microwave Theory and Techniques*, **40**(6), 1259-1266 (1992)

3) J. A. G. Akkermans, M. C. van Beurden, G. J. N. Doodeman, H. J. Visser, *IEEE Antennas and Wireless Propagation Letters*, **4**, 187-190 (2005)

4) G. De Vita, G. Iannaccone, *IEEE Trans on Microw Theory and Techniques*, **53**(9), 2978-2990 (2005)

5) J. A. Hagerty, F. B. Helmbrecht, W. H. McCalpin, R. Zane, Z.B. Popovic, *IEEE Trans on Microw Theory and Techniques*, **52**(3), 1014-1024 (2004)

6) S. Kim et al., *Proceedings of the IEEE*, **102**(11), 1649-1666 (2014)

7) T. Ohira, *IEICE Electronics Express*, **10**(11), 1-9 (2013)

8) M. Roberg, T. Reveyrand, I. Ramos, E. A. Falkenstein, Z. Popovic, *IEEE Transactions on Microwave Theory and Techniques*, **60**(12), 4043-4052 (2012)

9) M. S. Trotter, J. D. Griffin and G. D. Durgin, 2009 IEEE International Conference on RFID, Orlando, FL, 80-87 (2009)

10) A. S. Boaventura and N. B. Carvalho, IEEE MTT-S Int. Dig., Jun. 5-10 (2011)

11) A. J. Soares Boaventura, A. Collado, A. Georgiadis and N. Borges Carvalho, *IEEE Transactions on Microwave Theory and Techniques*, **62**(4), 1022-1030 (2014)

12) A. Collado and A. Georgiadis, *IEEE Microwave and Wireless Components Letters*, **24**(5), 354-356 (2014)

13) F. Bolos, J. Blanco, A. Collado and A. Georgiadis, *IEEE Transactions on Microwave Theory and Techniques*, **64**(6), 1918-1927 (2016)

14) R. J. Gutmann and J. M. Borrego, *IEEE Trans.Microw. Theory Techn.*, **MTT-27**(12), 958-968 (1979)

15) N. Shinohara and H. Matsumoto, *Elect. Eng. Jpn.*, **125**(1), 9-17 (1998)

16) Z. Popovic et al., *IEEE Transactions on Microwave Theory and Techniques*, **62**(4), 1046-1056 (2014)

17) H. Sakaki et al., 2014 Asia-Pacific Microwave Conference, Sendai, Japan, 1208-1210 (2014)

18) Y. Han, O. Leitermann, D. A. Jackson, J. M. Rivas, and D. J. Perreault, *IEEE Trans. on Power Electronics*, **22**(1), 41-53 (2007)

19) K. Niotaki, A. Georgiadis, A. Collado and J. S. Vardakas, *IEEE Transactions on Microwave Theory and Techniques*, **62**(12), 3512-3521 (2014)

20) F. Bolos, D. Belo, A. Georgiadis, 2016 IEEE MTT-S Intl. Microw. Symposium (IMS), 22-27 (2016)

21) R. M. Fano, Research Laboratory of Electronics, Massachusetts Institute of Technology, MA, Tech. Rep. No. 41, Jan. 2 (1948)

22) A. Collado and A. Georgiadis, *IEEE Transactions on Circuits and Systems I: Regular Papers*, **60**

(8), 2225-2234 (2013)

23) B. L. Pham and A. V. Pham, Microwave Symposium Digest (IMS), 2013 IEEE MTT-S International, Seattle, WA, 1-3 (2013)
24) D. Masotti, A. Costanzo, M. D. Prete and V. Rizzoli, *IET Microwaves, Antennas & Propagation*, **7**(15), 1254-1263 (2013)
25) Boaventura, A.; Belo, D.; Fernandes, R.; Collado, A.; Georgiadis, A.; Borges Carvalho, N., *Microwave Magazine, IEEE*, **16**(3), 87-96 (2015)
26) Belo, D.; Borges Carvalho, N., IEEE Wireless Power Transfer Conference (WPTC), 13-15 (2015)
27) Marco Virili, Apostolos Georgiadis, Ana Collado, Kyriaki Niotaki, Paolo Mezzanotte, Luca Roselli, Federico Alimenti and Nuno B. Carvalho, Wireless Power Transfer, 2, 22-31. doi:10.1017/wpt (2015)
28) Belo, D.; Georgiadis, A.; Carvalho, N.B., Accepted for publication in Wireless Power Transfer Conference (WPTC), (2016)
29) A. Rida., L. Yang, and M. Tentzeris, RFID-Enabled Sensor Design and Applications. Artech House (2010)
30) P. V. Nikitin, S. F. Lam, and K. V. S. Rao, Proc. IEEE Int. Conf. on RFID, 162-169 (2011)
31) Z. Hu and P. H. Cole, Proc. Int. Conf. on Electromagnetics in Advanced Applications, 301-304 (2010)
32) Y. D. Kim, *Wiley Microwave and Optical Technology Letters*, **55**, 375-379 (2013)
33) J. Xi and T. T. Ye, in Proc. IEEE Antennas and Propagation Soc. Int. Symp., (2012)
34) T. Bjorninen, A. Z. Elsherbeni, and L. Ukkonen, *IEEE Antennas Wireless Propag. Lett.*, **10**, 1147-1150 (2011)
35) H. Cheng, S. Ebadi, and X. Gong, *IEEE Antennas Wireless Propag. Lett.*, **11**, 369-372 (2012)
36) J. Virtanen, L. Ukkonen, T. Bjorninen, L. Sydanheimo, and A. Z. Elsherbeni, Sensors Applications Symposium (SAS), IEEE, 312-317 (2011)
37) D. Girbau, A. Ramos, A. Lazaro, S. Rima, and R. Villarino, *IEEE Trans. Microw. Theory Tech.*, **60**, 3623-3632 (2012)
38) P. Pursula, I. Marttila, K. Nummila, and H. Seppa, *IEEE Trans. Instrum. Meas.*, **62**, 2559-2566 (2013)
39) S. P. Silva, M. A. Sabino, E. M. Fernandes, V. M. Correlo, L. F. Boesel, and R. L. Reis, *International Materials Reviews, Maney Publishing*, **50**, 345-365 (2005)
40) M. que Lee and S. Nam, *IEEE Microw. Guided Wave Lett.*, **6**, 168-170 (1996)
41) M. D. Janezic and J. A. Jargon, *IEEE Microw. Guided Wave Lett.*, **9**, 76-78 (1999)
42) F. Declercq, H. Rogier, and C. Hertleer, *IEEE Trans. Antennas Propag.*, **56**, 2548-2554 (2008)
43) C. G. Malmberg and A. A. Maryott, *Journal of Research of the National Bureau of Standards*, **56**, 1-8 (1956)
44) W. H. Zheng and J. T. Armstrong, in 2010 NASA/ESA Conference on Adaptive Hardware and Systems, 75-78 (2010)
45) S. Yoshida, N. Hasegawa, and S. Kawasaki, *Wirel. Power Transf.*, **2**(1), 3-14 (2015)
46) R. Correia, N. B. De Carvalho, G. Fukuda, A. Miyaji, and S. Kawasaki, International Microwave Symposium, 1-4 (2015)

47) R. Correia, N. B. Carvalho, and S. Kawasaki, IEEE Wireless Power Transfer Conference (WPTC), 1-3 (2015)
48) D. G. Senesky, B. Jamshidi, K. B. Kan Bun Cheng, and A. P. Pisano, *IEEE Sens. J.*, **9**(11), 1472-1478 (2009)
49) R. S. Wagner and R. J. Barton, IEEE Aerospace Conference, 1-14 (2012)
50) D. Kuester and Z. Popovic, *IEEE Microw. Mag.*, **14**(5), 47-55 (2013)
51) IEEE Global History Network, Biography of Eugene J. Polley.
52) SU Dong-feng, CHEN Xiang-jian, LI Di, XU Zhi-jun and Cheng Zhi-feng, International Conference on Electrical and Control Engineering (ICECE), 2921-2924, Wuhan (2010)
53) Action Nechibvute, Albert Chawanda, and Pearson Luhanga, *Smart Materials Research*, **2012**, Article ID 853481, 1-13 (2012)
54) P. Glynne-Jones, S. P. Beeby, and N. M. White, *IEE Proceedings Science, Measurement & Technology*, **148**, 68-72 (2001)
55) Paradiso, J.A. and Starner, T., *IEEE Pervasive Computing*, **4**(1), 18-27 (2005)
56) J. Galejs, IRE Trans. Trans. Microwave Theory and Techniques, 566-569 (1960)
57) J. F. White and K. E. Mortenson, IEEE Trans. Microwave Theory and Techniques, 30-36 (1968)
58) D. J. Kim et. al., Proc. 38th European Microwave Conf., 1254-1257, Amsterdam, Oct (2008)
59) EPC Radio-Frequency Identity Protocols Class-1 Generation-2 UHF RFID, Protocol for Communications at 860 MHz - 960 MHz, Version 1.2.0 (2008)
60) P. V. Nikitin, K. V. Seshagiri Rao, Rene Martinez, and Sander F. Lam, *IEEE Trans. Microwave Theory and Techniques*, **57**(5) (2009)
61) Alien technology, Hardware Setup Guide ALR-8800, CA, USA, (2007)
62) Alien technology, Reader Interface Guide, CA, USA (2007)
63) Boaventura, A. J. S., Carvalho, N. B., *Microwave Theory and Techniques, IEEE Transactions on*, **61**(7), 2727-2736 (2013)
64) Boaventura, A. J. S.; Borges Carvalho, N., Microwave Conference (EuMC), 2013 European, 995-998 (2013)
65) Boaventura, A. J. S.; Borges Carvalho, N., Wireless Power Transfer (WPT), 2013 IEEE, 139-142, 15-16 (2013)
66) Boaventura, A. J. S., Efficient Wireless Power Transfer and Radio-Frequency Identification Systems Ph. D. Thesis, University of Aveiro (2016)

7 ばく露評価と国際標準化動向

大西輝夫[*1]，平田晃正[*2]，和氣加奈子[*3]

7.1 はじめに

ワイヤレス電力伝送装置より生ずる電磁界に人体がばく露された際の評価法および関連する国際標準化動向について概説する。従来，携帯電話など対象となる製品がある程度普及した時点でばく露評価法の検討や標準化が行われてきており，ワイヤレス電力伝送に関する国際的に統一された評価法は現時点では存在しない。我が国では総務省情報通信審議会より，2015年1月21日に「国際無線障害特別委員会（CISPR）の諸規格について」のうち「ワイヤレス電力伝送システムに関する技術的条件」のうち「6 MHz帯の周波数を用いた磁界結合型ワイヤレス電力伝送システムおよび400 kHz帯の周波数を用いた電界結合型ワイヤレス電力伝送システムに関する技術的条件」の一部答申[1]が，2015年7月17日に「電気自動車用ワイヤレス電力伝送システムに関する技術的条件」の一部答申[2]がなされており，電磁妨害波の許容値とともに電波防護指針への適合性確認法が検討，報告されている。答申記載のワイヤレス電力伝送は，主に電磁誘導方式であり，数十 kHz～数 MHzの周波数帯を利用している。

表1に答申されたワイヤレス電力伝送の主な諸元を示す。電波防護指針によると，これらの周波数帯における電磁波の生体影響は，刺激作用と熱作用の両方を考慮する必要がある。その境界となる周波数は，図1に示すように10～100 kHz程度とされており，答申ではこれらを踏まえた評価法が取りまとめられている。

一方，国際電気標準会議（International Electrotechnical Commission；IEC）でも，2015年，専門委員会 TC106内に Working Group（WG）を設置しワイヤレス電力伝送に関するばく露評価法の検討を開始した。

なお，マイクロ波方式のワイヤレス電力伝送は，携帯電話に近い周波数の利用を想定しており，

表1 ワイヤレス電力伝送の主な諸元

用途	モバイルなど	モバイルなど	EV
方式	磁界結合	電界結合	磁界結合
伝送電力	100 W 以下	100 W 以下	最大7.7 kW
周波数	6.765 MHz～6.795 MHz	425～524 kHz	79～90 kHz
送受電距離	0～30 cm	0～1 cm	0～30 cm

---

*1　Teruo Onishi　㈱NTTドコモ　先進技術研究所
　　　ワイヤレスフロントエンド研究グループ　主任研究員
*2　Akimasa Hirata　名古屋工業大学　大学院工学研究科　電気・機械工学専攻　教授
*3　Kanako Wake　（国研）情報通信研究機構　電磁波研究所　電磁環境研究室　主任研究員

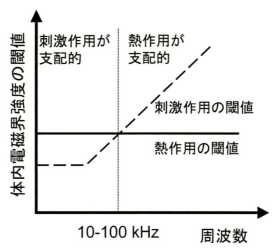

図1　体内に誘導された物理量による生体作用の閾値

類似したばく露評価法を用いることができるため本節では割愛する。

7.2　評価指標

ワイヤレス電力伝送に用いられる周波数帯での電磁波の生体への作用は，体内に生じる電磁界による誘導電流であり，周波数に応じて刺激作用と発熱作用に細分することができる。この刺激作用および熱作用の相違は，国際非電離放射線防護委員会（International Commission on Non-Ionizing Radiation Protection；ICNIRP）などのガイドライン[3〜8]に反映されている。具体的には，100 kHz以下の周波数帯における安全指針の指標として体内に誘導される電界（体内誘導電界）が，10 MHz以上の周波数では比吸収率（Specific Absorption Rate：SAR）が，そして両者の間の周波数帯では体内誘導電界およびSARの両者が用いられている。ここで，SARとは単位質量あたりの吸収電力であり，以下の式で与えられる。

$$SAR = \frac{\sigma |E|^2}{\rho} \tag{1}$$

σ [S/m]は人体組織の導電率，E [V/m]は体内に誘導された電界，ρ [kg/m^3]は人体組織の密度である。なお，局所的なばく露に対しては10 g平均SARが，全身ばく露に対しては全身平均

表2　生体への作用と評価量

作用の区分		周波数	生体への作用	評価量
刺激作用		〜10 MHz	電流刺激による神経，筋の興奮	体内電界強度
熱作用	全身	100 kHz〜	熱調整応答 深部体温加熱 熱ストレス	全身平均SAR
	局所		組織加熱	局所平均SAR

SARが用いられている（表2）。表1記載のワイヤレス電力伝送のうち，周波数400 kHz帯および6 MHz帯では評価指標として，SARおよび体内誘導電界の双方を評価する必要がある。また上記とは別に間接影響として，電磁波源近傍に存在する金属物体に接触した場合に体内に流れる電流，すなわち接触電流に関する安全性についても考慮する必要がある[2]。

電波防護指針では，体内誘導量を基にした許容入射電磁界強度である参考レベル[注1]が定められており，その値を満たした場合，基本制限[注2]に関わる評価は不要となる。しかしながら，測定磁界の空間最大値を参考レベルと比較することにより適合性評価を行った場合，基本制限による評価に比べて，許容送信電力が2桁以上小さくなる可能性が指摘されている[9~12]。上記課題について，不均一磁界強度における結合係数を用いた評価法が一部答申に記載されている[1,2]。これは，人体ばく露に関わる電磁界評価方法の共通規格IEC 62311[13]に準ずるものであり，測定した外部磁界強度に対し，結合係数を導入，適合性評価を行う方法である。また，IEC 62233[14]は家電製品に対する規格であるが，同様に磁界の局所ばく露に対する結合係数の適用方法が規定されている。

IEC規格を参考にSARと体内誘導電界を指標とした場合の結合係数をそれぞれ(2)式，(3)式より定義される。

$$\alpha_c = \left(\frac{\sqrt{SAR_{\text{max\_meas}}}}{H_{\text{max\_meas}}} \right) \Big/ \left(\frac{\sqrt{SAR_{\text{limit}}}}{H_{\text{limit}}} \right) \quad (2)$$

$$\alpha_c = \left(\frac{E_{\text{max\_meas}}}{H_{\text{max\_meas}}} \right) \Big/ \left(\frac{E_{\text{limit}}}{H_{\text{limit}}} \right) \quad (3)$$

ここで，$E_{\text{max\_meas}}$，$SAR_{\text{max\_meas}}$は人体モデル内における誘導電界と10 g平均SARの最大値，E_{limit}，SAR_{limit}は誘導電界と10 g平均SARの基本制限値，$H_{\text{max\_meas}}$は伝送システム周辺の磁界強度の最大値，H_{limit}は磁界強度の参考レベルである。

7.3 ばく露評価手順

ワイヤレス電力伝送のばく露評価は，下記の事項を考慮して行う必要があるとされている[1,2]。

・100 kHz以上では熱作用に基づく指針値（6分間平均）を適用する。また，10 kHz～10 MHzの周波数領域においては，刺激作用に基づく指針値（瞬時）を適用する。したがって，100 kHz～10 MHzの周波数領域においては，熱作用に基づく指針と刺激作用に基づく指針値の両方を適用する。

注1　日本の電波防護指針では，電磁界強度指針。
注2　健康への有害な影響に至る可能性のあるばく露量による生体内影響と直接関連する物理量についての制限値で，比吸収率や体内誘導電界。

第 1 章　総論

- 人体が電波放射源および金属体から20 cm 未満に近接する場合，20 cm 未満の領域の入射電磁界を電磁界プローブで適切に測定できることが必要となる。この場合，適用する指針が異なることに注意する必要がある。
- 近傍界条件では，電界と磁界の影響が他方に比べて十分小さい場合を除き，電界と磁界それぞれについて確認する。
- 電磁界が適用すべき指針値に対して，無視できないレベルの複数の周波数成分からなる場合は，それらも含めて確認する。
- 接触ハザード[注3]が防止されていない場合，接触電流の確認が必要である。
- 電磁界強度指針を満足していなくとも体内誘導電界，SAR を評価することで，適合性を直接確認することが可能。
- 電界の影響が磁界に比べて小さく，かつ全身平均 SAR の適合性評価を行わなくとも体内誘導電界もしくは局所 SAR の評価をもって安全性が確認できる場合，磁界強度に対して結合係数を用いた評価による確認できる。

ばく露評価の基本的な流れを図2に示した。

STEP 1) 評価に先立ち基本的な事項として，送信電力，周波数，充電距離，設置条件などばく

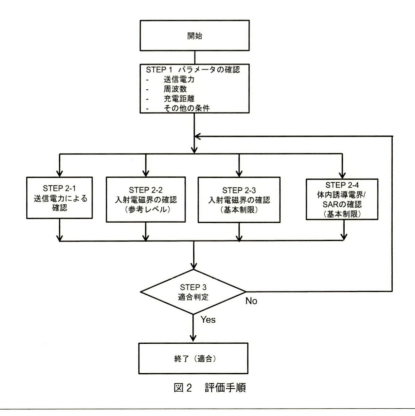

図2　評価手順

注3　潜在的に接触電流を生じさせるような状況をいう。

露評価に必要なパラメータを確認する。

STEP 2) 送信電力による確認（STEP 2-1），入射電磁界の確認（参考レベル）（STEP 2-2），入射電磁界の確認（基本制限）（STEP 2-3），体内誘導電界/SAR の確認（基本制限）（STEP 2-4）の 4 種類のいずれかの確認を行う。STEP 2-1）から STEP 2-4）に行くに従い詳細な評価となるが，評価がより煩雑になる。

STEP 2-1) 送信電力による確認

評価対象のワイヤレス電力伝送装置の送信電力が，いかなる条件下でも基本制限値を超えない電力より小さければ STEP 2-2）～STEP 2-4）の評価は不要となる。例えば10 g 平均 SAR の我が国の基準値は 2 W/kg であるので，以下の式により送信電力が20 mW 以下では SAR の評価は不要である。

$$P_{\max} = SAR_{\text{limit}} \times m \tag{4}$$

ここで m は平均化質量である。また，6 MHz 帯のワイヤレス電力伝送を想定し，コイル径や巻き数などをパラメータとした検討が行われている[15]。

STEP 2-2) 入射電磁界の確認（参考レベル）

ワイヤレス電力伝送装置周辺の入射電界および磁界を測定し，参考レベルと比較する。装置からの最小測定距離は，人体がもっとも近づく可能性のある距離とする。電界と磁界の影響が他方に比べて十分小さい場合を除き，電界と磁界それぞれについて確認する。人体が電波放射源および金属体から20 cm 未満に近接する場合，20 cm 未満の領域の入射電磁界を電磁界プローブで適切に測定できることが必要となる。例えば20 cm 以内であっても市販の電界および磁界プローブにより測定可能であることが報告されている[1,16]。

STEP 2-3) 入射電磁界の確認（基本制限）

磁界強度に関する評価に結合係数を導入することにより，等価的に刺激作用に係る体内誘導電界および熱作用を考慮した局所 SAR の基本制限を評価するものである。結合係数を導入するにあたり，電界の影響が磁界に比べて小さく，かつ全身平均 SAR の適合性評価を行わなくとも体内誘導電界もしくは局所 SAR の評価をもって適合性が確認できる場合，磁界強度に対して結合係数を用いた評価が可能である。

STEP 2-4) 体内誘導電界/SAR の確認（基本制限）

本 STEP では，体内誘導電界や SAR を直接測定もしくは計算で評価する。体内組織の電気定数を模擬した「ファントム」内に電界プローブを挿入して SAR を測定する方法が標準化されているが，周波数範囲が30 MHz～6 GHz であり[17]，30 MHz 以下については IEC で検討が始まったところである。一方計算は，ワイヤレス電力伝送装置を数値モデル化し，数値人体モデルに生じる体内誘導電界もしくは SAR を数値シミュレーションにて求めるものである。一般的に本周波数帯は，インピーダンス法やスカラーポテンシャル有限差分法などの準静的近似法が用いられている[9~12]。実際に数値計算を適合性評価に用いる際は，数値モデルや計算コー

ドなどの妥当性を事前に検証する必要がある。

　従来の電波防護指針では，接触電流は，電磁界中に置かれた非接地導電物体に接地された人体が触れることによって接触点を介して流れる電流と定義されていたが，2015年の電波防護指針の改定において磁界の影響による接触電流からの防護も加えられた[7]。そのため，変動磁界により接地された金属と接触した人体内を流れる電流を検討する必要がある。一様磁界が入射し，金属体と人体が作るループ面積を1.5 m × 0.5 m，人体インピーダンスを500〜600 Ωと仮定し，接触電流に関する補助指針から算出される磁界強度を満足すれば，接地導体接触時の接触電流の評価は不要となる。また，一般環境における電界に関する強度指針を満たせば電界にばく露された人々の90%以上に対して電界による接触電流を防止することになるため，非接地導体接触時の接触電流の評価は不要となる[1,2]。接触電流の直接的な測定には，例えば人体と等価なインピーダンス回路を接続し求めることができる[18]。

7.4　ばく露評価例

　本項では，数値人体モデルなどを用いた数値計算による体内誘導電界およびSARの評価例を紹介する。

7.4.1　電気自動車用ワイヤレス充電

　電気自動車として図3に示すモデルを用いて体内誘導電界の数値計算による評価が行われている[19]。車両は全長4500 mm ×幅1700 mmとし，大地面および車体は完全導体を仮定している。送受コイルは車両の前方，中央，後方の3通りとし，送受間の距離は前方，中央配置が200 mm，後方配置が300 mmである。送受信コイルとも同一構成のソレノイドコイルとし，コイルのコアサイズは横400 mm ×縦400 mm ×厚さ10 mm，巻き数は10回，周波数は85 kHz，伝送電力は7 kWとなっている。送受コイルが正対するより，送受コイルの位置ずれにより漏えい磁界が大きくなることが報告されているので，位置ずれも考慮している。一方，数値人体モデルとして日本人男性，欧州人男性および小児モデルを用い，車両外部に人体が存在した場合の体内誘導電界の計算を行っている。立位だけでなく，仰向けや屈んだ姿勢を検討した結果，基本制限である体

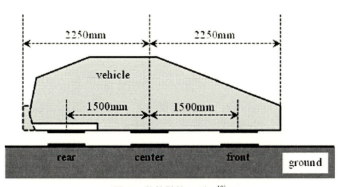

図3　数値計算モデル[19]

表3　指針値を越えない電力

車体に対する人体位置	3点平均磁界強度による最大許容電力	車体から10 cmの人体内誘導電流に基づく最大許容電力	車体から0 cmの人体内誘導電流に基づく最大許容電力	3点平均磁界強度と0 cmの人体内誘導電流密度に基づく最大許容電力の比
前方	210 kW	5.4 MW	4.0 MW	19倍
側面	530 kW	4.6 MW	3.3 MW	6.2倍
後方	57 kW	673 kW	486 kW	8.5倍

内誘導電界強度以下であることが確認されている[20]。我が国の防護指針を参考に指針値を超えない許容電力を試算した結果を表3に示す。3点平均磁界強度による評価（STEP 2-2）は，車両から0 cmの人体内誘導電界による評価（STEP 2-4）に比べて6～19倍厳しめの評価を与えることがわかる。この傾向は，簡易人体モデルを用いた解析においても確認されている[21]。STEP 2-3）の評価法では，測定した外部磁界強度に結合係数を考慮することで，基本制限の評価が可能となる。100 kHz以下における結合係数については，名古屋工業大学，首都大学東京，情報通信研究機構（NICT）が検討を行っており，一部答申に取りまとめられている（表4）[2]。結合係数はコイルの大きさおよびコイルから人体までの距離に依存しているとされているが，表記載の結果より結合係数のばらつきは高々30％程度である。一部答申では，上記結果を基に，刺激作用に関する基本制限値に対して評価を行う場合，結合係数の最大値にマージンを見込んだ値として0.15を用いることとしている。

表4　総合係数計算結果

	モデル化	コイル	伝送距離 (mm)	人体モデル	コイル―モデル距離	結合係数
名古屋工業大学	車両考慮	ソレノイド	120（前方）	リアル 簡易	車両から200 mm （=コイルから650 mm）	0.038 0.053
			120（中央）	リアル 簡易		0.035 0.075
			150（後方）	リアル 簡易		0.054 0.033
首都大学東京	コイル+PEC平板	ソレノイド平板	200	簡易	300 mm	0.093
					700 mm	0.090
					300 mm	0.102
					700 mm	0.087
NICT	コイルのみ	平板	200	均質リアル リアル 均質リアル リアル	200 mm	0.082（奇） 0.093（奇） 0.050（遇） 0.050（遇）

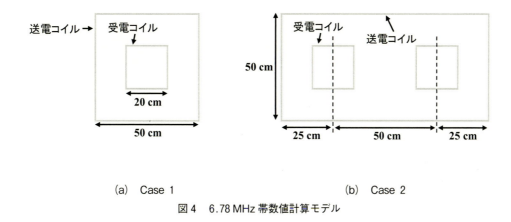

(a) Case 1　　　　　　　　　　(b) Case 2

図4　6.78 MHz 帯数値計算モデル

7.4.2　モバイル用ワイヤレス充電

10 MHz 帯[9～11]，7 MHz 帯ソレノイド型コイルおよび水平巻型コイル[1]，6.78 MHz 帯1巻コイル[22]，140 kHz 帯スパイラルコイル[12]など，異なるコイル形状と周波数帯に対する体内誘導量の検討が行われている。

ソレノイド型および水平巻コイルを用いた検討では，数値人体モデルとして日本人男性モデルおよび直方体モデルに生じる体内誘導量の検討がなされている。コイルと人体の距離や相対角度を変化させ，局所 SAR および全身平均 SAR の制限値と比較した結果，基本的に局所 SAR が支配的になるが，距離によっては全身平均 SAR が支配的になる場合があることが示されている[1]。平面型スパイラルなどの水平巻では，ソレノイドに比べて磁界が支配的となる。さらに，偶モードおよび奇モードにより体内誘導量に差が生じることが報告されており，これは磁界分布の相違のために局所 SAR の最大値の位置が異なり，かつ人体の不均一性のためにその位置での導電率が異なるためとされている。

6.78 MHz 帯1巻コイルは，より現実に近いモデルとして情報通信審議会にて検討に用いられたモデルである（図4）。図4(a)における解析モデル（Case 1）は，送電コイル1個と受電コイル1個より構成され，両コイルは正対している。コイルは直径1.0 mm の完全導体導線によりモデル化し，送電コイルは一辺50 cm の正方形，受電コイルは一辺20 cm の正方形，送受電コイル間の距離は5.0 cm である。一方，図4(b)に示す解析モデル（Case 2）では，充電システム内で2個のモバイル機器を同時に充電する状況を想定し，送電コイル1個に対して2個の受電コイルが配置されている。この際，受電コイルは前モデルと共通であるが，送電コイルは50 cm × 100 cm の長方形とした。送受電コイル間の距離は上記と同様である。以上の解析モデルにおけるコイルには整合用キャパシタを装荷し，共振周波数は6.78 MHz である。さらに送電コイルに電圧源を接続することでコイルに一定の電流を供給し，入力電力を1 W とする。体内誘導量評価では日本人成人男性モデル（TARO）に加え，そのモデルを縮小した3歳時相当の数値人体モデルを不均質人体モデルとして用いている。図5に Case 1 において成人男性を用いた場合のばく

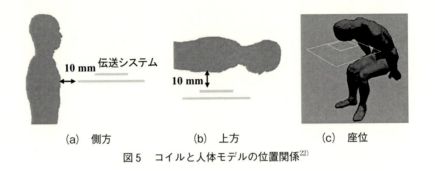

(a) 側方　　　(b) 上方　　　(c) 座位

図5　コイルと人体モデルの位置関係[22]

露条件を示す。図5(a)(b)のばく露条件では、伝送システムの側方と上方に人体モデルを10 mm離して配置した際の体内誘導量を計算している。図5(c)のばく露条件では、より実際の使用状況を模擬し、座位姿勢の人体モデルを伝送システム近傍に配置した際の解析を行っている。ここで、システム上方の配置は現実的に考えにくいため、最悪のばく露を想定した状況に相当する。なお、体内誘導電界は、数値誤差を除去するための後処理を加えたものであり、SARは立方体形状の10 g組織平均値である。伝送システムに最も接近する胸部付近においてSARが誘導されている。また、上方配置では伝送システムと人体が正対するため、体を横切る磁束が強くなったためSARが大きくなっている。図5(c)の座位姿勢では、頭部前面においてSARが大きいことが確認できる。成人男性モデルと3歳児モデルともに上方配置において誘導量が大きい。また、体内誘導量は3歳児モデルに比べ、成人男性モデルにおいて大きくなった。(2), (3)式より導出した結合係数を表5に示す。表5(a)の局所SARの結合係数に着目した場合、結合係数の最大値はCase 2の成人男性を側方に配置した場合は0.014である。また、表5(b)に示す誘導電界の結合係数より、局所SARと同様に、その最大値はCase 2の3歳児モデルを側方に配置した場合より0.086である。また、複数の研究機関で解析した結果の傾向は、概ね一致している。ここで、一部答申では、熱作用に関わる結合係数は0.05が、刺激作用に関しては0.15が示されている。なお、結合係数はそれぞれの外部磁界強度の許容値に乗ずるため、6.78 MHz帯では熱作用の方が支配的効果であるといえる。

140 kHz帯スパイラル型ワイヤレス電力伝送の外観を図6に示す[12]。図6に示す通り、効率を良くするために比透磁率7000の磁性体シートが挿入されている。数値人体モデルとして日本人成人モデルを用いて、体内誘導量が計算されている。胸部に対して平行にコイルを配置した際の充電時の10 g平均SARと体内誘導電界は、それぞれの基本制限値に対して、6.6×10^{-10}および6.5×10^{-4}倍である。全身平均SARは、10 g平均SARに比べ小さく、10 g平均SARがより支配的である。

表5　結合係数計算結果

(a) 局所SAR

Model	Position	名古屋工業大学		情報通信研究機構	
		Case1	Case2	Case1	Case2
Adult male	Side	0.0095	0.0097	0.012	0.014
	Top	0.012	—	0.019	0.017
	Sitting	0.0092	—	—	—
3-year-old child	Side	0.0053	0.0071	0.010	0.012
	Top	0.011		0.023	0.018

(b) 誘導電界

Model	Position	名古屋工業大学		情報通信研究機構	
		Case1	Case2	Case1	Case2
Adult male	Side	0.064	0.068	0.048	0.074
	Top	0.12	—	0.11	0.10
	Sitting	0.047	—	—	—
3-year-old child	Side	0.027	0.036	0.060	0.086
	Top	—	—	0.16	0.091

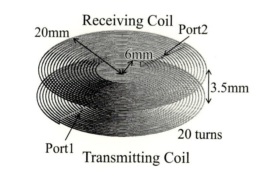

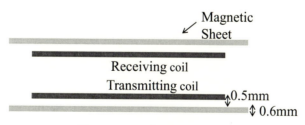

図6　140 kHz帯数値計算モデル

7.5　国際標準化の動向

　IECでは,「人体ばく露に関する電界,磁界,および電磁界の評価方法」を検討する専門委員会としてTC106を設置し,ばく露評価法に関して一般規格や製品規格の標準化を行っている。従来ワイヤレス電力伝送のばく露評価を対象とした規格策定は行っていなかったが,2015年に

TC106配下にWG9が設置され，ワイヤレス電力伝送のばく露評価法の検討が開始された。また同時期に設置されたWG8では，接触電流の測定についても検討を行っている。TC106規格のうち関連する規格として，1998年に制定された規格「人体ばく露に関する低周波磁界および電界の測定－測定器の特別要求事項および測定の手引き（IEC 61786）」[23,24]では，電磁界の基本事項，測定手順や測定器の要求仕様を示している。現在は，電磁界測定器に関する基本事項[23]と，測定手順のガイダンス[24]について分冊されている。このほか，家電の磁界測定法 IEC 62233[14] および電磁界評価法の共通規格 IEC 62311[13] においても，適合性評価を念頭においた電磁界測定方法が規定されている。

　TC69（電気自動車および電動産業車両）専門委員会では，電気自動車用のワイヤレス電力伝送の一般規格として IEC 61980：2015[25] を発行し，参考として電気自動車周辺および車室内の磁界測定法を記載している。

文　　献

1) 総務省，情報通信審議会答申　諮問第3号「国際無線障害特別委員会（CISPR）の諸規格について」のうち「ワイヤレス電力伝送システムに関する技術的条件」のうち「6 MHz帯の周波数を用いた磁界結合型ワイヤレス電力伝送システムおよび400 kHz帯の周波数を用いた電界結合型ワイヤレス電力伝送システムに関する技術的条件」（2015）
2) 総務省，情報通信審議会答申　諮問第3号「国際無線障害特別委員会（CISPR）の諸規格について」のうち「ワイヤレス電力伝送システムに関する技術的条件」のうち「電気自動車用ワイヤレス電力伝送システムに関する技術的条件」（2015）
3) International Commission on Non-Ionizing Radiation Protection, *Health Phys.*, **74** (4), 494-522 (1998)
4) International Commission on Non-Ionizing Radiation Protection, *Health Phys.*, **99**, 818-836 (2010)
5) IEEE Standard for safety levels with respect to human exposure to electromagnetic fields, 0-3 kHz (C95.6) (2002)
6) IEEE Standard for Safety Levels with Respect to Human Exposure to Radio Frequency Electromagnetic Fields, 3 kHz to 300 GHz (C95.1) (2005)
7) 総務省，情報通信審議会答申　諮問第2035号「電波防護指針の在り方のうち低周波領域（10 kHz以上10 MHz以下）における電波防護指針の在り方」（2015）
8) 郵政省，電気通信技術審議会答申　諮問第38号「電波利用における人体の防護指針」（1990）
9) I. Laakso, S. Tsuchida, A. Hirata, and Y. Kamimura, *Phys. Med. Biol.*, **57**, 4991 (2012)
10) A. Christ, M. Douglas, J. Nadakuduti, and N. Kuster, *Proc. IEEE*, **101**, 1482-1493 (2013)
11) S.-W. Park, K. Wake, and S. Watanabe, IEEE Trans. *Microwave Theory & Tech.*, **61** (9), 3461-3469 (2013)

12) T. Sunohara, A. Hirata, I. Laakso, and T. Onishi, *Physics in Medicine and Biology*, **59**, 3721 (2014)
13) IEC 62311, "Assessment of electronic and electrical equipment related to human exposure restrictions for electromagnetic fields (0Hz – 300 GHz)", Geneva: IEC (2007)
14) IEC 62233, "Measurement methods for electromagnetic fields of household appliances and similar apparatus with regard to human exposure", Geneva: IEC (2005)
15) J. Nadakuduti, M. Douglas, L. Lu, A. Christ, P. Guckian, and N. Kuster, *IEEE Trans.*, **PE-30** (1), 6264-6273 (2015)
16) S. Ishihara, T. Onishi, and A. Hirata, *IEICE Trans. Commun*, **E98-B**(12), 2470-2476 (2015)
17) IEC 62209-2, "Human exposure to radio frequency fields from hand-held and body-mounted wireless communication devices – Human models, instrumentation, and procedures – Part 2: Procedures to determine the specific absorption rate (SAR) for wireless communication devices used in close proximity to the human body (frequency range of 30 MHz to 6 GHz)", March (2010)
18) IEC 60990, "Methods of measurement of touch current and protective conductor current", Geneva: IEC (1999)
19) I. Laakso, and A. Hirata, *Phys. Med. Biol.*, **58**, 7583-7593 (2013)
20) T. Shimamoto, I. Laakso, and A. Hirata, *Phys. Med. Biol.*, **60**, 163-173 (2015)
21) A. Hirata, F. Ito, and I. Laakso, *Phys. Med. Biol.*, **58**, N241-N249 (2013)
22) T. Shimamoto, M. Iwahashi, Y. Sugiyama, I. Laakso, A. Hirata, and T. Onishi, *Biomed. Phys. Eng. Express*, **2**, 027001 (2016)
23) IEC 61786-1, "Measurement of DC magnetic, AC magnetic and AC electric fields from 1 Hz to 100 kHz with regard to exposure of human beings – Part 1: Requirements for measuring instruments" (2013)
24) IEC 61786-1, "Measurement of DC magnetic, AC magnetic and AC electric fields from 1 Hz to 100 kHz with regard to exposure of human beings – Part 2: Basic standard for measurements" (2014)
25) IEC 61980-1, "Electric vehicle wireless power transfer (WPT) systems – Part 1: General requirements" (2015)

8 ワイヤレス給電と EMC ―ペースメーカを一例に―

日景　隆*

不整脈治療のため心臓に刺激パルスや高電圧ショックを与える体内植込み型医用機器が普及している。特に，植え込み型心臓ペースメーカ，植え込み型除細動器（Implantable Cardioverter-Defibrillator：ICD）の植込み患者数は年々増加しており，心臓再同期療法（Cardiac Resynchronization Therapy：CRT）および CRT に ICD 機能を付加した CRT-D も加えたこれら植え込みデバイス（以下，ペースメーカ等）治療の患者数は今後も増加が予測されている。

電磁界（放射線を除く）とペースメーカ等の相互作用に関する重要な検討課題として電磁干渉（Electromagnetic Interference；EMI）がある。ペースメーカ等は常時心電位を検出しながら動作を制御している。現在，様々な電波利用機器が身の回りで用いられている状況にあって，それら機器による電磁界の作用によりペースメーカ等に雑音が混入しその波形が心電位と類似のものであると，ペースメーカ等はその雑音に反応し，電磁干渉影響が生じ得る。雑音混入のメカニズムについては，伝導電流，変動磁界，高電圧交流電界等，干渉源により複数あるが[1]，いずれの場合も人体中にペースメーカが植え込まれた状態でのみ影響評価が可能である。したがって，実際の電磁干渉影響評価には人体を模擬するモデル（ファントム）が用いられる。広く日本国内での試験に使用されている実験用ファントム（図1）は Irnich のモデル[2]を基としたもので，内部の心房および心室電極を通じ疑似心電位の注入およびペーシングパルス検出が可能となっている。これまでに，各種電波利用機器の電磁干渉影響について多くの実験的調査研究がなされており[3~8]，総務省より「各種電波利用機器の電波が植込み型医療機器へ及ぼす影響を防止するための指針」が示されている[9]。

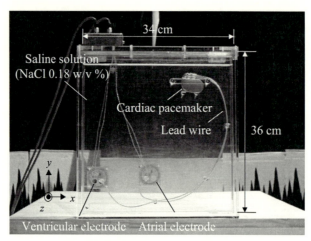

図1　ペースメーカ EMI の実験評価用生体モデル（実験用平板型トルソーファントム）

---

* Takashi Hikage　北海道大学　大学院情報科学研究科　助教

第1章 総論

表1 試験されたワイヤレス電力伝送（WPT）機器

方式		充電用途	送電電力	周波数	装置数
磁界結合	共振型	電気自動車 （EV, pHV）	～3 kW	85 kHz	3
		モバイル機器・理美容機器等	～18.2 W	135, 400 kHz, 6.78 MHz	3
		モバイル機器・理美容機器等	～15 W	70, 110～210 kHz	7
電界結合		モバイル機器等	～40 W	200 kHz, 460 kHz	2

表2 試験結果まとめ

方式	送電電力	周波数		
		～100 kHz	100～500 kHz	6.78 MHz
磁界結合	～3 kW	0 / 3 ―		
	～5 W	0 / 1 ―	4 / 6 L2 / 2 cm	
	5～20 W		0 / 2 ―	0 / 1 ―
電界結合	～40 W		1 / 2 L2 / 1 cm	

上段：ペースメーカ等で電磁干渉影響を観測されたWPTの機種数／試験されたWPT機種数
下段：ペースメーカにおける干渉影響のレベル／干渉影響が消滅する距離の最大値
※L2（レベル2）：1周期以上のペーシング／センシング異常[7,8]

　幅広い分野での応用が期待されているワイヤレス電力伝送（Wireless Power Transfer，以下，WPT）機器[10,11]がペースメーカ等に与える影響について，実機を用いた試験調査が行われている[12]。同試験調査は，ブロードバンドワイヤレスフォーラム（Broadband Wireless Forum），一般社団法人日本不整脈デバイス工業会（Japan Arrhythmia Device Industry Association）および北海道大学の3者の枠組みにおいて実施された。試験時において，市場に流通している製品および試作機15台（表1）を用いて実施された試験の結果，発生割合は非常に小さいが，一部の装置で干渉影響が確認されている（表2）。いずれもペースメーカ等の設定感度を最高感度とした場合で，最大干渉消滅距離が2 cmとほぼ密着状態でないと影響が発生していない。なお，観測された影響は1周期以上のペーシング（心臓への電気刺激）／センシング（心筋活動の検知）の異常であり，この影響は可逆的でかつWPT機器より離れれば影響は生じなくなることが確認された。ただし，ペースメーカ等における干渉影響発生特性は周波数，送電出力や送信信号波形により異なるため，今後新たに開発されるWPT機器についても継続的な試験評価が必要である。
　一方，計算機性能の向上にしたがい，FDTD（Finite-difference time-domain）やFEM（Finite Element Method）等の電磁界解析技術を用いたペースメーカ等の電磁干渉特性推定に関する検討も行われている[13～19]。例えば，文献13）においては，実験的調査研究により得られた知見に基

109

づき，ペースメーカ等のリード線と筐体内部回路間のコネクタ部に誘起される開放電圧を評価指標とする電磁干渉予測モデルを提案し，FDTD法を用いて携帯電話周波数帯で推定例を示している。文献14)では，FDTD法とSPFD（Scalar Potential Finite-Difference）のハイブリッド手法を用いた商用電源周波数帯における推定例が報告されている。また，文献15)では，FEM法を用いて3相交流ケーブル近傍にある人体ファントムに植え込まれたペースメーカのコネクタ部に誘起される干渉電圧特性を推定している。

前述のようにペースメーカ等の電磁干渉影響は，内部回路に生じる干渉電圧が心電位と類似した場合，もしくは明らかに設定されたセンシング感度を超えた場合に引き起こされるが，実際の電磁干渉発生時の干渉電圧を実機より取得することは困難である。そこで，実験調査で得られた干渉発生距離に基づく比較評価による影響推定法が提案されている[17,18]。実験調査に用いられているペースメーカ等を含む平板型トルソーファントムを再現した数値モデルを用いることで，WPT機器を対象とした干渉電圧の特性をFDTD数値解析により推定する手法である。ペースメーカの内部回路を模擬した高インピーダンス負荷に誘起される電圧を評価することで，干渉影響の発生が見込まれるファントムの設置位置など基本的な特性が得られる。数値解析モデル例を図2に示す。数値解析で得られた干渉電圧が設定した閾値を超える距離を評価した結果，ペースメーカ実機を用いた実験と概ね一致することが確認されている。

現在，精度の高い数値人体モデルおよびペースメーカモデルを使った数値解析が可能な状況となっている[19]。今後，より詳細なモデリングを行ったペースメーカ等の電磁干渉評価用数値モデルの開発，あるいは実測では網羅的評価が困難となるような周囲環境条件を考慮に含めた干渉影響調査等，電磁界解析技術のさらなる応用が期待されている。

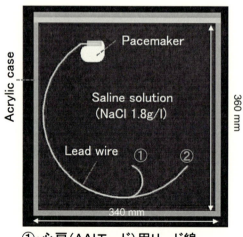

①：心房（AAIモード）用リード線
②：心室（VVIモード）用リード線

図2　植え込み型心臓ペースメーカを設置したファントムの数値モデル

第 1 章　総論

文　　献

1) 豊島 健, 心臓ペーシング4, pp. 276-287 (1998)
2) W. Irnich, L. Batz, R. Muller, and R. Tobisch, *PACE*, **19**, 1431-1446 (1996)
3) 豊島 健, 津村雅彦, 野島俊雄, 垂澤芳明, 心臓ペーシング・電気生理学会, 心臓ペーシング, **12**(5), 488-497 (1996)
4) D. L. Hayes, R. G. Carrillo, G. K. Findlay, and M. Embrey, *PACE*, **19**, 1419-1430 (1996)
5) P. S. Ruggera, D. M. Witters, H. I. Bassen, *Biomed Instrum Technol*, **31**, 358-371 (1997)
6) 不要電波問題対策協議会, ～医用電気機器への電波の影響を防止するために～携帯電話端末等の使用に関する調査報告書 (1997)
7) 総務省, 電波の医用機器等への影響に関する調査研究報告書, 2001-2006.
8) 総務省, 電波の医療機器等への影響に関する調査研究報告書, 2007-2016.
9) http://www.tele.soumu.go.jp/j/sys/ele/medical/chis/index.htm
10) A. Kurs, A. Karalis, R. Moffatt, J. D. Joannopoulos, P. Fishier, and M. Soljacic, *Science*, **317** (5834), 83-86 (2007)
11) T. Imura, H. Okabe, Y.Hori, IEEE Vehicle Power and Propulsion Conference, pp. 936-940 (2009)
12) ブロードバンドワイヤレスフォーラム, BWF TR02-10版, ワイヤレス電力伝送装置が植込み型医療機器に与える影響調査結果, http://bwf-yrp.net/update/docs/1e70359da8201cdcb31a636c2b43c9fc139e35fb.pdf (2016)
13) J. Wang, O. Fujiwara, and T. Nojima, *IEEE Trans. Microwave Theory Tech.*, **48**(11), 2121-2125 (2000)
14) T. Dawson, K. Caputa, M. Stuchly, R. Shepard, R. Kavet, A. Sastre, *IEEE Trans. Biomed. Eng.* **49**, 254-62 (2002)
15) K. H. Chan, Y. L. Diao, S. W. Leung, W. N. Sun, Y. M. Siu, Proc. of International Symposium on Electromagnetic Compatibility EMC EUROPE 2012 (2012)
16) Y. Yoshino and M. Taki, *IEICE Trans. Commun.*, **E94-B**(9), 2473-2479 (2011)
17) S. Futatsumori, N. Toyama, T. Hikage, T. Nojima, B. Koike, H. Fujimoto and T. Toyoshima, Proc. of the 2008 Asia-Pacific Microwave Conference (2008)
18) T. Hikage, T. Nojima, H. Fujimoto, *Phys. Med. Biol.*, **61**(12), 4522-4536 (2016)
19) J. Córcoles, E. Zastrow, N. Kuster, *Phys. Med. Biol.*, **60**(18), 7293-7308 (2015)

第2章 自動車への展開

1 EV用ワイヤレス給電の市場概要と今後の標準化ロードマップ

横井行雄*

1.1 はじめに

電気自動車は，ガソリンエンジンによるクルマとほとんど同じく19世紀末に登場した（図1）。日本でも70年前の1947年に「たま電気自動車」が登場し，最高速度36 km/hで航続距離は96 kmを記録し高く評価され，タクシーとして使用された（図2は日産有志によるフルレストアされた車）。しかし，主として電池の性能と動力モータの制約から，ガソリンエンジン車がその後20世紀を席巻した。一方で，20世紀後半から排気ガスに含まれるCO_2あるいはNO_xが地球環境悪化に及ぼす影響が大いに問題視され，近年では中国におけるpm2.5問題も顕在化してきている。この間，動力モータの性能向上や，リチウムイオン電池の登場による電池性能の改善も進み，21世紀に入り電気自動車あるいはハイブリッド車が数多く登場し，地球環境負荷低減に寄与し始めている[1]。

一方で太陽エネルギーを用いるレース用のソーラーカーなどを例外として，EVでは電力網からのエネルギー補給が必須である[2]。これに対応するためにコネクタを用いる充電システムの国際標準化がIECのTC69で策定されてきている。しかし各地域の利害がからみ標準化の過程で，4種類もの充電方式・コネクタ標準が並存する事態となっている。加えて重量のあるコネクタ付きケーブルを手動で接続するという操作性の悪さと相まって，一般家庭への普及が進んでいない。他方で，20世紀の初頭にすでにエネルギー伝送を無線で行う試みがテスラによって提案されてい

図1 1888年 Flocken Elektrowagen（Germany）

図2 たま電気自動車（1947年日本）

---

* Yukio Yokoi 京都大学 生存圏研究所 研究員

ワイヤレス電力伝送技術の研究開発と実用化の最前線

図3　1900年に建設されたウォーデンクリフタワー "Wardenclyffe Tower"

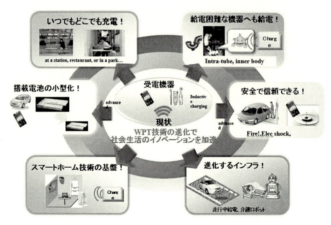

図4　ワイヤレス給電が拓く未来の社会

る（図3）。ワイヤレス充電は，ケーブル・コネクタを手動で接続する手間が省け，充電操作を自動で行うことで，極めて高い利便性を実現する。一方で，電力エネルギーをエアギャップを介して磁界または電界で送るため，人体への影響などの配慮および無線通信など電波利用システムとの共存に配慮が必要であり，その点で電波制度との整合が必須である。本稿では，EV用ワイヤレス給電の市場概要と制度との調和，国際標準の状況，今後の展開について触れることとする。

1.2　ワイヤレス給電の市場概要とロードマップ

ワイヤレス給電はEVへの充電応用に留まらず，広い分野で適用され，未来の社会を豊かにすることが期待されている（図4）。本稿ではEV（電気自動車）にフォーカスし，その期待される市場の概要について触れることにする。

1.2.1　EV・PHVロードマップ

EV・PHVに関する最初の政策パッケージであった「次世代自動車戦略2010」策定から5年が経過した2016年3月，「EV・PHVロードマップ検討会」から，これからの5年あるいはそれ以

第2章　自動車への展開

	2015年（実績）	2030年目標
従来車	73.5%	30〜50%
次世代自動車	26.5%	50〜70%
ハイブリッド自動車（HV）	22.2%	30〜40%
電気自動車（EV） 　プラグインハイブリッド自動車（PHV）	0.27% 0.34%	20〜30%
燃料電池自動車（FCV）	0.01%	〜3%
クリーンディーゼル自動車（CDV）	3.6%	5〜10%

出典：自動車産業戦略 2014（経済産業省）[11]等

図5　次世代自動車の新車販売実績と目標

降の「EV・PHV ロードマップ」として機能し，着実に実行され，2030年に向けた EV・PHV の展望が開かれることを期待して報告書が公表された[3]。

　エネルギーセキュリティの向上や環境制約への対応，自動車産業の競争力強化の観点から，次世代自動車の普及拡大は，日本の自動車産業政策の重要な課題である。「日本再興戦略改訂2015」においては，「2030年までに新車販売に占める次世代自動車の割合を5から7割とすることを目指す」とされている。さらに「次世代自動車の中でも EV・PHV は，FCV と同様に CO_2 排出削減効果が高く，また，災害時に非常用電源として活躍するなど，これまでの自動車にはなかった新たな価値が期待できることから，日本として特に普及に力を入れてきたところである。実際，EV・PHV の累計販売台数は2009年度以降の6年間で約12万台と，ハイブリッド自動車の導入時を上回るペースで増加しているが，「パリ協定」における日本の国際約束を確実に履行するためにも，2030年における EV・PHV の普及目標（新車販売に占める割合を20〜30％に引き上げ（図5））達成に向けて，引き続き着実に普及が進むことが強く期待されている。」と指摘されている。

1.2.2　世界の EV・PHEV 市場の動向

　我が国は主要な EV・PHV 市場の一つとなっているが（図6），米国や中国，一部の欧州諸国の伸びは著しく，欧州，米国を中心に EV・PHEV 化の波が押し寄せている。2015年には Tesla が Model-S を5万台販売し e-Golf は Norway で1万台を出荷したと言われている。中国でも，新エネルギー車の2015年の販売台数は33万1092台と，日本の EV・PHEV 販売台数2万5328台の10倍を超える台数を記録している。中国は，2020年には200万台の目標を掲げており，2016年の新エネ車販売は60万台を超えるものと予想される。中国は新エネ車を国家の重要政策として力を入れている。また欧米の車メーカは今後7年間で40モデルの BEV を PHEV では140モデルを投入すると言われていて，今後 EV・PHV 普及拡大に向けた世界的な競争の激化が予想される（図7）。

　我が国は EV・PHV の市場創出で世界をリードしてきたが，母国市場を背景に戦う自動車産業の競争力強化の観点からも，一層の市場拡大に向けた取組が求められている。

ワイヤレス電力伝送技術の研究開発と実用化の最前線

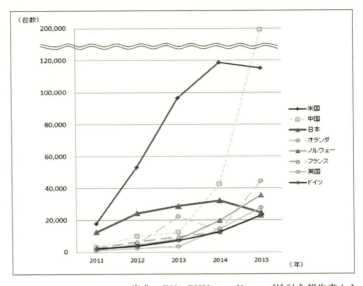

出典：EV・PHV ロードマップ検討会報告書から

図6　各国の EV・PHV の販売台数の推移（2011～2015年）

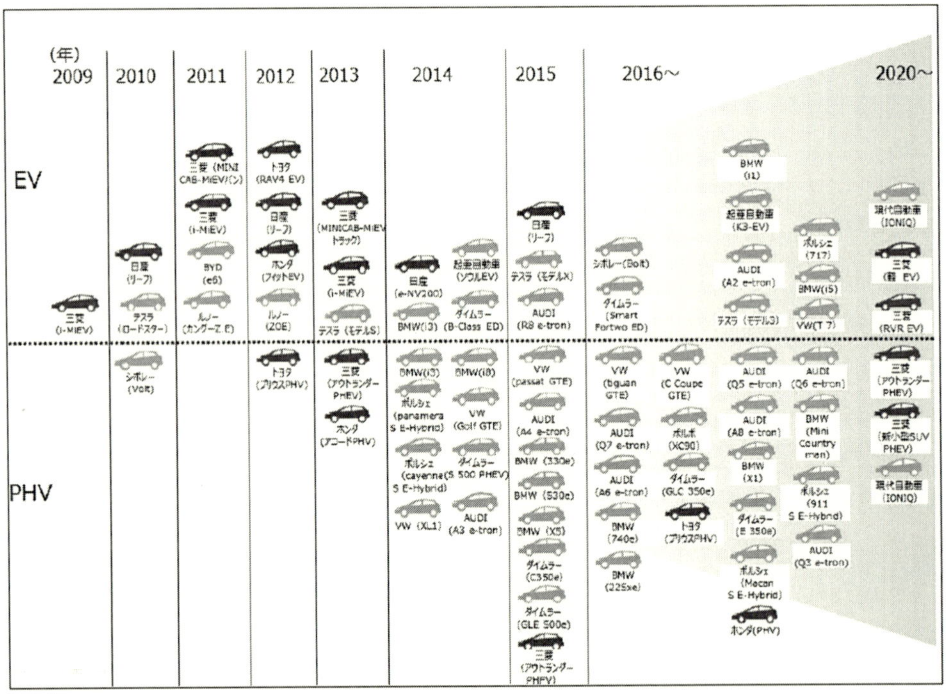

出典：EV・PHV ロードマップ検討会報告書から

図7　主な EV・PHV 市場投入実績と見通し

第2章　自動車への展開

役割	定義	利用シーン	考え方	主な設置場所
公共用充電器	あらゆる車両が利用可能な充電器	経路充電	・長距離を移動する場合の電欠回避を目的とする充電等。 ・短時間の充電が可能な急速充電器が利用されることが多い。	・高速道路 SA・PA ・道の駅 ・コンビニエンスストア ・自動車販売店　等
		目的地充電	・移動先での滞在中の駐車時間に行う充電等。 ・ある程度まとまった時間の駐車が想定されるため、コストが抑えられる普通充電器が利用されることが多い。	・宿泊施設 ・大規模商業施設　等
非公共用充電器	限られた車両のみが利用可能な充電器	基礎充電	・EV・PHV の所有者の自宅や事業所、勤務先の駐車場など、車両の保管場所で行う充電のこと。 ・普通充電器(主に 200V コンセント)が利用されることが多い。	・戸建て住宅 ・共同住宅 ・職場　等

図8　充電インフラの分類

1.2.3　充電インフラとワイヤレス給電の市場

EV・PHEV の充電インフラは公共用充電器・経路充電および目的地充電，非公共用充電器・基礎充電に分類できる（図8）。これらは現状ではコネクタを用いる手動のコンダクティブ充電器が設置されているが，将来的には，自動充電が可能で利便性の高いワイヤレス給電が普及するものと考えられている。

クルマ用のワイヤレス給電の市場としては現状では，EV・PHEV のコンダクティブ充電の利便性を飛躍的に高めるための利用が中心に考えられている。これらは，3.3 kW ないし 7.7 kW の普通充電対応であるが，急速充電対応の 50 kW クラス，さらには公共交通の EV バス，EV トラック向けの適用などが次の世代として視野に入ってきている。日本でもすでに各地で路線 EV バスが導入され運行している。京都で導入された EV バスは，中国の BYD 社製であり，充電は夜間に行われている。これらが日中に自動充電でワイヤレス給電化されれば，運行の自由度が飛躍的に高まると考えられる（図9(a)）。

一方でワイヤレス給電の大電力への適用は，人体防護および漏えい電磁界低減の課題を抱えており，欧州の各都市では，自動給電ではあるが，接触式を用いる EV バスへの実証実験（図10）が試みられており，今後，電磁界によるワイヤレス給電方式との棲み分けが行われることになるであろう。更に中国では新エネルギー車の普及の国家戦略を受け中興（ZTE）が中国各地にワイヤレス充電バスの本格的試行を開始している（図9(b)）。

1.3　ワイヤレス給電と法制度と規則

ワイヤレス給電が，ケーブル・コネクタを使用するコンダクティブ充電と決定的に異なる点は，エネルギー伝送に無線区間（エアギャップ）を有することである。電磁誘導を利用するトランスでは全体を金属で覆う（電磁シールド）こともできるが，EV のワイヤレス充電では間隔の広狭はあれ，むき出しのギャップ区間から電磁界を漏えいすることが避けられない。即ち無線通信な

図9 (a)京都のEVバス充電装置，(b)中国ZTE社のワイヤレス給電バス

図10 ストックホルムの接触式自動充電EVバス

どの電波利用のシステムと共存が求められることになる[4]。このような利用シーンでは①利用周波数とエネルギー伝送方式の選定で商用化の際の課題内容が定まり，②漏えい電磁界が他のシステムに与える影響評価・低減，③人体・生体に対する影響の評価・低減，④国内・国際制度との協調が課題となる（図11，図12）[5]。

1.3.1 漏えい電磁界の許容値

(1) 日本国内での法制度・規則の整備

ワイヤレス給電は，通常の無線通信業務とは異なり，電磁的にエネルギーを伝送するものであり，情報を載せるための電波の変調を必要としない。法制度のなかでは，現状は高周波利用設備

第 2 章　自動車への展開

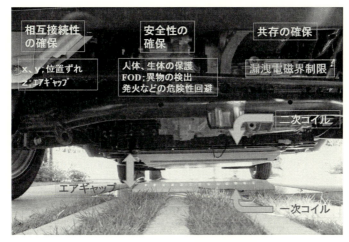

図11　EV ワイヤレス給電の課題

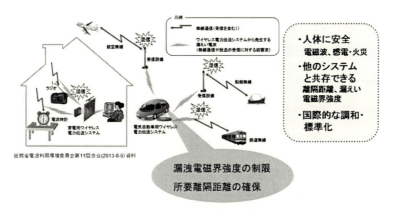

図12　ワイヤレス給電の課題

として扱われている。高周波利用設備は10 kHz 以上を規定しているので，10 kHz 未満の利用は現行の規制対象外である。とはいえ，どの周波数を利用しても放送などの他の無線業務に重大な影響を与えることは許されない。利用周波数の選定においては，この点の配慮が重要である。この影響への配慮義務は利用周波数を生成，直流に復元するインバータ・コンバータから生ずる高調波などにも適用されるということを意味している。総務省はワイヤレス給電システムの簡便な制度化を目指して，2013年 6 月からワイヤレス電力伝送作業班を設置し，EV を含む利用シーンにおける満たすべき技術的要件を検討し，2015年 7 月に EV 向け技術基準について情報通信審議会答申を行った[6]。それを受けて2016年 3 月総務省が関連規則を改正する省令を公布し，高周波利用設備の型式指定による簡易な制度化への道が開かれた。EV へのワイヤレス給電の技術的条件は，利用周波数を70〜90 kHz とし，伝送電力7.7 kW クラスまでを対象として，利用周波数および利用周波数以外の周波数における漏えい電波の許容値を，10 m 離れた地点における磁界強度で示した（図13，図14）。これを受けて，型式指定のための要件を定める電波法施行規則など

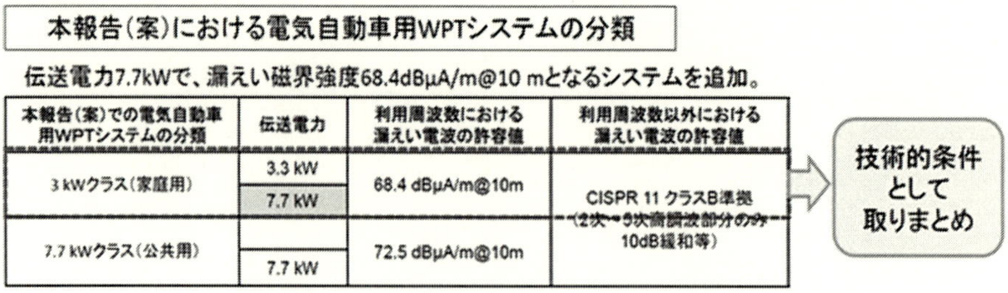

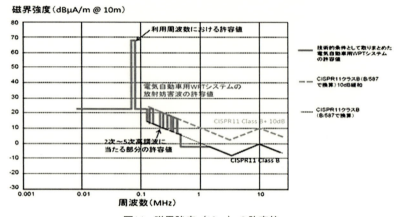

図13 電気自動車用WPTシステムの分類

図14 磁界強度（10 m）の許容値

の改正が進められ2016年3月に公布された。

(2) CISPR（国際無線,障害特別委員会）での国際的検討

CISPRは無線障害の原因となる各種機器からの不要電波に関し，その許容値と測定法を国際的に合意することによって国際貿易を促進することを目的とするIEC（国際電気標準会議）の特別委員会である。ワイヤレス給電に関する許容値の国際的な検討は日本が主導して2014年から開始されている。国際的な協調を行うべく情報通信審議会答申の許容値を国際的に提案し，積極的に貢献している[7]。

1.3.2 利用周波数の選定；ITU WRC での国際的検討

エネルギー伝送を行う周波数の選定は，伝送方式による高効率確保，システムコスト低減などの技術的な観点は当然のこととして，他の電波利用システムとの共存が重要となる。情報通信審議会の答申では，当初42〜148 kHz の候補の中から，79〜90 kHz を EV 用の利用周波数として選定した。この利用周波数について国際的な認知を得るために，ITU（国際通信連合）で勧告を出すべく努力が重ねられている。2015年時点では PRDN（予備的新勧告）のレベルまできている。電波利用に関わる利用周波数の国際的な割り当ての議論は4年に一度の WRC（世界通信会議）で行われている。昨年の WRC15 においてワイヤレス電力伝送は ITU での緊急の研究テー

第2章 自動車への展開

マとされ WRC19 において報告されることなった[7]。日本は国際的な合意を得るためにアジアパシフィック地区の AWG，日中韓の CJK 会合などの場を積極的に利用して活動している（図15）。

1.3.3 人体安全の側面

電磁波の人体（生体）への影響の評価，安全の確保は，国際非電離放射線防護委員会（ICNIRP）が時間変化する電界および磁界へのばく露制限に関する見直されたガイドライン（2010年）を公表している。日本でもこのガイドラインに沿って無線機器について電波防護指針を改定した。近傍電磁界からの人体の安全の評価は，電磁波の熱作用，刺激作用，接触電流による影響からなるが，周波数によって異なることが知られている。ガイドラインでは安全率を大きめにとっているので，より本質的には基本制限に立ち返って評価することが必要となる。EV 向けワイヤレス給電については，情報通信審議会答申の中でその適合性評価パターンが策定公表されている。また IEC の TC106 での検討も開始されている[8]。

1.4　EV 向けワイヤレス給電の国際標準化

国際的な商品である電気自動車（EV）では，世界共通の仕様で製造・流通させることが普及のための重要な要件である。そのために求められる要件は①人体安全・電波防護，②漏えい電磁界の制限，③給電制御，配置，④製品固有の条件が挙げられる（図16）。このうち③は製品相互の接続・互換性の確保のために重要である。④は各社各装置の技術的な進歩を担保する競争的要件であり，標準化にはなじまない。ワイヤレス給電では給電インフラと受電側の搭載機器の相互接続に関わる基本要件の標準化が普及のために必須である。エネルギー伝送のためのコイル方式，形状やパワークラスとともに，安全を確保し確実に給電するための制御通信の標準化が重要である（図17）。これらの国際標準化は IEC/ISO をはじめとする複数の機関で国内・国際協調の

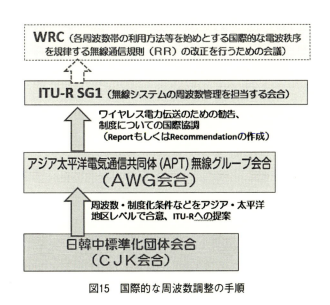

図15　国際的な周波数調整の手順

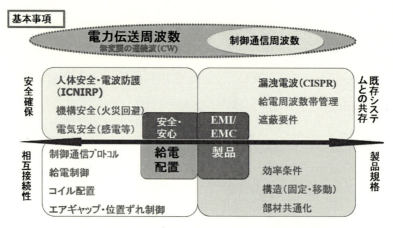

図16 標準化法制化の基本事項；標準化の主要な側面

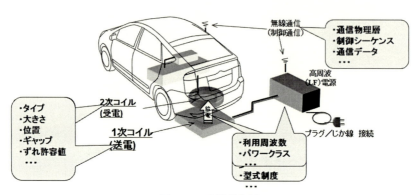

図17 EV標準化領域

もとで進められている。現状ではパワークラスが7.7 kW クラスに焦点が絞られているが，20 kW クラスへの標準化提案を欧州，韓国などが提起するなど大電力化の標準化を見据えた動きが活発化している。日本国内と，国際機関とは緊密に連携している（図18）。IEC では TC69 が IEC61980の制定を目指し，4年越しの検討を踏まえて part1の IS 化を2015年に行った。引き続き part2, part3の TS 化を念頭に edition1の策定を準備している。ただ，コンダクティブ充電で起きたような，4種のコネクタが並存するような事態を避けるべく，参加各機関が努力を重ねているが，利害が交錯し審議が遅延しているのが実情である。EV のワイヤレス給電システムを担当する IEC TC69に対し，車上機器を担当する ISO TC22ではほぼ同じペースで，ワイヤレス給電の車上側標準の ISO19363を PAS として策定準備を進めている（図19）[9]。

米国では，SAE（自動車技術会）と UL が共同して，SAE J2954および UL2750規格の制定を進めている。SAE では TIR として2016年6月に公表された。UL は認証機関ではあるが，米国では安全面の規格化も担当する。この米国規格の検討と IEC, ISO での検討は同時進行しており，もちろん，IEC/ISO は ITU, CISPR とも密接に連携し実効的な規格になるべく努力を積み

第 2 章　自動車への展開

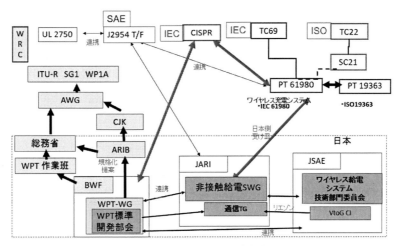

図18　EV 標準化の国際連携体制

標準化機関など	規格名	活動状況
IEC TC69	IEC61 980-1	一般要件（2015年7月 IS 済）
	IEC61 980-2	制御通信（2017年春 TS）
	IEC61 980-3	磁界方式（2017年春 TS）
ISO TC22 SC21	ISO 19363	車両側の安全・相互接続性（2016年10月 PAS）
SAE	J2954	米国の車両側の企画（2016年5月末 TIR）
	J2847	車両とインフラの通信規格
UL	UL2750	米国 NEC の対応の安全規格

図19　EV ワイヤレス給電国際標準化動向（2016年 5 月時点）

重ねている。

1.5　今後の展開

　乗用車向け EV・PHEV 向けのワイヤレス給電装置は国際標準の準備が整いつつあることを受けてシステム，車に搭載される受電部などの商品化が活発に進められている。国際標準化を視野に入れた送受電コイルでは，先行している Witricity に対抗して，Qualcomm 社が DD 方式をまたドイツ Bombardia premove 社も premove のせり上がり方式を発表し製品化への準備を整え国際標準への採用を競い合っている（図20，図21）。

　一方で充電管理システムは，安全性確保の点で重要なテーマであり，各社それぞれ，スマホ，iPad などでの管理を試行している（図22，図23）。

　さらに将来期待されている走行中給電では KAIST（韓国科学技術院）が，バス，トラムなど

ワイヤレス電力伝送技術の研究開発と実用化の最前線

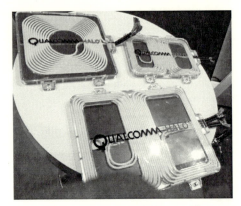

図20　Qualcomm 社車載コイル群

図21　Bombardia 社車上コイル Primove

図22　柏の葉実証住宅でのワイヤレス充電

図23　柏の葉実証住宅と iPad による充電制御

図24　スウェーデン Gotenburg 市の超急速自動充電 EV バス

第2章 自動車への展開

での実証を精力的に進めている。2013年7月に韓国のグミ市での商用走行を開始し先行している。欧州での EV バスのワイヤレス充電，商用運行では，ドイツの Braunshweig 市で Bombardia 社が2015年から EV バスの200 kW レベルの走行中充電の実証運行を開始している[10]。

EV 用のワイヤレス給電は2006年の MIT による磁界共鳴方式を用いた2 m のエアギャップでのエネルギー伝送の発表が契機となり本格化し，伝送ギャップが変動する乗用車型 EV への適用を強く促した。現在の国内制度見直し，国際標準化の焦点は，コンダクティブ充電での普通充電に対応する，7.7 kW クラスであり，乗用車型 EV の国際標準に基づいた世界市場での拡大普及が期待される。一方で利用シーンは，バス，トラックさらにはトラムに至るまで，大電力且つ超急速充電への適用に広がっている[11]。このシーンでは，日本では早稲田大学の試行・研究が際立っているが，海外では，韓国，欧州，米国，中国において，60 kW，200 kW などの実証評価も盛んに行われている。韓国の KAIST は 1 MW の計画まで公表している。

大電力の試行においては，ワイヤレス給電と，他の自動化された接触式超急速充電とのシステム優位性の検討が進められていくことになるであろう。すでに欧州では350 kW クラスの自動接触式超急速充電のバスが市街地を運行している（図24）。地球環境負荷軽減のために交通システムでの EV および e-mobility は重要な解決手段を提供する。電池および駆動モータシステムの一段の進展と相まって，ワイヤレス給電の重要性はますます増大すると考えている。

文　献

1) 自動車技術ハンドブック第7分冊 設計「EV・ハイブリッド」編，第10章，自動車技術会（2016）
2) 堀洋一，横井行雄監修，電気自動車のためのワイヤレス給電とインフラ構築，シーエムシー出版（2011）
3) 経産省，EV・PHV ロードマップ検討会 報告書，2016年3月23日
4) 横井行雄，エネルギー総合工学，**37**(1)，3-10（2014）
5) 篠原ほか，電磁界結合型ワイヤレス給電技術，pp. 385-413，科学情報出版（2014）
6) 総務省，電気自動車用ワイヤレス電力伝送システムに関する技術的条件，国際無線障害特別委員会（CISPR）の諸規格に関する情報通信審議会からの一部答申（2015）
7) Sasaki, WPT Standardization Status in Japan, EVTeC&APE2014 Standardization Forum（2014）
8) 総務省，（和訳抜粋）ICNIRP 声明 時間変化する電界および磁界へのばく露制限に関するガイドライン（1 Hz から100 kHz まで），情報通信審議会　情報通信技術分科会　電波利用環境委員会　電波防護指針の在り方に関する検討作業班（第5回）配付資料5-2（2014）
9) 南方真人，OHM　S1271，**102**(5)（2015）

10) 横井行雄, OHM, S1271, **102**(5), 11-14 (2015)
11) 横井行雄, エネルギーデバイス, **3**(4), 18-23 (2016)

2 EVバスへのワイヤレス充電システムの開発動向

高橋俊輔*

2.1 はじめに

　環境問題に注目が集まっている昨今，地球温暖化防止や省エネルギーを目的に，電気自動車（EV）やプラグインハイブリッド自動車（PHEV），それに電動やプラグインハイブリッドのバスが開発されつつある。外部から給電される電気を電池に蓄え電動機により走行するEVやPHEVは，自動車単体では排ガスを出さないことから，環境対策として大きな期待を寄せられているが，現状では大量普及という状況には及んでいない。この原因のひとつとして，充電の煩雑さがあげられる。このため運転者に作業負担を強いない，簡便かつ感電などの危険を伴わない効率の良い電池への充電技術が求められている。

　このような技術として絶縁性が高く，地上のコイル上に駐車するだけで充電ができるワイヤレス充電が注目されている。従来の接触式充電システムに比べ利便性の高いEV用ワイヤレス充電システムはほぼ完成した技術になっているが，未だそれを搭載したEVが市場に現れてこない。これはEVがグローバルな商品で，搭載するワイヤレス充電システムの互換性確保のため世界的な標準化・規格化が求められるからである。一方，EVバスやPHEVバスは地域公共交通手段としての路線バスの台数が圧倒的でローカルな商品であるため，早くからワイヤレス充電システム搭載バスが出現している。

　路線バスはバス停では乗降時間の数十秒間停車，ターミナルでも10分程度の停車時間で，1日200 km近く走行する。EVバスを通常のディーゼルバスと同様に運用しようとすると，充電時間はこの短い停車時間内に行う必要がある。また車両重量が大きく電費はEVの1/10の1 km/kWh程度になるため，搭載電池量も非常に大きくなる。大容量電池に短い停車時間で充電するには大出力の充電システムが必要になる。2013年から2年間，環境省の地球温暖化対策技術開発・実証研究事業により東京都港区の「ちぃばす」芝ルートで実施されたEVバスの運用において，東芝製の160 kWコネクタ式超急速充電器を使うとディーゼルバス並みの運用が可能であることが確認された[1]。しかし使用されているコネクタは米国J&B AviationのAppolo400 Aコネクタ[2]で，航空機のAPUへの陸電供給用コネクタとして信頼性が非常に高いが，図1に見られるように大きく重く，最近増えている女性バス運転手が扱うには非常に不便である。

　雨や雪の中を車外に出てコネクタを挿抜する必要も無く，コイルの上に停車し，車内で充電ボタンを押すだけで充電が可能なワイヤレス充電システムになれば，安全性や操作性，利便性が高まり，運転手への負担が軽減される。それを確認するため，世界各地でワイヤレス充電式EVバスの運用試験が行われている。そこで，国内外のEVバスに使用されている大電力ワイヤレス充電システム開発の動向を紹介し，今後の検討資料の一助とする。

---

*　Shunsuke Takahashi　早稲田大学　大学院環境・エネルギー研究科
　　　　　　　　　　　環境調和型電動車両研究室　客員上級研究員

図1　160 kW 超急速充電用コネクタ

2.2　バス用ワイヤレス充電システムの初期の歩み

　バスに限らずEV用のワイヤレス充電システムとして最初に挙げられるものは1986年に米国のk. Lashkariらが発表したPATH（Partners for Advanced Transit and Highways）プロジェクトでの周波数400 Hzという今では考えられないような低周波を用いた電磁誘導により，道路に埋め込んだ1.8 cm径のアルミニウム給電線から走行中の7.7 m長ミニバスに充電するシステムである。これは長さ4.4 m，幅1 mで545 kgもの重量のある受電モジュールに7.5 cmのギャップ長で6～10 kWの電力を送電でき，実験は成功したものの非共振型ワイヤレス給電であったため，漏れインダクタンスにより電源からみた力率が低下し総合効率が60%以下と低かった（図2）。また，漏れ磁束密度が25 cm高さにおいて車内で40 μT，車外で1500 μT，1 m高さにおいて車内で2.5 μT，車外で100 μTと，当時は規定がなかったものの現在のICNIRPの規定値を考えても大きく超えるもので，実用には至らなかった。なお，コイルの位置ずれを補正するために，車両側に油圧式ピックアップ支持装置が搭載されていて，地面に埋め込まれた信号線からの信号をトレースして，左右方向20 cm，上下方向10 cm動かすことができ，最適位置の2.5 cm以内になるよう位置合わせをしているシステムであった[3),4)]。

　大電力で地上コイルに跨るだけで容易に充電できる静止型ワイヤレス充電システムとしてはドイツ WampflerのIPT（Inductive Power Transfer）システムがある。ニュージーランドAuckland大学のA. W. GreenとJ. T. Boysによって1993年に開発された移動式IPTレールシステムの電磁誘導技術をベースに，Wampflerは研究を進め1998年に入力3相400 V，周波数20 kHzで最大出力30 kWの円形コイル静止型ワイヤレス充電システムIPTチャージシステムを開発した。エアギャップが5 cm程度であったため，2次コイルを昇降させるシステムを搭載する

第 2 章　自動車への展開

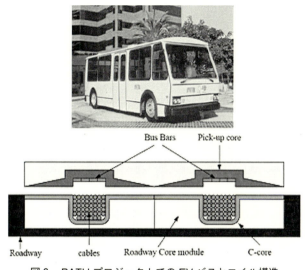

図 2　PATH プロジェクトでの EV バスとコイル構造

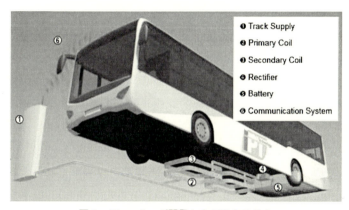

図 3　Wampfler が開発した IPT システム

ことで 1 次コイルは地面に面一に埋設され，EV バスはその上に停車し受電すると共に，SAE J1773に準拠する制御通信プロトコルを持つ通信システムを通して車上のバッテリーマネジメントシステムと地上側の高周波電源システムとの間で充電制御を行うシステムが採用された。海外では2002年に30 kW 型 IPT を 2 台並列に接続した60 kW システムがイタリアの Turin 市や Genoa 市の EV バス用として数十台が採用された（図 3）[5]。日本でも2004年に早稲田大学が新エネルギー・産業技術総合研究開発機構（NEDO）の先進電動マイクロバス交通システムモデル事業において初代日野ポンチョ改造 EV バス WEB-1に30 kW 型 IPT を採用し，各地で運用試験を行い，2008年には国土交通省の次世代低公害車開発・実用化促進プロジェクトモデル化事業（次世代低公害車プロジェクト）において30 kW 型 IPT を搭載した日野ブルーリボン改造 IPT ハイブリッドバスが羽田空港や洞爺湖サミットなどで運用試験を行った。

このIPTシステムはその後のバス用のワイヤレス充電システムのベースとなった。

2.3 EVバス用ワイヤレス充電システムの開発動向

EVバス用ワイヤレス充電システムは送受電コイルの設置状況により，①マウンド方式：2次コイルは床下に固定設置され，コイル間ギャップのところまで1次コイルが地表から飛び出ている，②1次コイル可動方式：2次コイルを固定設置し，1次コイルが2次コイルに向かって移動する，③2次コイル昇降方式：地表と面一に設置された1次コイルの上に2次コイルが降りてくる，④大ギャップ方式：最適化によりコイル間ギャップを大きくして，1次コイルは地表と面一に，2次コイルは床下に固定設置されている，の4方式がある。

2.3.1 マウンド方式

交通安全環境研究所や日野自動車が国交省の次世代低公害車プロジェクトで開発したIPTハイブリッドバスを2008年に羽田空港や洞爺湖サミットで運用したが，搭載しているWampler製の周波数20 kHz，出力30 kWのIPTシステムはコイル間ギャップが5 cmと小さく，バスの大きな地上高を相殺するために1次コイルを地表より出っ張らせるマウンド方式を採用した。また1次コイルは欧州仕様の軸荷重の大きな車両にも耐えられるように，112.5 cm × 107.5 cm × 26 cm，730 kgのコンクリートの塊の中に埋設されている。バス営業所のコンクリート床の配筋を切らないように設置したため床から大きく飛び出ることになり，バス床下の2次コイル厚みとエアギャップを確保するために，平均台のような車高調整台の上に乗って充電することになった（図4）[6]。

コイル間ギャップ5 cmのIPTを搭載した早稲田大学のWEB-1は最低地上高の低い小型バスであったが固定バネのためエアサスペンション搭載バスのように車高を下げられず，2005年の本庄市での運用試験では1次コイルは地表に設置するマウンド方式を採用した。WEB-1を使った運用試験で省エネに効果があることが判明し，NEDOは2005年から4年間，昭和飛行機工業らの研究グループに委託をしてIPTと同じ出力30 kW，周波数22 kHzの円形コイル型EVバス用

a) 羽田空港

b) 洞爺湖サミット

図4　IPTハイブリッドバス用1次コイルの設置

第2章　自動車への展開

a) IPT搭載WEB-1（本庄市）　　　　b) IPS搭載WEB-1Adv.（ユーカリが丘）

図5　WEB-1用1次コイルの設置

ワイヤレス充電システムIPS（Inductive Power Supply）を開発し，コイル形状やリッツケーブル構造，高周波電源装置の最適化設計を行うことで，コイル間ギャップを5cmから10cmに増加，商用電源から電池までの総合効率は86％を92％に改善した。その他，2次コイルの重量や厚みを半分にするなど小型，軽量化が図られている。IPTに換えてIPSをWEB-1に搭載したWEB-1Adv.も車体構造そのものはWEB-1と変わっていないため，コイル間ギャップ10cmでも最低地上高をカバーできず2008年から2010年にかけて3回行われた奈良市での運用試験や2010年の千葉県ユーカリが丘での運用試験では1次コイルは地表に設置するマウンド方式を採用している（図5）[7]。

Auchland大学出身のH. Wuが2012年にユタ州立大学で周波数20kHz，出力25kWの円形コイル型ワイヤレス充電システムをキャンパスバスのAggie Busに搭載運用したが，エアギャップが17.8cmとバスの地上高に比べ小さいために，やはりマウンド方式としている（図6）[8]。

マウンド方式は上に車両が乗ることはないので，1次コイルを設計する際に耐荷重やスリップ性などを考慮する必要はないが，大きなコイルが地表より飛び出ているため，他の車両が通行する一般の道路上に設置することができず，路線バス用での設置はバス営業所や駐車場程度で汎用性がなく，最近のEVバス用ワイヤレス充電システムで使われている事例はない。

2.3.2　1次コイル可動方式

CES2015でAUDIがデモ展示を行った周波数85kHz，出力3.6kWの1次コイルを蛇腹状の可動部を使って昇降させる方式である。最近ではBombardierもEV用にこの方式を提案している。EVバス用としては国交省の次世代低公害車プロジェクトにおいても検討されたが，大出力ワイヤレス充電システムではコイルが大きく，重いためこの方法は採用されなかった。

また，1次側コイルを可動させる方式として電磁誘導方式の位置合わせ精度および道路上設置の課題を解決するために，2009年，次世代低公害車プロジェクトにおいてIPSハイブリッドバスの側面に2次コイルを固定設置し，バランサー機能を装備した周波数22kHz，出力50kWの

a）充電中のAggie Bus　　　　　　b）1次コイル

図6　ユタ州立大学での1次コイルの設置

1次コイルを人力で押し付けてワイヤレス給電を行う運用試験をEVバスの営業所で行った。ギャップも小さく1次コイルの周囲にシールド枠を設置したこともあり，コイル直近でも人体防護を含め電磁漏洩も基準値内に入り問題はなかったが，コネクション操作が不要というワイヤレス給電の特徴を損ねる構造とバランサーの大きさとコストに課題があると評価されている（図7）[9]。

これら1次コイル可動方式は国交省の検討のようにEVバス用としては1次コイルが大きく重いことから，その駆動システムが高価であること，また地面に穴を掘って設置するため雨や雪に対する防水対策と排水設備の必要性，メンテナンスコストが大きいなど課題が多く，採用される可能性は今後も少ないと思われる。

2.3.3　2次コイル昇降方式

WampflerはIPTの開発当初から2次コイルを1次コイルの上に降ろすシステムを採用していて，前述のイタリアのTurin市やGenoa市の電気バスに搭載されたIPT（30 kWが2台並列で60 kWの電力伝送）は2次コイル昇降方式となっている。そのIPTを採用した次世代低公害車プロジェクトのIPTハイブリッドバスでは2次コイル昇降式を取り入れ，その後，大ギャップ

図7　IPSハイブリッドバスへの側面給電

第2章 自動車への展開

a) IPSハイブリッドバス

b) 1次コイル上に下降した2次コイル

図8　東京駅南口での IPS ハイブリッドバスと充電状況

が可能である昭和飛行機工業の周波数22 kHz，出力50 kW の IPS を採用してからも，2009年4月の東京駅南口と晴海埠頭，2011年12月の東京ビッグサイトと豊洲駅に設置したワイヤレス充電システムでは1次コイルを地面に埋め込み，2次コイルを昇降させエアギャップ数 cm で充電するシステムであった（図8）[9]。

2014年1月から三井物産は英国のコンサルティング会社 Arup と組んで London の北西80 km にある Milton Keynes 市のルート No. 7において全8台のバスを Wright Bus 製のワイヤレス給電式 EV バスに置き換えて毎日17時間，片道57便で計5年間運行し，商業化に向けたデータの蓄積を行っている。ワイヤレス充電システムは Conductix-Wampfler の関連会社 IT Technology の周波数20 kHz，出力120 kW（30 kW 型を4台並列接続）の IPT を両ターミナル駅と中央駅の3ヶ所に設置して，両ターミナル駅で10分間の充電を行い，片道24 km の路線を走らせている。中央駅では EV バスの SOC（充電率）の状況に応じて充電をする計画になっているが，中央駅ではほとんど充電をしたことがなく，両ターミナル駅の充電だけで賄えている。しかしながらコイル間ギャップが5 cm 程度と小さく，Turin 市の場合と同じように充電時に懸架装置を使って車両側の2次コイルを図9のように1次コイルの上に降ろすシステムを採用している。ギャップが小さくなることで結合係数が大きくなり，漏れ磁束の減少により電磁放射が少なく EMC 的には楽になるというメリットの方が大きいと思われる[10]。この他にも2012年にオランダのs-Hertogenbosch 市の12 m 長 PHEV バスに Milton Keynes 市と同じシステムを，2015年には London 市内ルート No. 69の11 km の路線に3台の2階建 PHEV バスなどに，出力を1モジュール100 kW にして2台並列接続の200 kW にしたシステムを搭載し，運用している[11]。

鉄道車両や航空機のメーカーの Bombardier は自社開発の PRIMOVE 技術と呼ぶ周波数20 kHz のワイヤレス式走行中給電システムを，2012年に Flanders' DRIVE research project においてベルギー Lommel 市の1.2 km の道路に埋め込んで自社の MITRAC e-bus への走行中給電の実証をした。地上のコイルは車体長より短い区間に区切られ，車両が上に来た時にだけ電流を流す PRIMOVE 技術で電磁波の影響を最小限化していて，磁束密度は EU 基準に適合している[12]。

a) 充電中のEVバス　　　　　　　　b) 4つのコイルの2次コイル

図9　Milton Keynes市での充電とコイル配置

　また，2014年にBraunschweig・Verkehrはドイツの Braunschweig市の全長12 kmの環状ルートM19のターミナル駅に2か所と反対側のバス停1か所の計3か所にBombardierの周波数20 kHz, 効率92％, 出力200 kWの電磁誘導式円形コイル型ワイヤレス充電システムを設置し，ターミナルでは11分間，バス停では乗客が乗り降りする30秒間にSolaris製の12 mバスと18 m連接バスに充電し，平日10分間隔で39分を掛けて1周する運用をしている。2015年10月からベルギーのBruges市でDeLiJNはPRIMOVEを搭載した3台のVan Hool製EVバスを世界遺産となっている中世の雰囲気を残した石畳の都市を走らせている。充電場所は世界遺産の街中には設置が難しく，駅近くのバス営業所に2基の200 kW型ワイヤレス充電システムと3基のコンボタイプの接触式急速充電器を設置して充電を行っている。またドイツのMannheim市でもRhein-Neckar Verkehrが2台の12 m長EVバスを使って，都心のルート63に沿っての9 kmの間のターミナル2か所と通常のバス停4か所に出力190 kWのワイヤレス充電システムを設置し，両ターミナルで5分間，バス停では乗客が乗り降りする15秒間にSOC94％までの充電をする運用が始まっている[13]。これらBombardierのシステムもIPT Technologyと同じように2次側コイルを地上充電コイルの上に機械的に降ろして数cmのエアギャップで電力伝送をしているが，2次コイルサイズは200 kW型にかかわらず220 cm×90 cmと小型である（図10）。

　これらのシステムにおける2次コイルの下降時間と上昇時間はそれぞれ2～5秒程度で，これによって充電時間が大幅に伸びるようなことはない。

　この方式は①高価な懸架装置をバス台数分用意する，②コイルの昇降のため大事な電池のエネルギーを消費する，③コイルの昇降時間分だけ充電時間が短くなる，④機械的な懸架装置のメンテナンス費用が掛かる，などコスト高になる課題があるが，2次コイルが1次コイルに近づきエアギャップが小さくなることで結合係数が大きくなるため，また大出力になっても電磁放射を抑制できると共にコイル設計が楽になりコイルサイズを小さくできるためトータルコスト的には安くなる。図11に国内外の2次コイル昇降方式と次目の大ギャップ方式のワイヤレス充電式EVバ

第 2 章　自動車への展開

a) 1次コイルに向かうEVバス　　　　b) 1次コイル上に下降した2次コイル

図10　Braunschweig 市での EV バスと充電状況

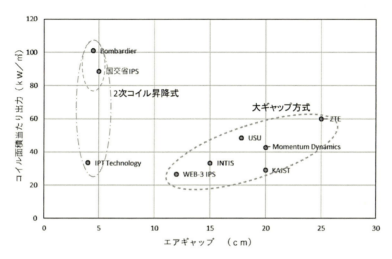

図11　エアギャップとコイル単位面積当たりの出力

スのエアギャップとコイル単位面積あたりの出力の関係を示す。この図で国交省 IPS は30 kW 型と同じコアサイズの受電コイル（0.847 mφ）で50 kW を送電できることから，2次コイル昇降方式は大ギャップ方式に比べ単位面積あたりの出力が大きいことがわかる。ここで IPT Technology は図 9 に見られるように 4 台のコイル間の隙間が多く単位面積あたりの出力が小さくなったものと思われる。

2.3.4　大ギャップ方式

　早稲田大学は最適化設計を行うことでコイル間ギャップを大きくして，1次コイルは地表と面一に，2次コイルは床下に固定設置する大ギャップ方式を追及していて，IPS を搭載した初代日野ポンチョを改造した WEB-1Adv. が固定バネのため，エアサスペンションによるニーリング機能を装備し，バリアフリーのため車高を下げられる第 2 世代日野ポンチョを採用することにした。昭和飛行機工業とともに環境省の産官学連携事業の委託を受けて，IPS に改良を加え周波数 22 kHz，総合効率92％，出力30 kW を維持したまま，コイル間ギャップを10 cm から14 cm とし，

a）WEB-4と1次コイル　　　　　　　　b）大ギャップ充電状況

図12　1次コイルの設置と大ギャップ充電

2009年に床下に2次コイルを固定搭載したWEB-3を開発し，地面に面一に設置した1次コイルに対してニーリング機能によりエアギャップ12 cmまで最低地上高を下げるだけでワイヤレス充電できるシステムを作り，各地で運用試験を実施した。2011年に環境省のチャレンジ25地域づくり事業でWEB-4も製作，1次側コイルを長野駅前の駐車場とバス営業所の地面に設置して，2台のEVバスを使って長野市内で3年間運用し，雨や雪が降っても，また盆地特有の酷暑の中でも問題なく運用できることを確認した（図12）[14]。

2014年から3年間，環境省のCO_2排出削減対策強化誘導型技術開発・実証事業で早稲田大学は東芝とともに新たなワイヤレス充電システム搭載のEVバスの開発に取り組んでいる。絶対数が大きなEV用のワイヤレス充電システムを複数個並列接続させてEVバス用ワイヤレス充電システムを構築することでシステムを安価にし，バスへのワイヤレス給電の普及を図ることを目的としている。東芝が開発した周波数85 kHz，出力7 kWのソレノイド型磁界共振式ワイヤレス充電システムを22 kWにパワーアップし，2台並列接続することで44 kW型EVバス用ワイヤレス充電システムとしてWEB-3の30 kW型IPSの代わりに搭載，電池も東芝製SCiBとしたWEB-3Adv.を早稲田大学と東芝で共同開発した。エアギャップは10.5 cmでニーリングだけで充電できる。川崎市殿町のANAビジネスセンターに充電設備を設置し，2016年度にマイクロバスのWEB-3Adv.と日野メルファを改造した中型EVバスおよびEVとの充電システムの共用運用を実施する（図13）[15]。

中国の総合通信機器メーカーのZTE（中興通訊）は2011年6月からワイヤレス給電の研究を開始，2012年に携帯電話用を開発するとともに高出力用も研究開始，2013年に携帯端末へのワイヤレス給電標準化団体であるPMA（Power Matters Alliance）に参加し，その僅か2年後の2015年4月に深圳で開かれた第3回中国電子情報博覧会に業務提携をしているバス製造大手の宇通客車のEVバスにワイヤレス充電システムを搭載して発表するなど，4年ほどで急速な開発を行った。引き続き戦略的パートナーシップを38都市と締結し，2015年から深圳本社だけでなく長春，張家口，フフホト，鄭州，恵州，恵東，襄陽，成都，大理，麗江，貴陽の11都市の公共交通

第 2 章　自動車への展開

a) 充電中のWEB-3Adv.

b) 1次コイルと電源装置

図13　大ギャップ充電と1次コイルの設置状況

機関とともにワイヤレス充電式 EV バスの運用を行っている。周波数85 kHz の円形コイル型磁界共振式を採用し，エアギャップ16～25 cm，非常に小型の出力120 kW の高周波電源で60 kW型2台もしくは120 kW 型1台を総合効率90％で駆動するシステムである。基本的には大ギャップ方式であるが，どうしてもエアギャップが足りない時には2次コイル昇降式も採用している（図14）。路車間通信は WiFi ＋3G/4G，充電規格は GB17626を採用している[16]。

ユタ州立大学でマウンド方式のワイヤレス充電システムを搭載した Aggie Bus を開発した H. Wu が技術部長をしている WAVE（Wireless Advanced Vehicle Electrification）は周波数23.4 kHz，50 kW のワイヤレス充電システムを2台の EV バスに搭載し，Monterey Salinas Transit が全米で初めて2015年6月からカリフォルニア州の Monterey 市で6.5 km の距離を30分間走行して，10分間充電するという運用を行っているが，実用を考えて1次コイルはマウンド方式ではなく地表と面一に設置され，2次コイルを床下から吊り下げてエアギャップ17.8 cm に設置している（図15）[17]。

a) ミニバスと地上コイル　　　　　　　b) 地上コイルと昇降式2次コイル

図14　ZTE のワイヤレス充電システム

図15　WAVE の一次コイル設置状況

　韓国の KAIST（Korea Advanced Institute of Science and Technology）は2009年5月から OLEV（On-Line Electric Vehicle）と呼ぶ走行中給電システムについて研究を進め，Segment method と呼ばれるコイルのスイッチングにより電磁放射を少なくしたシステムを開発し，キャンパス内シャトル用の EV バスや Yeosu（麗水市）Expo 2012での EV バスに搭載して実績を積み，2013年7月から Daejeon（大田）市の東90 km にある Gumi（亀尾）市で24 km のルートの両端のターミナルで静止中充電，途中の4か所でそれぞれ36 m の走行中給電の運用を始めた。幅80 cm の給電コイルから周波数20 kHz，効率85％で200 kW 送電し，17 cm ギャップを通して容量15 kW，サイズ125 cm×69 cm の2次コイル5台で受電している。しかし，送電路長さが計144 m と短く，ほとんどの電力は両ターミナルでの静止中充電で賄われているのが現状である（図16）[18]。

　その他に米国の Momentum Dynamics は2013年に周波数23.5 kHz，出力50 kW，エアギャップ15〜20 cm で効率91％の円形ワイヤレス充電システムをバスに乗せて運用試験を行った[19]。また INTIS は2014年に周波数35 kHz で出力60 kW をエアギャップ15 cm でワイヤレス給電するシステムを発表している[20]。

2.4　おわりに

　EV バス用のワイヤレス充電システムの開発動向をみてきたが，コイルを普通に道路設備の一部として設置ができ，車両側も床下に固定設置できる大ギャップ方式が使い易く，初期費用とメンテナンスコストも低くでき，一番普及させ易いシステムであると考えられる。ワイヤレス充電システムの研究開発が進み，大ギャップでも電磁漏洩が少なく，安全で運転手への負担が少ない

第 2 章　自動車への展開

a) 走行中給電バスと地上コイル　　　b) 2次コイルの設置とギャップ

図16　KAIST の走行中ワイヤレス充電システム

EV バス用ワイヤレス充電システムが早く出現し，EV バスに搭載され広く普及されることを願っている。

文　　献

1) https://www.city.minato.tokyo.jp/chikyukankyou/kankyo-machi/kankyo/kehatsu/ev-fukyusokushin.html
2) J&B Aviation Services, "Apollo™ Power Connectors", 3030 JBA102109
3) K. Lashkari, S. E. Schladover, E. H. Lechner, "Inductive power transfer to an electric vehicle" Proc. 8th Int. Electric Vehicle Symp. 1986, pp. 258-267 (1986)
4) PATH University of California Berkeley, "Roadway Powered Electric Vehicle Project Track Construction and Testing Program Phase 3D Final Report" California PATH Research Paper UCB-ITS-PRR-94-07, ISSN 10551425 (1994)
5) IPT Technology GmbH, Wireless Charging of Electrical Buses with IPT® Charge Bus, CAT9200-0003-EN (2014)
6) 河合英直，電気動力ハイブリッドシステムの評価に関する取組，交通安全環境研究所講演会資料 (2008)
7) 高橋俊輔，大聖泰弘，紙屋雄史，松木英敏，成澤和幸，山本喜多男，非接触給電システム (IPS) の開発と将来性，自動車技術会シンポジウム前刷集，No. 16-07, p47-52 (2008)
8) H. Wu, "A High Performance 50 kW Inductive Charger for Electric Buses", IEEE ECCE2013, SS3. 3 (2013)
9) 国土交通省都市・地域整備局街路交通施設課，電気自動車等の導入による低炭素型都市内交通空間検討調査報告書，平成22年3月，pp. 2-53 (2010)
10) Maq Alibhai, "Wirelessly charged electric buses in Milton Keynes", Eurotransport, Volume

12, Issue 2 (2014)
11) P. Grand, U. Guida, T. Raitaluoto, "EBUS CHARGING SYSTEMS STANDARDIZATION PROCESS", CEN/CENELEC Workshop 02/02/2016, pp. 27 (2016)
12) H. Perik, "Feasibility research of wireless power transfer for electric vehicles", Flanders' DRIVE report (2012)
13) FTA Research, "Review and Evaluation of Wireless Power Transfer (WPT) for Electric Transit Applications", FTA Report No. 0060, Aug. (2014)
14) 永田祐之, 木村祥太, 飯田ひかり, 紙屋雄史, 髙橋俊輔, 大聖泰弘, 先進電動マイクロバス交通システムの開発と性能評価（第9報）, 自動車技術会2014年秋季大会学術講演会前刷集, No. 149-14, 298, pp. 13-18 (2014)
15) http://www.toshiba.co.jp/about/press/2016_05/pr_j3101.htm
16) LIU Hongjun, LIU Junqiang, ZHOU Dong, "ZTE EV WPT Solution and Application", CJK WPT WG #10, December, 16~17 (2015)
17) http://www.montereyherald.com/article/NF/20150608/NEWS/150609796
18) CHUN, Yangbae, "Korean OLEV Update", CJK-WPT05-016_TTA, APR, 15~17 (2014)
19) http://momentumdynamics.com/momentum-dynamics.html.
20) R. Effenberger, "Inductive Energy Transfer on the move Solutions for Bus, Logistics and Taxi Traffic", Informationsreise Singapur 2014. 02.06 (2014)

3 Korean WPT to EV － OLEV

Seungyoung Ahn[*1]
日本語概要：篠原真毅[*2]

3.1 概要―韓国における電気自動車へのワイヤレス給電技術－ OLEV

本節では韓国における電気自動車（EV）へのワイヤレス給電技術のうち，特に OLEV（On-Line Electric Vehicle）と呼ばれるプロジェクトについて紹介している。OLEV は2009年より韓国 KAIST（Korea Advanced Institute of Science and Technology）の主導で研究開発が始まった。OLEV は道路や駐車場から電力を磁場を介してワイヤレス給電する EV システムであるため，バッテリー量を通常の1/3～1/5程度に抑えることができる。

道路に配置された電源回路は3相交流のインバーター回路と，道路に敷設されたレールから構成される。インバーターでは AC60 Hz から単相の 20 kHz へ周波数変換し，レールを通じて走行中の EV へワイヤレス給電を行う。EV 本体には 20 kHz から直流へ変換する整流回路が設置され，20 kW のモジュールを5つ装備することで 100 kW の電力容量がある。ワイヤレス給電の最大効率は 79.5 kW 出力時に81.7％であった。その時の損失は 17.8 kW であり，ピックアップ電流は 19.3 A であった。この約80％の効率はレールと EV との横ずれが 0 cm の時の値であるが，15 cm の横ずれがあっても70％の効率を維持できる。概ね 10 cm 程度の横ずれであれば実効的な問題はない。

電磁界の不要放射問題は重要な問題である。韓国では電磁界の人体への安全性に関する国際基準である ICNIRP ガイドラインを採用している。ICNIRP によると 3 ～150 kHz における人体への安全基準は 6.25 μT となっている。韓国での地球磁場強度が 50 μT 程度であることを考えると非常に低い基準となっている。OLEV ではこの基準を満足するために，余計な電源が不要な共鳴リアクティブシールド法を提唱している。本方式は送受電コイルの脇にワイヤレス給電に用いる磁場と逆位相の磁場をかけるようなコイルを配置し，不要磁場をキャンセルする手法である。設計の際には送受電コイルの脇に置いた共鳴リアクティブシールド用のコイルのカップリングも考慮する必要がある。

OLEV は Seoul Grand Park や Gumi City ですでに商用化されている。さらに KAIST ではワイヤレス給電技術を鉄道へのワイヤレス給電や，ドローンへのワイヤレス給電へ応用することも検討中である。

[*1] Seungyoung Ahn　Korea Advanced Institute of Science and Technology（KAIST）
　　　　　　　　　Associate Professor
[*2] Naoki Shinohara　京都大学　生存圏研究所　生存圏電波応用分野　教授

3.2 Wireless Power Transfer Technology in Korea

3.2.1 Previous and Current Researches on Wireless Power Transfer

In Korea, the researches on wireless power transfer (WPT) system received little attention until 2000s except some experiments using microwave frequency (Fig. 1). In 1999, the Korea Electrotechnology Research Institute conducted a study on the wireless power transmission system, where they were able to achieve single rectenna conversion efficiency of 75.6% and an overall system efficiency of 33% at a 10-meter distance using 2.45 GHz[1].

However, most of recent research in wireless power transfer technology are generally on the magnetic resonant transfer system which can be commercialized as a consumer electronics and electric vehicle. Researches on the magnetic resonant wireless power transfer system for robots, home appliances, drones, and even railway systems are going on supported by the Korean government and industries. As a result, the wireless power electric vehicle is commercialized in 2014, and the demand from the market is increasing.

3.3 Vehicular Wireless Power Transfer System

3.3.1 Concept of On-Line Electric Vehicle (Fig. 2)

The wireless power transfer technology in Korea started with the researches on the wireless charging electric vehicle in 2009. The reduction of the use of fossil fuels was one of the hottest issues in the world, and the development of hybrid and electric vehicles had been accelerated. However, full electric vehicles, such as plug-in electric vehicles and battery electric vehicles, are distributed had drawbacks in the large and heavy battery, long charging time, and short driving distance. In an effort to address battery problems, the concept of roadway-powered electric vehicles has been proposed. With this system, the electric vehicle is charged on the road by wireless power charging, and the battery can hence be downsized and no waiting time for charging is needed.

The on-line electric vehicle (OLEV) research center of the Korea Advanced Institute of Science and Technology (KAIST) started the development of a high-efficiency roadway-powered electric vehicle system which has lower dependency of battery because the power can be supplied from the infrastructure on

Fig. 1 Experiment of microwave power transmission in 1998

第2章 自動車への展開

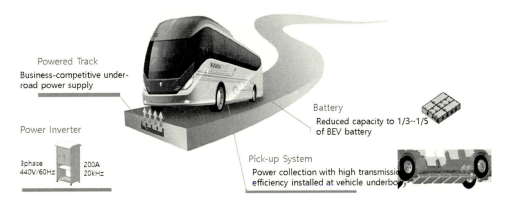

Fig. 2 Concept of on-line electric vehicle where power is supplied wirelessly from the infrastructure

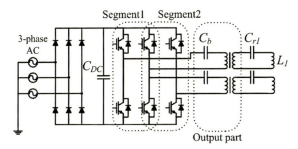

Fig. 3 Power transmitter system for OLEV

the road and a parking lot[2,3].

3.3.2 Design of OLEV

The power supply systems for OLEV is shown in Fig. 3[4]. The road-embedded power circuit consists of two parts: a three-phase power inverter and a road-embedded rail. The power inverter converts three-phase 60 Hz ac voltage to a constant single-phase 20 kHz ac current. In the internal circuit of the power inverter, three-phase ac voltage is rectified to dc. This dc voltage is converted to an isolated single-phase ac voltage source by a single-phase inverter. Compared with the previous work which was done by the PATH project team in US in 1990's, the frequency is increased 50 times from 400 Hz to 20 kHz, and this is one of the key design factors to achieve the high efficiency with the airgap of 30 cm.

In the receiver system, the rectifiers convert ac current to dc current. The regulator boosts the voltages of the rectifiers up to a reference voltage suitable for battery charging. Five 20 kW pickup modules are used to obtain 100 kW power capacity in the OLEV system, and each pickup module has two separated windings. Therefore, the OLEV system has ten rectifiers and one regulator for ten windings. As shown in Fig. 4, the inputs of ten boost converters are connected to the outputs of rectifiers, respectively, and the outputs of ten boost converters are connected to a battery. The ten boost converters' output voltages are controlled by

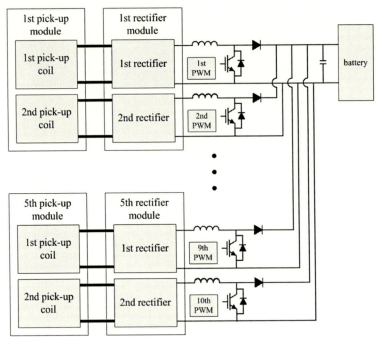

Fig. 4 Power receiver system for OLEV

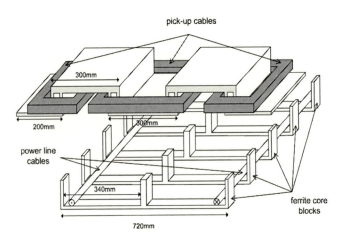

Fig. 5 Coil structure of OLEV system

adjusting the ten PWM signals of the IGBTs. The OLEV regulator controls the ten phases of the PWM signals so that each difference among ten phases uniformly becomes 36. As a result, output voltage ripples are minimized by minimizing the sum of the input current variations.

Fig. 5 shows the core structures that are optimally designed for the OLEV system. In these design, the cross sections of the core poles in the secondary side are maximized to decrease the magnetic reluctance. In designing these core structures, the primary module width is minimized to reduce the cost of road

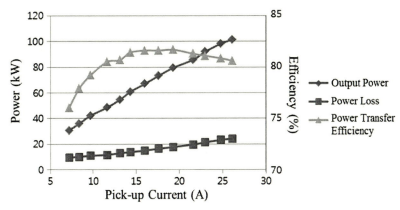

Fig. 6 Power transfer performance of OLEV system

construction, and the thickness is minimized to reduce the weight of the pickup modules. The designs were supported by theory, finite-element method computer simulations, and practical experiments. In the power line module, the ferrite cores are not continuous but separated at regular distances. This reduces cost and improves the solidity of the power line module underneath the road to support the weight of vehicles.

In the OLEV system, while the inverter is controlled to provide a constant current, the regulator may change the current of the pickup modules to adjust the output power. Hence, the power loss in the power transmitter part is almost constant, and the power loss in the power receiver part increases as the pickup current increases. When the pickup current is small, the constant power loss is dominant, and the power transfer efficiency increases as the pickup current and the output power increase. However, when the pickup current is large, the power receiver part loss rises drastically, and the efficiency decreases in the end.

Fig. 6 shows the output power, the power loss, and the power transfer efficiency, which vary depending on the pickup current. In this experiment, the maximum efficiency was 81.7% with 79.5 kW output power and 17.8 kW power loss at 19.3 A pickup current. According to the results, roughly 80 kW charging is

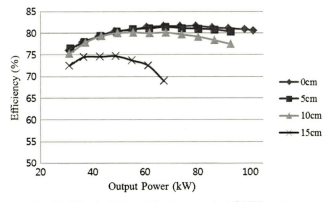

Fig. 7 Effect of lateral displacement of OLEV system

recommended if high output power is not needed for fast charging or high-speed driving.

When a vehicle is moving on the road, there is always some lateral displacement from the optimal path for maximum power transfer. So, the lateral displacement of the moving vehicle is one of the important factor for roadway-powered electric vehicles. As shown in Fig. 7, although over 100 kW output power capacity with over 80% efficiency was achieved at 0 cm lateral displacement, the output power and the efficiency gradually decrease as the lateral displacement increases. At a larger displacement of 15 cm, the efficiency is reduced to 70%, but there is no meaningful change within 10 cm displacement. Autonomous driving or vehicle guidance methods will be good solutions to significantly reduce this efficiency degradation due to the lateral displacement in the future.

3.3.3 Electromagnetic Field Issue

(1) Regulations

In the development of wireless power transfer system for electric vehicles, electromagnetic safety is one of the difficult and important problems because high power in kW ranges should be generated, and even a small part of the leakage magnetic field could violate the regulation of electromagnetic field strength limit defined in the Korean electromagnetic field law. The Korean law adopted the guideline of the International Commission on Non-Ionizing Radiation Protection (ICNIRP), where magnetic flux density limit is 6.25 μT in the frequency range of wireless power transfer system (Table 1). Considering the earth magnetic field is around 50 μT in Korea, the 6.25 μT is very strict. Therefore, the researches on the reduction of leakage magnetic field are required[5].

(2) Reduction of Electromagnetic Field from Vehicular Wireless Power Transfer System

The design of electric vehicle is much harder than other electronic systems because they are always operated in worst conditions such as large vibrations and high humidity, and more significantly, the system is closely related with the safety of the humans. Moreover, vehicles are moving on the road, the airgap

Table 1 Limit of magnetic flux density regulation in Korea

Frequency range	B-field (μT)
up to 1 Hz	4×10^4
1~8 Hz	$4 \times 10^4/f^2$
8~25 Hz	$5,000/f$
0.025~0.8 kHz	$5/f$
0.8~3 kHz	6.25
3~150 kHz	6.25
0.15~1 MHz	$0.92/f$
1~10 MHz	$0.92/f$
10~400 MHz	0.092
400~2,000 MHz	$0.0046f^{1/2}$
2~300 GHz	0.20

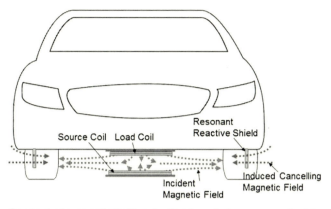

Fig. 8 Concept of magnetic field reduction for wireless power electric vehicle

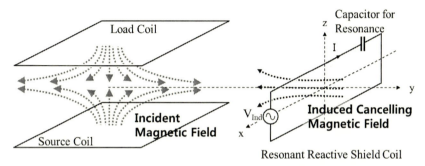

Fig. 9 Mechanism of reactive shield for vehicular wireless power transfer system

between the road surface and the bottom of the vehicle should be guaranteed. With these limitations, the design of magnetic field shielding system is very difficult. Conventional shielding methods such as passive shielding using metallic material are not effective for moving electric vehicles. Active shielding is one of the candidates; however, the problems in degradation of efficiency and design complexity still remain.

To overcome the limitations of the active shield method, a resonant reactive shielding method is proposed for the reduction of the leakage magnetic field in WPT systems without any additional power supply Fig. 8[6]. Fig. 9 explains the mechanism of resonant reactive shielding for a WPT system. According to Lenz's law, when an incident magnetic field from the WPT coils passes through a shield coil, a magnetic field is induced and the induced magnetic field cancels the incident magnetic field. When the incident magnetic field generated from the WPT system is applied to a resonant shielding coil, the induced voltage on the shielding coil is

$$V_{ind} = -\frac{d\varphi}{dt} = -\frac{dB \cdot S}{dt} = -j\omega B_0 e^{j\omega t} \cdot S$$

where B_0 is the incident magnetic flux density due to the WPT coils and S is the loop area of the resonant reactive shield coil. The induced voltage generates an induced current along the shield coil, which produces an opposite magnetic field against the incident counterpart. The induced current is determined by the induced voltage and the loop impedance of the shield coil. Therefore, by changing the loop impedance of the shield coil, the magnitude and the phase of the induced cancelling magnetic field can be adjusted to reduce the total magnetic field. The capacitor at the resonant reactive shield should be controlled to find the best impedance of the shield. Once the appropriate capacitance is determined, the shield effectively cancels the incident magnetic field regardless of its strength.

An equivalent-circuit model of a WPT system with a resonant reactive shield is shown in Fig. 10. The source coil and load coil are relatively tightly coupled, as they are separated by 15 cm, and the shield is relatively loosely coupled with the source and load coils. The resonant reactive shield can be characterized by an equivalent-circuit model consisting of the shield inductance, the shield resistance, and the shield capacitance. The shield inductance is determined by the size and the number of turns of the shield coil, and the shield resistance is due to the parasitic resistance of the copper wire.

As the impedance of the shield coil determines the magnitude and phase of the current along the shield coil and hence determines the magnitude and phase of the cancelling magnetic field, the impedance is the

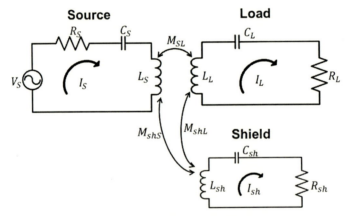

Fig. 10 Equivalent circuit model of resonant reactive shield

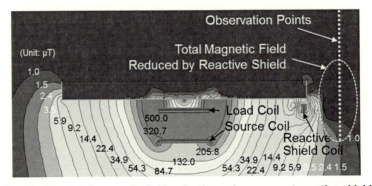

Fig. 11 Simulated magnetic field reduction using resonant reactive shield

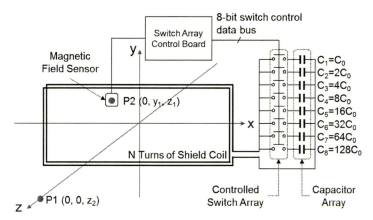

Fig. 12 Automatic tuning reactive shield for OLEV

primary parameter when designing a resonant reactive shield coil. The shield capacitance is adjustable to control the impedance of the shield coil.

In Fig. 11, the distribution of the magnetic field with the resonant reactive shield is compared to that without a shield coil in a simulation using ANSYS Maxwell. It can be observed that the incident magnetic field behind the resonant reactive shield was effectively canceled by the magnetic field generated by the resonant reactive shield.

Fig. 12 shows a schematic diagram of the automatic tuning system designed to control the shield capacitance of the resonant reactive shield coil efficiently. The automatic tuning circuit consists of a magnetic field sensor, capacitor array, controlled switch array, and switch array control board. The capacitor array is controlled by the control board and the switch array. As solid-state relays are used as the switch array, the total capacitance can be adjusted automatically. The magnetic sensor inside the shield coil area measures periodically the total magnetic field generated by the WPT coils and the shield coil. The control board adjusts the capacitance to change the induced magnetic field and hence to minimize the total magnetic field. As the automatic tuning circuit assesses the optimal shield capacitance every 30 s, the magnetic field can be held as low as possible.

3.3.4 Commercialization

(1) Seoul Grand Park

The electric vehicle with wireless power transfer technology is expected to be one of the promising future green transportation with high safety and convenience, and with minimal emission of CO and toxic gases. The first application of OLEV system is the tram in Seoul Grand Park in Korea, which was constructed from 2009 to 2010 (Fig. 13). The tram is circulating along the path connecting the entrance, theme park, and art museum with 2.2 km of distance. The four wireless power transfer systems including inverters are installed at the three stations and accelerating areas, and the total length of installation of power line is

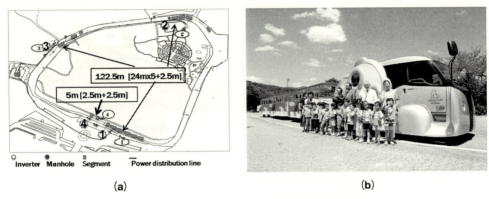

Fig. 13　OLEV system in Seoul Grand Park
（a）Installation map　（b）OLEV tram

372.5 meter. The first operation started through pilot test in March 2010, and the commercial operation with fare started in July 2011. By substituting the conventional diesel tram with OLEV, no toxic gas and noise were generated to the visitors of the Seoul Grand Park including many children. The OLEV system is still in operation at present as of July 2016.

（2）　KAIST Campus shuttle bus

The OLEV system was firstly invented by KAIST, and the OLEV shuttle buses were installed in KAIST campus in October 2012（Fig. 14）. The two OLEV shuttle buses are the main in-campus public transportation system open for KAIST members and visitors operating at every 15 minutes. The total length of the power line which is installed under the road is 60 meters in total, while the total length of the bus route is 3.76 km. The bus can receive maximum power of 100 kW wirelessly, and two buses are in operation.

Fig. 14　OLEV system in KAIST campus
（a）Installation map　（b）OLEV bus

Fig. 15 Commercialization of OLEV system in Korea

(3) Gumi City

The tram in Seoul Grand Park and KAIST shuttle bus were installed in private area. The first commercialization of OLEV in public area was in Gumi city in Korea (Fig. 15). For installation of the WPT system in public road, lots of certifications including road construction, vehicle modification, electric safety, and frequency allocations are necessary. As the operation in public area should be very careful, there was five-month test operation before commercialization from August to December in 2013.

The official commercial operation for a total route of 34 km roundtrip with two buses started in March 2015, and four buses are in operation from 2016. The total installation length of power line is 144 m which is 0.4 % of total route 24 km. At six charging points (four dynamic charging points and two stationary charging points) the vehicle receives 100 kW power in maximum at four dynamic charging using 20 kHz magnetic field.

3.4 Future Wireless Power Transfer System in Korea
3.4.1 Railway Systems

The over power line and pantograph for the railway system have been the typical features of railway system for a long time. However, there is a movement of removing the overhead power lines and pantograph from the railway system because they cause frequent accident and high construction and maintenance costs. There were some researches to develop a third rail train using a power line at the sidewall of the railway, however, the construction cost was still high and electric danger still remain. To overcome these disadvantages, some researches to develop wireless power transfer technologies for railway system have been done since 2011. In June 2013, there was a demonstration of a 180 kW catenary-free tram using 60 kHz power supply and pickup technology at the Osong city in Korea. Recently, In 2015, a research project to develop a railway system wireless power transfer system has started, to increase the wireless power up to 1 MW (Fig. 16)[7]. As the railway system requires strong magnetic for operation, the researches on the safety problem caused by leakage current and magnetic field are conducted at the same time.

Fig. 16 Railway Wireless Power Transfer System in Korea
(a) Wireless power tram (b) Transmitting power line

3.4.2 Unmanned Aerial Vehicle

The WPT technology also enables automatic battery charging for unmanned aerial vehicles (UAVs). A drone is one of the good examples of unmanned aerial vehicle which can deliver parcels, observe accident, or help people in disaster. Due to the development of UAV, there are numerous uses for commercial business. The problem is that the power consumption of drone with a limited battery size restricts their operating time, which consequently limits their range of action; therefore, drones need to be recharged frequently.

Recently in Korea, a drone wireless charging system using WPT technologies have been demonstrated (Fig. 17)[8,9]. This WPT technology enables drone with automatic takeoff and landing to charge battery conveniently. In the drone wireless charging system, the 200 Watts-class resonant WPT charging system for drone consists of a 60 kHz inverter, Tx and Rx windings, resonant topologies, a regulator and a battery. The WPT landing plate is designed considering the coil alignment. Both the Tx and Rx parts contain the windings with ferrite to construct the magnetic field path for high efficiency. To minimize the effects of magnetic near-field noise and losses from WPT system, a three-phase WPT charger is used.

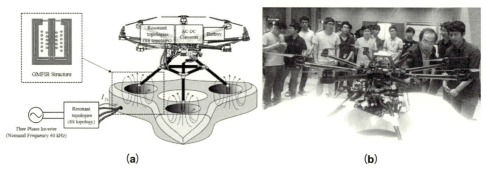

Fig. 17 Drone wireless charging
(a) Concept (b) Demonstration

第 2 章　自動車への展開

In the near future, the development of the wireless charging drone on the automotive vehicle can provide a tangible solution for delivery, surveillance, accident preservation, and unlimited possible applications.

References

1) Dong-Gi Youn, Yang-Ha Park, Kwan-Ho Kim, and Young-Chul Rhee, IEEE TENCON（1999）
2) Seungyoung Ahn, Nam Pyo Suh, and Dong-Ho Cho, IEEE Spectrum, pp. 48-54（2013）
3) Jiseong Kim, Jonghoon Kim, Sunkyu Kong, Hongseok Kim, In-Soo Suh, Nam Pyo Suh, Dong-Ho Cho, Joungho Kim, and Seungyoung Ahn, *Proceedings of the IEEE*, **101**(6), 1332-1342（2013）
4) Jaegue Shin, Seungyong Shin, Yangsu Kim, Seungyoung Ahn, Seokhwan Lee, Guho Jung, Boyune Song, Seongjeub Jeon, and Dong Ho Cho, *IEEE Transactions on Industrial Electronics*, **61**(3), 1179-1192（2014）
5) Yangbae Chun, Seongwook Park, Jonghoon Kim, Jiseong Kim, Hongseok Kim, Joungho Kim, Nam Kim, and Seungyoung Ahn, *IEICE Transactions on Communications*, **E97-B**,（2）, 416-423（2014）
6) Seonghwan Kim, Hyun Ho Park, Jonghoon Kim, Jiseong Kim, and Seungyoung Ahn, *IEEE Transactions on Microwave Theory and Techniques*, **62**(4), 1057-1066（2014）
7) Jae Hee Kim, Byung-Song Lee, Jun-Ho Lee, Seung-Hwan Lee, Chan-Bae Park, Shin-Myung Jung, Soo-Gil Lee, Kyung-Pyo Yi, and Jeihoon Baek, *IEEE Transactions on Industrial Electronics*, **62**(10)（2015）
8) Chiuk Song, Hongseok Kim, Yeonje Cho, Kyoungyoung Jo, Youngbeom Kim, Heechang Moon and Joungho Kim, 2016 IEEE/ACES International Conference on Wireless Information Technology and Systems and Applied Computational Electromagnetics（2016）
9) http://tera.kaist.ac.kr

4 電化道路電気自動車（EVER）

大平　孝*

4.1 ワイヤレス3本の矢

　我が国では第2次世界大戦終戦後の1950年代からラジオ受信機の本格普及が始まった。その後，テレビ受像機が1家に1台普及する時代となる。ワイヤレス技術の大きな民生マーケットは「放送」から始まったと言ってよい。これをワイヤレスマーケット第1の矢と位置づける。1980年代になり携帯電話が爆発的普及した。ワイヤレス技術の民生マーケット第2の矢は「通信」である。放送も通信も離れた場所へ情報を伝えることが役割である。2010年代になり，離れた場所へ情報のみならずエネルギーを伝えるチャレンジが台頭してきた。これが「ワイヤレス電力伝送」であり，その大きな応用のひとつが電気自動車への非接触給電である。これをワイヤレスマーケット第3の矢と位置づける。これらをまとめると

・第1の矢「放送」ラジオ・テレビ
・第2の矢「通信」携帯電話・無線LAN
・第3の矢「送電」家電機器・電気自動車

である。本稿で以下に紹介する電化道路電気自動車（Electric Vehicle on Electrified Roadway：EVER）はワイヤレス電力伝送技術のひとつである電界結合方式を巧みに用いた最先端システムである。

4.2 ワイヤレス電力伝送

　ワイヤレス電力伝送方式を電界と磁界のどちらを用いるかという観点から大きく分類すると

① 電界結合方式
② 磁界結合方式
③ 電磁界両方を用いる方式

となる。これらのうち構造が比較的シンプルなのは電界結合方式と磁界結合方式である。電磁界両方を用いる方式としては電波伝搬方式が挙げられる。これは空間での伝搬距離が波長に比べて長い。波長より遠いところにある移動体へ電力を集中させるには電磁波ビームを正確に形成制御する必要があり，フェーズドアレーを用いるなど構造がかなり複雑とならざるを得ない。よって本項では，波長に比べて結合距離が十分短い方式である電界結合と磁界結合を取り上げる。

4.2.1 磁界結合

　磁界結合方式は米国マサチューセッツ工科大学の研究チームが2007年に発表した白熱電球を点灯させたデモンストレーション実験がきっかけとなり，欧州・韓国および日本でも多くの追従研究が行われている。そのしくみは送電側と受電側にそれぞれ巻線コイルを用いる構造である。磁

---

*　Takashi Ohira　豊橋技術科学大学　電気・電子情報工学系　教授，
　　　　未来ビークルシティリサーチセンター　センター長

界結合方式における結合器部分は2ポート伝送系とみることができる。そのインピーダンス行列は

$$\mathbf{Z} = (R+j\omega L)\begin{bmatrix}1 & 0\\ 0 & 1\end{bmatrix} + j\omega M \begin{bmatrix}1 & 1\\ 1 & 1\end{bmatrix}$$

と表される。ここで，L はコイルの自己インダクタンス，R はコイルの等価直列抵抗（ESR），M は送受コイル間の相互インダクタンス，ω は伝送角周波数（$=2\pi f$），j は虚数単位（$=\sqrt{-1}$）である。相互インダクタンスの自己インダクタンスに対する割合

$$k = \frac{M}{L}$$

を結合係数と呼ぶ。また，コイルのリアクタンスと等価直列抵抗の比

$$Q = \frac{\omega L}{R}$$

を Q ファクタと呼ぶ。結合係数 k に Q ファクタを乗じた

$$kQ = \frac{\omega M}{R}$$

を kQ 積と呼ぶ。kQ 積は電力伝送系を設計する際に目標となる本質的な性能指標であり，結合器部分が達成できる最大の電力伝送効率は kQ により排他的に支配される。とくに近年よく用いられる共鳴のテクニックは高い kQ 積を有する結合系においてその効果を大きく発揮できる。言い換えると，kQ 積を高める結合系構造にすることがまず第一優先である。

磁界結合方式ではエネルギーを伝える「磁力線」が送電側コイルから発して受電側コイルに達する。この磁力線の向きは送受のコイルを共通して貫く方向に伸びるので，必然的に受電コイルを突き抜けて，その先へも到達してしまう（オーバーリーチ）ことが課題である。近傍に金属異物があると渦電流が発生し発熱する危険性がある。これを防止するためにはフェライトで周囲を囲むなど「磁気シールド」を施す必要があるので重量と寸法の点で課題がある。

4.2.2 電界結合

電界結合方式は我が国の大学と企業の研究者が世界的な先駆性と高い創造性を発揮していると言える。例えば表1に示すように電界結合方式に関する多くの技術開発報告がある。電界結合の基本的なしくみは送電側と受電側にそれぞれ平板導体を用いて形成したコンデンサ構造である。エネルギーを伝える「電気力線」が送電側平板導体から発して受電側平板導体に達する。この電気力線は主として送受の平板導体の間（コンデンサの内部）だけに発生するので，外部へ電気的影響を与えることが少ないという利点がある。言い換えると，平板導体自身が電気シールドの機能を兼ね備えているということである。また，本質的に電界だけで結合しており磁界をほとんど発生しないのでたとえ近傍に金属異物があっても発熱することが極めて少ないということも利点である。

電界結合のしくみと動作原理を説明する。平行平板導体を空間を隔てて左右に対向させ一方に

ワイヤレス電力伝送技術の研究開発と実用化の最前線

表1 電界結合ワイヤレス給電の技術開発例

第1著者	所属機関	技術内容	文献
原川健一	竹中工務店	並列共振型電界結合共振型ワイヤレス電力伝送	1)
船渡寛人	宇都宮大学	ワンパルススイッチアクティブキャパシタ電界結合非接触給電	2)
小丸 堯	デンソー	電界結合無線電力伝送における結合係数の位置特性	3)
常川光一	中部大学	独立伝送形ワイヤレス電力伝送システム	4)
増田 満	古河電工	直列電界共振結合型ワイヤレス電力伝送システム	5)
市川敬一	村田製作所	電界磁界結合型ワイヤレス給電技術	6)
花澤理宏	豊田中央研究所	電気自動車への走行中給電システム	7)
藤岡友美	大成建設	建物内電化フロア構造	8)
坂井尚貴	豊橋技術科学大学	小型EVへの1kW電界結合ワイヤレス電力伝送実証	9)

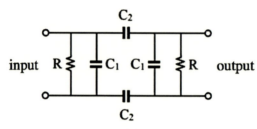

図1 電界結合の等価回路

電荷を与えると，他方に逆極性の電荷が発生する。これは静電誘導と呼ばれ，極性の異なる電荷同士が互いを引き寄せるクーロン力によって生じる現象である。このような平行平板導体の組を電極対と呼ぶ。送電側電極に高周波電位を与えると導体表面で正の電荷と負の電荷が高速に入れ替わる。それに誘われて受電側の電極にも正負の電荷が交互に現れる。つまり送電側ポートから受電側ポートへ高周波電力が伝わる。このようにして入出力ポート間でエネルギーをやりとりするシステムが電界結合方式である。電界結合の等価回路を図1に示す。これを2ポート伝送系とみなすと，そのアドミタンス行列[10]は

$$\mathbf{Y} = \left(\frac{1}{R} + j\omega C_1\right)\begin{bmatrix} 1 & 0 \\ 0 & 1 \end{bmatrix} + \frac{1}{2} j\omega C_2 \begin{bmatrix} 1 & -1 \\ -1 & 1 \end{bmatrix}$$

となる。ここでC_1は電極の並列寄生容量，C_2は送受電極間の直列結合容量，Rは電極支持材の絶縁抵抗である。送電側の電極から発生する電気力線のうち受電側の電極に到達する割合を電界結合器の結合係数kと呼ぶ。結合係数kを電極間の静電容量で表現すると

$$k = \frac{C_2}{2C_1 + C_2}$$

となる[11]。結合係数kを大きくするには，端子間隔を広くとり，かつ，ポート間の距離を短くすればよい。電界結合におけるQファクタは結合系の送電および受電電極に蓄積されているエネルギーに比例し，かつ，結合系内部で1周期間に消失するエネルギーに反比例する無次元の量で

第2章　自動車への展開

ある。図1に示した電界結合系における Q ファクタは送電電極または受電電極のアドミタンスの実部と虚部の比

$$Q = \omega\left(C_1 + \frac{1}{2}C_2\right)R$$

で求まる[12]。図1に示した電界結合系の等価回路において R と C_2 をともに大きくすると効率よく電力を伝送できることが直感的にもわかる。このことを一般化した概念が「kQ 積」である。結合器の種類に関わらず電力伝達効率を向上するには kQ 積を高くすることが必須条件である[13]。結合器の kQ 積はその材質と形状が決まれば一意に定まり，図1に示した電界結合器の場合は

$$kQ = \frac{1}{2}\omega C_2 R$$

となる。この式は R と C_2 を大きくする方が高効率となるだろうという直感を裏付けている。

4.2.3　任意構造への理論拡張

実際の結合システムでは本質的な結合部分に加えて配線インダクタンス・配線抵抗・線間容量・分布定数効果などが存在するので図1に示したようなシンプルな等価回路で表されない。したがって，結合係数 k と Q ファクタが簡単に計算できない。しかし，そのような場合でも，それらを乗算した kQ 積を求めるのは比較的容易である[14]。その手順を図2に示す。

はじめ
↓
（1）結合系の形状寸法と材料定数から電磁界解析にて
　　インピーダンス行列 **Z** を求める
↓
（2）行列 **Z** をその実部行列 **R** と虚部行列 **X** に分解

$$\begin{bmatrix} Z_{11} & Z_{12} \\ Z_{21} & Z_{22} \end{bmatrix} = \begin{bmatrix} R_{11} & R_{12} \\ R_{21} & R_{22} \end{bmatrix} + j\begin{bmatrix} X_{11} & X_{12} \\ X_{21} & X_{22} \end{bmatrix}$$

↓
（3）行列 **R** の4成分から等価スカラー抵抗値[15]を計算

$$ESR = \sqrt{R_{11}R_{22} - R_{12}R_{21}} \quad (ESR \text{の公式})$$

↓
（4）行列 **R** と行列 **X** の非対角成分から伝達関数[16]の絶対値を
　　計算

$$|Z_{21}| = \sqrt{R_{21}^2 + X_{21}^2}$$

↓
（5）上記で求まった ESR ならびに伝達関数の絶対値から kQ
　　積を算出

$$kQ = \frac{|Z_{21}|}{ESR} \quad (kQ\text{積の公式})$$

↓
完了

図2　結合系の構造から *kQ* 積を求める手順

上記ステップ（1）では有限要素法，モーメント法，時間領域差分法などに基づく電磁界シミュレータ（ソルバー）が使える。コンピュータシミュレーションに替えて，結合系の実物があればベクトルネットワークアナライザで2ポートSパラメータを計測して，行列換算式

$$\mathbf{Z} = 50\,(\mathbf{I}+\mathbf{S})\,(\mathbf{I}-\mathbf{S})^{-1}$$

により行列 $\mathbf{Z}$ を求めてもよい。これを2行2列の成分で表示すると

$$\begin{bmatrix} Z_{11} & Z_{12} \\ Z_{21} & Z_{22} \end{bmatrix} = 50\left(\begin{bmatrix} 1 & 0 \\ 0 & 1 \end{bmatrix} + \begin{bmatrix} S_{11} & S_{12} \\ S_{21} & S_{22} \end{bmatrix}\right)\left(\begin{bmatrix} 1 & 0 \\ 0 & 1 \end{bmatrix} - \begin{bmatrix} S_{11} & S_{12} \\ S_{21} & S_{22} \end{bmatrix}\right)^{-1}$$

となる。ここで50は測定に用いたベクトルネットワークアナライザの基準インピーダンス（単位：Ω），$\mathbf{I}$ は 2×2 の単位行列

$$\mathbf{I} = \begin{bmatrix} 1 & 0 \\ 0 & 1 \end{bmatrix}$$

である[10]。

　この手順で算出した kQ 積の特徴を以下にまとめる。
・電界結合に限らず任意形状の結合系において kQ 積が算出でき汎用性が高い
　（等価回路を求める必要がない）
・共鳴非共鳴に関わらずあらゆる結合系において有効である
・kQ 積がひとつのまとまったスカラー量として算出される[17]
　　（k と Q に分離する必要がない）
・kQ 積は常に非負の実数値を呈する
・kQ 積は電力伝送系の普遍的性能指標（Figure of Merit）として使える[18]
・この手法で求めた kQ 積から

$$\begin{cases} kQ = \tan 2\theta \\ \eta_{\max} = \tan^2\theta \end{cases} \text{（最大効率の公式）}$$

　を用いて最大電力伝送効率 $\eta_{\max}$ に相互換算することができる
　ここで θ は kQ 積と $\eta_{\max}$ を結びつける媒介パラメータである[19]

ここで述べた計算プログラムがソフトウェアとしてインストールされたベクトルネットワークアナライザ製品も最近市販されている[20]。これを用いれば kQ 積が計測器の画面上にリアルタイムで表示させることができる。

第 2 章　自動車への展開

4.3　電気自動車

バッテリー式電気自動車は環境に優しい乗り物である。現段階でその普及はなかなか本格化していない。普及の障壁となっているのは

① 充電時間が長い
② 航続距離が短い
③ 車両価格が高い

という3課題である。これらの課題はいずれもバッテリーに起因するものなので，停車中充電システムのワイヤレス化では原理的に解決できない。なぜならワイヤレスでもケーブルでもバッテリーへ充電することに変わりはないからである。

4.3.1　停車中充電から走行中給電へ

上記3課題を抜本的に解決する方法として

　　　停車中「充電」　→　　走行中「給電」

というパラダイムシフトが考えられる。

例えば，自動車道路に電気鉄道の架線と同様の役割をもつ給電線を埋設し，路面から電気自動車へ給電する構想がある。この概念が「電化道路（Electrified Roadway）」であり，その路上を走行する EV を電化道路電気自動車（Electric Vehicle on Electrified Roadway：EVER）と呼ぶ[9]。EVER は

・第1世代：石炭（個体）：蒸気機関
・第2世代：石油（液体）：内燃機関
・第3世代：水素（気体）：燃料電池

に続く第4世代のモビリティと位置づけることができる。第1から3世代までのビークルがエネルギーを「持ち運んで」走行するのに対して，第4世代つまり EVER ではエネルギーを持ち運ばず，電気鉄道のようにインフラストラクチャから受電しつつ走行する点が本質的な違いである。電化されていない一般道路を走行する際にはバッテリーを用いることは言うまでもない。電化道路システムと車載バッテリーを相互補完的に使うことで電気自動車の行動範囲が飛躍的に拡大し，利便性と使い勝手が格段に高まることが期待できる[21]。

4.3.2　車輪経由電力伝送（V-WPT）

電化道路を実現するひとつの方法として，クルマの車輪を介して路面から給電するという発想がある。そのしくみを図3に示す。路面下に埋設されたスチール板とタイヤ内スチールベルトとの間で生じる電界結合で電力を伝送する。これを車輪経由電力伝送（Via-Wheel Power Transfer：V-WPT）を呼ぶ[22]。V-WPT は以下の特徴がある。

・タイヤが常に路面に接しているので高さ方向の位置ずれが発生しない
・路面下埋設スチール板の幅を広くすることで横方向の位置ずれの影響がない
・路面下にコイルを埋設する必要がないので構造がシンプル

ワイヤレス電力伝送技術の研究開発と実用化の最前線

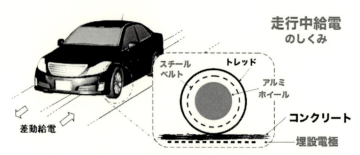

図3　左右の車輪を経由して高周波電力を伝送する方法（V-WPT）

4.3.3　右手左手複合系電化道路

W-WPTでは路面下埋設スチール板に高周波を伝搬させるので，車両が走行するに伴って伝送系のインピーダンスが変動するという問題がある。インピーダンスの変動は電力の損失を招く。伝送系のインピーダンスを一定に保つための工夫としてリアルタイム負荷追従インピーダンス自動整合回路[23]が考案された。これはインピーダンスの変化を電源ポートで検知して，それに基づいて整合回路のパラメータを適応制御するという方式である。さらに，もうひとつの方法として，右手左手複合系電化道路[24]と呼ばれる方法も考案された。これは電化道路の長さと電力伝送の波長の関係に着目して考えられた。もともとインピーダンスが変動する要因は電化道路長が波動伝搬波長に比べて長いことである。波動伝搬波長は電化道路の実行誘電率と透磁率で決まる。そこで誘電率と透磁率が負の値をもつ伝送系（これを左手系と呼ぶ）を併用することにより，実効的な波動伝搬波長を長くすることができる。波長が長くできれば車両が走行してもインピーダンスの変動を緩和することができる。すなわちインピーダンス変動に起因する損失も低減できることになる。

4.3.4　遠端全反射を利用した移動負荷整合方式

電化道路の長さが波動伝搬波長の概ね四半波長を超えると定在波が生じるという問題がある。定在波が生じると高周波電圧ならびにインピーダンスの進行方向位置依存性が発生する。この問題を解決するために考え出されたのが遠端全反射可変整合方式[25]である。定在波が発生する要因は給電区間の端部で波動が全反射することである。前進波と反射波の干渉により電圧ならびに電流の山と谷が発生する。電圧の谷の位置に車両があるときに伝送効率が大きく劣化する。そこで区間端部に可変移相機能を装荷する。車両の位置に応じて，端部からの反射波の位相を制御する。例えば車両が端部付近にあるときには位相差なしで反射させる。車両が端部から半波長の整数倍離れた位置にあるときも位相差なしで反射させる。車両が端部から四半波長の奇数倍離れた位置にあるときは位相差180度で反射させる。これらの中間的な位置にあるときはその位置に応じた位相差で反射させる。これにより電圧定在波の山の位置が車両位置と一致するように制御する。つまり従来は問題とされていた定在波を逆に積極的に利用して伝送効率を高く保つところが

第 2 章　自動車への展開

図 4　改造した電気自動車のコックピット

この方式の特長である。

4.3.5　バッテリーレス電気自動車

　現状の電気自動車はバッテリー容量が有限であるため連続走行は近距離に限定される。もし遠距離走行する場合は途中で一旦停車して充電する必要があるので使い勝手がよくない。しかも充電するには急速充電でも30分程度はかかる。もし充電ステーションにて他の電気自動車が充電待ちしている場合はそれらの充電完了を待ってからの充電開始となる。

　道路インフラに走行中給電の機能が付加されれば電気自動車の行動範囲が格段に広がる。近距離の一般路は車載バッテリーに蓄積したエネルギーで走行する。遠方へ出かける場合は電化高速道路を走行する。つまり高速道路が電化できれば電気自動車の航続距離をどこまででも伸ばすことができるのである。走行中給電のための技術開発が鋭意進められている[26]〜[29]。

　電気自動車を走行させるために十分な電力をインフラから連続的に供給できることを現実に示すために，車載されている走行用バッテリーをすべて取り外した状態で電気自動車を走行させるという実験が行われた。アスファルト路面下に左右2枚の鉄板がレール状に埋設されている。この鉄板レールに高周波電圧を印加すると，左右の車輪を経由して電力が電気自動車に伝送されるしくみである。改造した電気自動車のコックピットを図4に示す。通常の走行速度計に加えて，電気鉄道運転車両に用いられる広角型ボルトメーターとアンペアメーターを取り付けた。これらによりワイヤレスで給電されている電圧と電流をリアルタイムに視認することができる。走行実験に成功した瞬間の写真を図5に示す。国内外の研究機関から非接触で電気自動車のバッテリーに充電する実験が報告されているが，バッテリーを搭載しない電気自動車の走行はこれが世界初である[30]〜[34]。

ワイヤレス電力伝送技術の研究開発と実用化の最前線

図5　大学キャンパス屋外に敷設した電化道路を走行するバッテリーレス電気自動車

文　　献

1) 原川健一, 影山健二, 鶴田壮広, 三浦一幸, 電子情報通信学会技術報告 WPT2011-24, pp. 31-36 (2011)
2) 船渡寛人, 知久勇輝, 原川健一, 電気学会論文誌 D, pp. 27-34 (2012)
3) 小丸尭, 電子情報通信学会技術報告 WPT2013-15, pp. 20-24 (2013)
4) 常川光一, 楊程, 電子情報通信学会技術報告 AP2013-85, pp. 27-30 (2013)
5) 増田満, 楠正弘, 小原大輝, 中山裕次郎, 濱田浩樹, 根上昭一, 電子情報通信学会技術報告 WPT2014-20, pp. 15-19 (2013)
6) 市川敬一, 電界磁界結合型ワイヤレス給電技術 (監修：篠原真毅), ch. 6, pp. 155-167, 科学情報出版 (2014)
7) Masahiro Hanazawa, Naoki Sakai, and Takashi Ohira, IEEE International Electric Vehicle Conference, pp. 1-4 (2012)
8) 藤岡友美, 遠藤哲夫, 鈴木良輝, 坂井尚貴, 大平孝, 電子情報通信学会技術報告 WPT2014-44, **114**(246), pp. 43-46 (2014)
9) Naoki Sakai, Daiki Itokazu, Yoshiki Suzuki, Sonshu Sakihara, and Takashi Ohira, IEEE Wireless Power Transfer Conference, P1-24, Aveiro (2016)
10) 大平孝, 電子情報通信学会誌, **93**(1), 67-72 (2010)
11) 大平孝, 電子情報通信学会誌, **98**(6), 512-514 (2015)
12) 大平孝, 電子情報通信学会誌, **98**(10), 885-887 (2015)
13) Takashi Ohira, IEEE MTT-S Midland Student Express (2016)
14) Takashi Ohira, IEEE Wireless Power Transfer Conference, WPTC2014, pp. 228-230, Jeju (2014)
15) Takashi Ohira, *IEICE Electronics Express*, **11**(9), 1-7 (2014)
16) Takashi Ohira, *IEICE Electronics Express*, **11**(13), 1-6 (2014)
17) Takashi Ohira, *IEEE Circuits and Systems Magazine*, in press.

18) 大平孝, 電子情報通信学会誌, **99**(8), pp. 856-858 (2016)
19) Takashi Ohira, *IEEE Microwave Magazine*, **17**(6), 42-49 (2016)
20) 川内清, あぷら, **24**, 8-9 (2016)
21) 大平孝, 自動車技術, **67**(10), 47-50 (2013)
22) 広瀬優香, グリーン・エレクトロニクス, **17**, 46-49 (2014)
23) 佐藤翔一, 斉藤彰, 水谷豊, 坂井尚貴, 大平孝, 信学論(B), **J98-B**(9), 948-957 (2015)
24) 鈴木良輝, 崎原孫周, 坂井尚貴, 大平孝, 遠藤哲夫, 藤岡友美, 電子情報通信学会論文誌C, **J99-C**(4), 133-141 (2016)
25) 崎原孫周, 鈴木良輝, 坂井尚貴, 大平孝, 電子情報通信学会論文誌C, **J99-C**(4), 142-149 (2016)
26) Takashi Ohira, *IEICE Electronics Express*, **10**(11), 1-9 (2013)
27) 宮崎陽一朗, 坂井尚貴, 大平孝, 電子情報通信学会技術報告 WPT2014-82, **114**(399), 25-29 (2015)
28) 大平孝, トランジスタ技術, **53**(1), 136-145 (2016)
29) 大平孝, 電子情報通信学会誌, in press.
30) 川口健史, 田口寿一, 日本経済新聞, **13**(46366), 2015年3月15日
31) 野澤哲生, 日経エレクトロニクス, 1167, 48-51 (2016)
32) 久米秀尚, 日経 Automotive, **63**, 31-33 (2016)
33) Wikipedia, https://ja.wikipedia.org/wiki/ 非接触電力伝送
34) 総務省東海総合通信局, http://www.soumu.go.jp/soutsu/tokai/mymedia/28/0328.html

5 管内ワイヤレス電力伝送技術の車載応用

石野祥太郎*

5.1 車載ワイヤレス技術の動向と要求

近年,自動車におけるワイヤレス電力伝送技術として,EV (Electric Vehicle) への充電システムが盛んに研究されている。これは普及しつつある PHEV (Plug-in Hybrid Electric Vehicle) をワイヤレス充電する技術であり,共鳴型送電を用いたシステムが注目される一方,マイクロ波を用いた送電も検討されている。

自動車への充電のほかに,車内におけるワイヤレス送電も検討されている。本目的は有線であるワイヤーハーネスを無線化することによる削減である。現状では,ワイヤーハーネスの総重量は普通車で30 kgを超えており,ガソリン車において燃費に2～3%,EVにおいては更なる影響を与えているといわれている。これはコネクタやリレー等を含んだ重量であるが,その内ワイヤー重量は70%を占める。ワイヤーの主材料は銅であり,資源保護の観点からも削減が必要である。しかし,自動運転等の高機能化に伴い,ワイヤーハーネス重量は年々増加傾向にある。これはセンサやカメラが増加する分,単純増となるためである。生産現場からも,既に施工限界の重量となっているという声や,組立作業の簡素化を望む声が多くあり,自動車の高機能化とワイヤーハーネスの削減による軽量化は両輪の技術課題であるといえる。

ワイヤーハーネスの役割はECU (Engine Control Unit) 等の車載ユニットへの電力伝送と通信である。ワイヤーハーネスの内,電源線およびグランド線が占める割合は回路数比で40%に及ぶ。また,電力量はおおむね1 W以下の電力線が大半であるが,10 W以上の供給が必要な電力線も10%程度存在している。これらをワイヤレス電力伝送技術により削減する方法として,例えば,エンジンルーム内センサへの送電技術の研究が進められている。京都大学のグループは2.45 GHz帯マイクロ波方式を用いたアンテナ間送電[1]について報告している。また,豊橋技術科学大学のグループはエンジンルームの寸法に対して共振周波数となる69.8 MHz帯を用いた共鳴方式による送電[2]について報告している。㈱デンソーらのグループはECU間で従来用いているUTP (Unshielded Twist Pair) ケーブルを流用する方法[3]について研究を進めている。これはDC電力ではなく,13.56 MHzの高周波電力をUTPケーブルに印加し,より線の一部を解くことで,開口部において磁界成分がキャンセルされず漏えいすることを利用し,受電している。また,チェコのブルノ工科大学のグループは小型飛行機内における7.5～8.5 GHz帯マイクロ波送電[4]について報告している。小型飛行機においてもワイヤーハーネス重量は25 kgもあり,1 kg削減できた場合,年間でケロシン(灯油)の消費量を30トン削減できる計算だという。その他,JAXAらのグループはロケット内のセンサに対する5.8 GHz帯マイクロ波送電[5]について報告している。

一方,車載通信においては年々高速化の要求が高まっている。100 MbpsのEthernetが規格化

＊ Shotaro Ishino 古野電気㈱ 技術研究所

され，利用が始まりつつあるが，完全な自動運転，いわゆるレベル4を実現するには10 Gbps 以上にもなる通信速度が必要であると試算されている。このとき，UTP ケーブルのような有線では耐ノイズ性が悪く，十分な通信品質を満たせないことが懸念されている。光ファイバーは通信線路としての性能は良いが，折れやすく，車載用としては機械耐性が不十分である。電力と同様に車載通信のワイヤレス化については様々な検討がなされているが，乗員人数等の車内条件が異なる場合においても走行安全に影響を及ぼすアプリケーション，例えば自動運転制御（ハードセーフティ）において通信途絶はあってはならない。すなわち，Bluetooth のような現行方式では要求充足は困難である。

我々はこのような技術動向と要求を踏まえ，非放射系である特長を生かした管内ワイヤレス電力伝送・通信技術の研究と車載応用について検討を進めている。本稿ではその技術内容について紹介する。

5.2　管内ワイヤレス電力伝送
5.2.1　マイクロ波送電の実用課題

ワイヤレス電力伝送技術の中で，我々はマイクロ波を用いた方式に着目し，実用化を目指している。マイクロ波方式は供給電力を電波の周波数に変換することで，アンテナを介して空間中で送電する技術であり，長距離送電や大電力送電が可能である。送電周波数は ISM（Industry Science Medical）バンドと呼ばれる2.45 GHz や5.8 GHz といった周波数が主に用いられる。また変調成分は不要であり，無変調波が一般的に用いられるが，通信との一体化を狙いとし，変調波を用いた送電[6]の報告もなされている。

これらのシステムは，当然ながら法的規格に準拠していることが求められる。例えば，近年制定された ARIB 規格[7]では2.498 MHz（±1 MHz）の周波数において，システムから30 m の距離で283 mV/m 以下の電力密度でなければならないという基準が示されており，厳格な周波数範囲のもとで漏えい電力が規定されている。また，空間における電波の放射には人体ばく露への懸念から局所 SAR（Specific Absorption Rate）の指針値[8,9]が定められており，これを超えないような措置が必要である。このような規格は ITU-R（International Telecommunication Union Radiocommunications Sector）において議論され，緩和される方向に動きつつあるが，任意の周波数で大電力を空間に漏れさせながら放射するシステムは認められていない。

また，電波は放射されると空間中で広がるように伝搬していくため，伝搬損失が大きくなる。これはフリスの公式で示され，物理的に定まっている損失である。アンテナをアレイ化し，指向性を持たせることで空間での広がりを抑えることは可能であるが，アンテナの規模が大きくなり，コストの増加も問題となる。このようにマイクロ波方式は実用化に向けて法的・技術的な課題がある。

5.2.2　管内ワイヤレス電力伝送

このような課題を解決する方法として非放射系のシステムとすることが有効である。図1に示

ワイヤレス電力伝送技術の研究開発と実用化の最前線

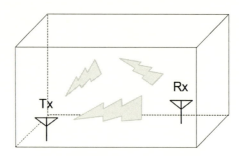

図1　閉空間内ワイヤレス電力伝送

すように，シールドされた閉空間内でワイヤレス電力伝送を行う場合，漏えい電力を抑えることが可能となる。これまで，㈱デンソーのグループは中空のガス管（鉄管）内におけるマイクロロボットへの14 GHz帯マイクロ波送電[10]について報告している。また，フランス国立航空宇宙研究所のグループはシールドされたキャビティ内における1〜6 GHz帯マイクロ波送電[11]について報告している。これらは非ISMバンドであるが，非放射系のシステムでは任意の周波数を選定することも可能と考えられており，法的制限は大幅に緩和される。

　また，伝搬損失を抑えるには導波管を用いることが最も好ましい。導波管は中空の金属管であり，内部において電波は2種類の伝搬モードで伝わる。導波管電波が伝わる管軸方向に磁界成分のみがあり，電界成分が存在しない伝送モードをTE（Transverse Electric）波と呼ぶ。逆に管軸方向に磁界成分がなく，電界成分のみが存在する伝送モードをTM（Transverse Magnetic）波と呼ぶ。また導波管の横幅内での電界分布の山の数を添え字の1文字目，縦幅内での山の数を2文字目としてTE_{10}のように表す。TE_{10}はTE波の基本モードであり，電界分布の山が横方向に1つ，縦方向に存在しないことを意味する。なお，方形導波管ではこの基本モードで用いられることが多く，円形導波管の場合TE_{11}が基本モードとなる。導波管は管断面寸法から決まる遮断周波数より低い周波数の電波は伝搬できない。逆に高い周波数の電波は伝搬するが，この場合高次モードが生じるため，伝搬損失が大きくなる。導波管はこのように所望の周波数に適した寸法のものを用いた場合，良好な特性を得ることができるが，一般に柔軟性に欠け，取り扱いが難しい点があり，重量は重く高価である。鹿島建設㈱と京都大学のグループは建材に用いられるデッキプレートを導波管と見立てて，2.45 GHz帯マイクロ波送電システムに用いた例[12]を報告しており，前述のガス管内送電を含め，既設の構造物を導波管として利用した場合は，これらの課題は解決される。

5.2.3　樹脂導波管技術

　導波管を柔軟かつ，軽量・安価にする方法として樹脂導波管を用いる方法がある。これは既設の導波管を用いないシステムにおいて有用である。導波管は必ずしも金属管である必要はなく，樹脂管に導電膜を設けたものでも代用が可能である。東北大学のグループは柔軟な樹脂であるポリテトラフルオロエチレン製チューブの外面を導電加工することで導波管を試作した[13]。これは

第2章　自動車への展開

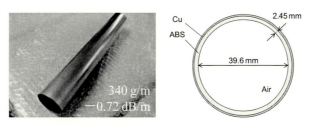

図2　試作した円形樹脂導波管

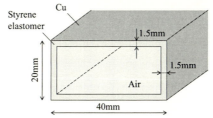

図3　試作した方形樹脂導波管

中空の樹脂管を用いたものであるが，中空でない内部が充填された樹脂棒の外面を導電加工した場合でも導波管となる。例えば，三菱電機㈱のグループは低誘電損材料であるシクロオレフィンポリマーを用いた例[14]を報告している。また，福井県工業技術センターのグループは発泡ポリエチレンを用いた例[15]を報告している。

我々は，中空の樹脂導波管について試作を行っている。これまで，硬質な汎用プラスチックであるABS製パイプを用いた円形導波管[16]や軟質かつ低誘電損材料であるスチレン系エラストマーを用いた方形導波管[17]について報告している。円形導波管は内径約40 mm，樹脂厚約2.5 mmの中空円形管の外面に銅によるメッキ加工を施したものであり（図2），試作重量は340 g/m，周波数5.8 GHzにおける伝搬損失は−0.7 dB/mであった。またこれを用いた100 mW級マイクロ波送電実験にも成功している[18]。外形40×20 mm，樹脂厚1.5 mmの寸法である方形導波管の外面に銅塗料をコーティングしたものであり（図3），試作重量は174 g/m，同寸法の銅製導波管と比べると1/8以下の重量となった。

樹脂導波管の損失成分を図4に示す。ここでは外面に導電体を設けた樹脂導波管の場合について述べる。管内を伝搬する電波の一部は樹脂に吸収される。これを誘電損と呼び，電子レンジで食品が加熱される現象と同様に，熱に変換される。誘電損は樹脂材料によって異なり，誘電率の虚部からなる誘電正接がその度合いを示す指標となる。誘電正接（$\tan \delta$）の大きな材料は誘電損が大きいといえ，各種材料の特性は例えば図5に示すようになる[19]。これは一例に過ぎない

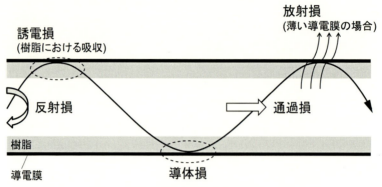

図4　樹脂導波管の損失成分

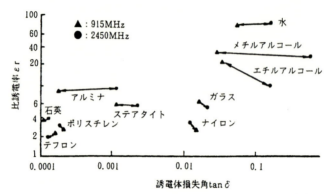

図5　各種材料の比誘電率および誘電正接（誘電体損失角）[19]

が，テフロン，ポリスチレン，石英等は低誘電損材料であることが分かる。また，ナイロンは低誘電率であるが，誘電正接は大きく，誘電率と誘電正接の関係は材料により様々である。同一の材料であっても硬度により特性は異なる。例えば塩化ビニールは硬質のものと軟質のものがあり，それらは可塑剤の配合量が異なる。空洞共振器を用い，5.8 GHz 帯で測定した結果，硬質塩ビは $\varepsilon_r = 2.40$，$\tan \delta = 0.005$ であったのに対し，軟質塩ビでは $\varepsilon_r = 2.51$，$\tan \delta = 0.012$ と誘電正接は大きくなった。エラストマーであるシリコーンにおいても柔らかくするほど（硬度を低くするほど），誘電正接は大きくなる。これは石英の含有量が少なくなるためであるが，樹脂材料は柔らかいものほど誘電正接が大きくなる傾向がある。また，周波数特性を有することから，実際に使用する周波数帯域での誘電特性を個別に評価し，把握する必要がある。

次に導体損であるが，これは金属の導波管においても生じる損失成分である。これは前述のとおり，基本モードで伝搬する導波管においては管断面に対して直交するように電界が発生し，電位差が生じる影響で導波管表面に電流が生じる。導波管表面の導体において流れる電流はジュール熱となり損失となる。これを導体損と呼ぶ。導体損は導電材料の抵抗値に応じて大きさが決まり，純粋な金属では損失が小さく，不純物を含む導電塗料等では損失が大きくなる。

第2章　自動車への展開

　表面電流は導波管の内面の金属表面付近のごく狭い領域に集中して流れる。そのため，樹脂管表面のわずかな表面粗さが伝搬特性に影響を及ぼす。これは表皮効果と呼ばれ，導体中に流れる電流の深さを表皮深さ(δ)と呼ぶ。δは金属材料の透磁率(μ)と導電率(σ)を用いて次式で示すことができる。

$$\delta = \sqrt{1/\pi f \mu \sigma}$$

　1δは導波管の内面の金属表面に入射した電波が約−8.7 dB 減衰する距離である。5δの膜厚があれば−43 dB のシールド効果があるといえる。シールドが十分でない場合は，導波管内の電波が外部に漏れる。これにより生じる損失成分を放射損と呼ぶ。銅箔の場合5.8 GHz 帯において，$\delta \fallingdotseq 0.8$となる。これは$\mu = 1.25 \times 10^{-6}$ [H/m]，$\sigma = 5.8 \times 10^{7}$ [S/m] という理想的な銅とした場合であり，導電率が悪化するほど，シールドに必要となる膜厚は増す。図2に示した円形樹脂導波管は銅の無電解メッキにより試作しているが，得られたメッキ厚は1.5 μm であった。これは約2δの膜厚であったが，この導波管表面にアルミ箔を巻いたところ伝搬特性が改善されたことから，シールド効果が十分でないことが分かった。また，メッキ工程において，樹脂管表面に触媒を付加（キャタリスト工程）するが，その前処理として表面を荒らす（エッチング工程）必要がある。結果として表面はナノオーダーの凹凸形状となり，前述の通り伝搬特性に影響が生じる[20]。ほかに蒸着や銀鏡反応を用いる等の成膜方法もあるが，いずれも薄膜しか得ることができない。一方，導電塗料は20 μm 以上の膜厚を得られるものの導電率が悪い。そこで，我々は導電ワイヤーを樹脂管の外面に編みこむ方法を検討している。シリコーンチューブを用いて試作した例を図6に示す。編組された導電繊維の表面に凹凸が生じる課題は残り，またワイヤー間のわずかな隙間から電波が漏えいする懸念がある。しかし，ワイヤーの太さは任意に決められるほか，

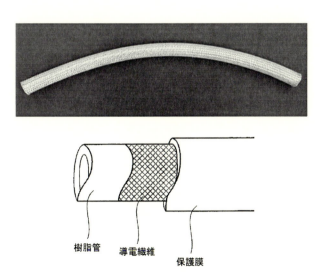

図6　編組加工により試作した樹脂導波管

図7　想定する車載ワイヤレスシステム

散水ホースのように可撓性を維持することが可能である。

　可撓導波管では，アプリケーションによっては使用中に押し潰しや曲げといった機械的な変形が起こる場合が考えられる。変形は導波管において誘導性窓もしくは容量性窓となり，等価回路的にはLやCに見える。既知の変形であれば，反射波が相殺されるよう整合を持たせる設計があらかじめ可能であるが，想定外の変形も十分に考えたシステム設計をする必要がある。変形箇所では反射が起こるため，伝搬特性は大きく乱れる。伝搬損失が増した場合においても最低限必要な電力供給が可能な設計や，送電回路側に大きな電力が返ってきた場合にも回路素子が破壊されない対策が必要である。図6の導波管は完全に押し潰された場合にも導電ワイヤー同士が接触せず，電波からみて塞がれた管とならないことを特長としており，押し潰し時においても伝搬特性は保たれる構造となっている。

5.3　ワイヤレス電力・通信伝送
5.3.1　伝送方式
　車載ワイヤレスシステムとして図7に示すような，閉管内で各ユニット間でのマイクロ波送電と通信を行う構成を想定している。例えば，ECU等の車載ユニットがメインの導波管から背骨状に分岐するように配置される。分岐回路にはE面T分岐やH面T分岐が一般的に考えられる。本構成では，ユニットのうち少なくとも1つが車載電源と接続し，ほかのユニットにマイクロ波送電を行う。受電したユニットはマイクロ波電力を整流し，その電力を通信部やセンサ等の駆動に用いる。

　マイクロ波送電と通信の両立についても研究が進められている。京都大学のグループはZigBeeセンサネットワークへの応用を検討している[21]。ZigBee通信は2.4 GHz帯であるが，マイクロ波送電も2.4 GHz帯を用いることで周波数資源の節約を狙いとしてシステムを構築している。また，JAXAのグループも同様に5.8 GHz帯によるマイクロ波送電と通信を行うシステムの研究を進めている[22]。マイクロ波送電では通常，狭い帯域にすべてのエネルギーが集中してい

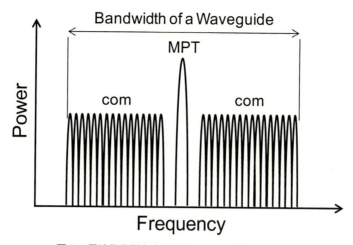

図8　周波数分割方式によるマイクロ波送電・通信
（MPT：Microwave Power Transfer, com: Wireless Communication）

る無変調波を用いる。通信システムにとって，マイクロ波送電は強強度の雑音源となり，受信アンプの感度抑圧を引き起こすため，このような通信干渉の度合いの評価と，その解決策が新たな課題となっている。マイクロ波送電と通信の干渉を低減させるために提案された手法が間欠マイクロ波送電[23]である。これはマイクロ波送電と通信を行う時間帯を分割することで，干渉低減を行っている。通信を行う時間帯にはマイクロ波送電を行わないため，通信部には何らかの蓄電デバイスが必須となる。仮に同時間帯にマイクロ波送電と通信を行う場合，当然干渉が大きくなるほか，通常の通信器を用いた場合キャリアセンス機能が働き，通信不可となってしまう。

　我々はこの時分割方式に対して，図8に示す周波数分割方式について検討を進めている[24]。5.8 GHz帯によるマイクロ波送電に対して，通信周波数を離すことで，干渉低減を行う手法である。干渉の度合いを評価するため，スペクトラムアナライザーにマイクロ波電力と通信信号を入力し，コンスタレーション波形を測定した。通常，通信電力からみてマイクロ波電力は10億倍以上にもなるものを用いるが，実際には受信回路のフィルタで通信電力とマイクロ波電力を分離することが可能であり，通信回路側に入力されるマイクロ波電力は低減される。ここでは通信回路にどちらも−30 dBmの電力が入力されるとして検証した。入力信号はシグナルジェネレーターで生成したデータ長511のPN9パターンであり，変調方式は周波数，位相，振幅変調の各方式（MSK，BPSK〜8 PSK，16 QAM〜256 QAM）を用いた。評価の結果，検討した全ての変調方式において，7 MHzの周波数間隔があれば通信信号に乱れがないことを確認した。また，マイクロ波送電の5.8 GHzに対して通信周波数が低い場合と高い場合のどちらでも，必要な周波数間隔に差異はなかった。これはシンボルレートを10 Mspsとした場合である。シンボルレートは通信速度に関係し，256 QAMでの通信の場合，80 Mbpsに相当する。シンボルレートが高いほど占有帯域幅が広くなるため，必要な周波数間隔は拡大する。また，入力されるマイクロ波電力量が増加した場合，周波数間隔は当然拡大する必要がある。このように変調方式や電力量等の条件

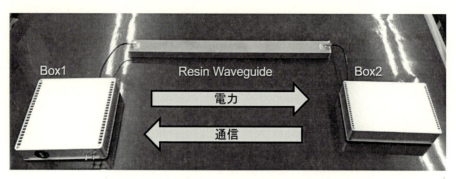

図9 卓上モデル

により，必要な周波数間隔は変動するが，十分にこれを確保することでマイクロ波送電と通信を同時に行うことが可能であることを確認した。導波管の広い帯域を十分に活用するために，より詳細な検討が必要である。本方式は時分割方式と異なり，蓄電デバイスが必須でなくなるメリットがあると考える。

5.3.2 卓上モデルの評価

車載ワイヤレスシステム開発に向けた取り組みとして，図9に示す簡易な卓上モデルを試作・評価した[25]。図7で示した構成では，複数のユニットが分岐のある導波管で接続されているが，卓上モデルは2つのユニットとストレートな導波管1本で構成している。ユニットはそれぞれBox 1とBox 2と呼び，ABS製の方形樹脂導波管によって接続している。Box 1はACアダプタと接続し給電され，内部にVCOとアンプから成る，マイクロ波送電部とZigBeeモジュールが搭載されている。Box 2は無給電かつバッテリレスであり，内部に整流回路，DC/DCコンバータ，ZigBeeモジュールが搭載されている。Box 1から送電されたマイクロ波電力は樹脂導波管内を伝搬し，Box 2に送られた後，DC電力に変換されZigBeeモジュールの起電力となる。ZigBeeモジュールは温度センサからの情報を変換し，樹脂導波管を介してBox 1のZigBeeモジュールに情報を送信する。ZigBeeは2.4 GHz帯の通信であるが，そのままでは導波管のカットオフ周波数以下となるため，Box 2において一度4.8 GHzにアップコンバートし，Box 1で受信後に2.4 GHzにダウンコンバートしている。マイクロ波送電は5.8 GHz帯で行っている。ZigBeeモジュールおよび温度センサに必要な電力は最大50 mW程度であり，マイクロ波送電はマージンをみて300 mWとした。実験の結果，連続的な通信に成功した。パケットエラーは生じたがマイクロ波送電による干渉の影響ではなく，ZigBeeモジュールの性能によるものであると確認し，同一管内でのマイクロ波送電と通信の両立を実現した。

5.4 今後の展望と課題

本稿では，ワイヤーハーネスの削減に向けた技術として樹脂導波管を用いた閉管内でのマイクロ波送電と通信について紹介した。樹脂導波管を用いることで，軽量化は実現できるが，車内の

第2章　自動車への展開

配管スペースは限られているため，管の小径化が求められる。これは使用する周波数を上げることで可能となる。断面形状が円形の場合，5.8 GHz 帯では $\varphi=40$ mm 程度必要であるのに対し，10 GHz 帯では $\varphi=20$ mm 程度，60 GHz 帯では $\varphi=3$ mm 程度と小径化することが可能となる。ただし，高周波化した場合，マイクロ波送電に用いるアンプの効率が低下する課題がある。マグネトロンでは寸法が大きく，また振動に弱いという懸念があるため，車載には不向きであり，半導体素子のアンプを用いる必要がある。ハイパワーアンプでは GaN デバイスもあるが，量産されているデバイスでは GaAs が一般的に広く使われている。アンプの DC/RF 変換効率は 2 GHz 帯では60％程度のデバイスがあるが，8 GHz 帯で30％程度，10 GHz を超えると20％以下となり，高周波化するほど低下する。これは A 級増幅器の理論変換効率がそもそも50％であることに起因する。今後，F 級増幅器等，変換効率の高いデバイスが開発されるものと期待するが，現状においては管の小径化に対する電力損失のデメリットは大きい。

また，送電したマイクロ波電力を RF/DC 変換する整流回路が必要である。ISM バンドである 2.45 GHz や 5.8 GHz は広く用いられており，90％に近い変換効率が達成されているのに対し，京都大学のグループから24 GHz において48％[26]，UC アーバインのグループから60 GHz において28％[27]，アイントホーフェン工科大学のグループから71 GHz において8％[28]を達成した報告がされている。ここでも高周波化によるデバイス側の課題があり，高い RF/DC 変換効率の実現は難しくなっている。ただし，Poly-GRAMES のグループが94 GHz において32.3％[29]を達成した報告もあり，アンプと比べて高周波かつ高効率化は進んでいる。

通信においては IEEE802.15.3c に準拠した60 GHz 帯を用いることができるが，同一の管でマイクロ波送電と通信を行うシステムは以上の理由から実現が難しい。2021年には欧州 CO_2 規制が 95 g/km とこれまでで最も厳しくなる。ハーネスが削減できたとしても，周波数変換時の効率が悪ければ効率改善には至らない。また，車載電源の48 V 化が進む中，マイクロ波でこのような高電圧電力を送電することは現実的でない。マイクロ波送電は数100 mW 級のセンサ等を対象にし，小電力と大電力とで使い分けを考えていく必要があるだろう。

自動車は15年，24万 km という高いレベルの製品保証が要求され，振動，熱，衝撃といった様々な対策を求められる最も難度の高いアプリケーションである。車載 ECU は100個以上搭載されるため，管の接続方法，分岐方法等，検討すべき課題は山積している。変貌を遂げようとする次世代自動車の実現に向け，魅力的なワイヤレス技術の提案を今後行っていきたい。

文　　　献

1) H. Goto *et al.*, *IEEE Wireless Power Transfer Conf.* (2014)
2) Y. Watanabe *et al.*, *Asian Wireless Power Transfer Workshop* (2015)

3) T. Kusumoto et al., *IEEE Wireless Power Transfer Conf.*（2016）
4) J. Velim et al., *IEEE Wireless Power Transfer Conf.*（2016）
5) 吉田賢史ほか，信学総大（2014）
6) S. Kawasaki, *IEEE Wireless Power Transfer Conf.*（2013）
7) ARIB STD-T113 1.1版（2015）
8) 郵政省電気通信技術審議会答申（1997）
9) 総務省情報通信審議会答申（2011）
10) T. Shibata et al., *IEICE Trans. Electron.*, E80-C, 2, pp. 303-308（1997）
11) W. Quenum et al., *IEEE Wireless Power Transfer Conf.*（2016）
12) 安達龍彦ほか，信学総大（2006）
13) 佐藤洋介ほか，信学技報, SRW2015-12, pp. 7-10（2015）
14) 角田聡泰ほか，信学技報, MW2006-23, pp. 65-68（2006）
15) 末定新治ほか，信学ソ大（2009）
16) 石野祥太郎ほか，信学技報, WPT2014-91, pp. 19-24（2015）
17) 石野祥太郎ほか，信学技報, EST2015-65, pp. 35-40（2015）
18) S. Ishino et al., *IEEE Wireless Power Transfer Conf.*（2015）
19) 馬場文明(監修), 高周波用高分子材料の開発と応用, シーエムシー出版（2005）
20) 石野祥太郎ほか，信学ソ大（2015）
21) 鈴木望ほか，信学総大（2011）
22) S. Yoshida et al., *IEEE Int. Sympo. on RFIT*（2015）
23) T. Ichihara et al., *IMWS-IWPT*（2012）
24) 石野祥太郎ほか，信学総大（2016）
25) S. Ishino et al., *IEEE Wireless Power Transfer Conf.*（2016）
26) 波多野健ほか，信学技報, WPT2012-50, pp. 51-54（2015）
27) N. Nairman et al., *IEEE Radio Frequency Integrated Circuits Sympo.*（2013）
28) G. Hao et al., *IEEE Radio Frequency Integrated Circuits Sympo.*（2013）
29) S. Hemour et al., *IEEE Int. Microwave Sympo.*（2015）

第 3 章　携帯電話他への応用展開

1　AirFuel Alliance の現状と今後の展開

中川義克[*]

1.1　はじめに

　1990年代，デジタル無線をコンシューマ通信に活用するパーソナル・コミュニケーション・システムの提言がなされたとき，通信ケーブルは家畜をつなぎとめる縄（テザー：tether）になぞらえて，tether-less communication と言われていた。それ以来，コンシューマ通信やデータ通信の世界は携帯電話や無線 LAN というモバイル通信機器やサービスの普及によりテザーレス化が進んできた。そして今や公衆電話は消え，LAN ケーブルも直に見かけることが少なくなった。しかし，まだ完全なテザーレスな世界は実現していない。それは人々は電源コードや充電アダプタに自由を束縛されているからである。

　人々を縛っている「最後のコード」を無くしてしまおうというのが AirFuel Alliance の目的であり，モバイル機器に関するワイヤレス給電の標準の開発を通じて，人々の新しいライフスタイルが実現されることを目指している。また，AirFuel Alliance はワイヤレス給電技術の標準規格の策定だけでなく，ワイヤレス給電の利用が家庭やオフィスに留まらず，交通機関や公共の場所など必要とされる場所に広く普及することも目指している。

　AirFuel Alliance は磁界共鳴結合方式の標準化を進めてきた Alliance for Wireless Power（A4WP）と電磁誘導結合方式の標準化を進めてきた Power Matter Alliance（PMA）が統合されて2015年に発足した標準化団体であるが，ワイヤレス給電の標準化を国際的に進めるこの2つの団体の統合には大きく2つの目的があった。1つは送受電の位置決めが簡単で，かつ複数のデバイスを同時に充電できるという特徴を有する磁界共鳴結合方式と，効率の面で優位性があり，すでに多くの製品が存在する電磁誘導結合方式の両者を活用できること。もう1つは，ワイヤレス給電の普及促進のためには標準を1つにまとめることが非常に大事であるという認識に両団体が賛同したことにある。

　この統合を通じて，AirFuel Alliance はコンシューマ，産業，医療など幅広い分野で「ワイヤレス給電」サービスを提供できるようになると言えるであろう。

　AirFuel Alliance はこれらの2つの主要な方式に関する標準化と相互接続性の認証方法の標準化を継続して行うと同時に，PMA が進めていた電波を用いた電力伝送を行うビーム方式の標準化およびワイヤレス給電サービスを普及させる上で必要なワイヤレス給電インフラに関する標準化も継続して進めている。

---

[*]　Yoshikatsu Nakagawa　インテル㈱　政策推進本部　主幹研究員

第3章　携帯電話他への応用展開

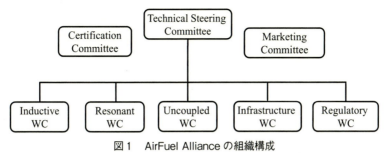

図1　AirFuel Alliance の組織構成

本稿では，AirFuel Alliance で進められている各標準化の概要について紹介する。

1.2　AirFuel Alliance の組織構成[1]

図1に AirFuel Alliance の組織構成を示す。

テクニカル・ステアリング・コミッティの下に5つのワーキング・コミッティが構成されている。

Inductive WC は電磁界結合方式の標準化を行っており PMA の活動がそのまま引き継がれている。PMA 規格の製品は市場に投入されて久しく，すでにその数は100モデルに達しているが，現在はより高い送電出力への対応など新たな仕様の規格が検討されている。

Resonant WC は磁界共鳴結合方式の標準化を行っており，A4WP の活動が引き継がれている。2016年中には数社より磁界共鳴結合方式の製品の市場投入が見込まれている。その方式の特徴からテーブルなど厚みのある板を介しての給電が可能で，たとえばテーブルの背面への送電器設置が考えられている。現状の家具製品を対象にすると，80％の製品の製作で使用されている標準的な厚さの板を介した給電が可能であることが確認されている。

AirFuel Alliance では，これら技術的に成熟してきた Inductive 方式と Resonant 方式の両者の特徴を活かすためのマルチモード仕様の検討も進めている。

Uncoupled WC は PMA において進められていた電波を使うビーム方式のワイヤレス給電の標準化を進めている。送電器，受電器間の距離が約10 m まで可能で，充電されるデバイスの出力は10 W 以下を想定したものとなっている。

AirFuel Alliance の標準化でユニークな点の一つは Infrastructure WC における標準化活動である。Wi-Fi の普及がそうであったように，「卵が先か？鶏が先か？」いずれかが欠けてもワイヤレス給電の普及が見込めない。今までの標準化は送電器と受電器の標準規格の策定が主であったが，送電器を世の中に広く普及させるためにはワイヤレス給電インフラの構築が不可欠となる。そのインフラの規格を標準化するのがこの WC の目的である。

Regulatory WC では AirFuel の標準化で扱われている無線周波数帯がグローバルに使用できるように ITU などの国際機関に働きかけたり，人体に対する安全性についての検討を行い，世界各国の規則に沿った内容で標準規格が策定されるよう必要なアクションを取っている。

以下，それぞれのWCの活動および標準化規格の策定状況について紹介する。

1.3 AirFuel Inductive WCの活動

AirFuel Inductiveの電磁誘導方式は高効率な電力伝送を実現する方式で，すでに多くのチップメーカーが製品を販売しており，北米を中心に特に携帯電話や携帯電話サービスオペレータに広く使われている。また，本方式を用いた公衆給電サービスのプロバイダも現れてきている。

2015年時点で，本方式の技術は数100万個のデバイスや，公共的な施設や家庭などに活用されており，AirFuel Inductiveは十分に成熟した電磁誘導方式の標準規格となっていると言えよう。

電力伝送の効率は80％と極めて高く，またスマートフォン，タブレット，ラップトップなど電力仕様値の異なる様々なデバイスにも対応できるフレキシビリティを持つことが特徴である。

送電器に信頼性が高く，安全性を保つ仕組みを施すことにより，電磁界の不要な放射を送電器と受電器間のギャップ内に留めることができる。また，送電器表面に金属の物体が置かれても加熱を避けることができるグローバルな安全基準を満たした方式となっている。

一方，ワイヤレス給電サービスを提供することを目的として，本方式を実装した送電器を設置した店舗や公共施設も増えつつある。例えばスターバックスやマクドナルドなどの欧米における店舗で，この様なサービスが展開されている。これらの公衆サービスでは受電器や充電デバイスの認証機能も実装されている。

また，送電・受電器間の制御は送受電で使われる周波数帯域（200 kHz～400 kHz）の帯域内（イン・バンド）通信を介して行われる。

表1にAirFuel Inductive（磁界誘導）方式に関する標準規格仕様名と，その完成時期を示す。

これらの仕様は実装を意識した内容になっており，製品化のハードルを最低限にする配慮がなされている。標準規格は，送電器，受電器およびホスト（受電器を有するモバイル機器）の仕様から構成されている。設計者は本規格の要求条件を実装した部品を独自に設計・製作しても良い

表1　Inductive Working Committeeで検討されている標準規格[1]

	2015	2016	2017
利用環境	公共給電スポット，自動車，家庭，オフィス		
特徴	高効率，表面下実装に対応，供給電力の拡張性		
仕様名称	TS-0001-A (SR1E) TS-0003-A (SR1E)	TS-0001-B TS-0003-B	TS-0001-C TS-0003-C
対応給電電力	5 Wから15 W	1 Wから40 W	1 Wから100 W
給電デバイス	給電マット，給電家具，車載給電アクセサリ		
充電される機器例	スマートフォン，ファブレット，タブレット	スマートフォン，ファブレット，タブレットおよびラップトップ，ウェアラブル機器	スマートフォン，ファブレット，タブレット，ラップトップ，ウェアラブル機器および家電機器

第3章　携帯電話他への応用展開

表2　AirFuel Inductive のパワークラス[1]

Power Class	受電器出力への供給電力値	電力伝送効率の最低値
Power Class 0	5 W	60%（最大負荷において）
Power Class 1	10 W	70%（最大負荷において）
Power Class 2	15 W	80%（最大負荷において）
Power Class 3	20 W	未定
Power Class 4	30 W	未定
Power Class 5	40 W	未定
Power Class 6	50 W	未定
Power Class 7	70 W	未定

が，本規格に準拠した設計・製作・実装を行い AirFuel Alliance の相互接続認証を取得済みの部品を調達して送電器，受電器およびホストを製作することもできる。つまり本規格は各インターフェースと送電器の共振回路のモデルを規定しているだけであり，構成部品が標準規格を満たしていれば，送受電器の形態には規格上の制限はない。

表2に AirFuel Inductive で規定されている送電電力に応じた Power Class を紹介する。

1.4　AirFuel Resonance WC の活動

AirFuel Resonance は磁界共鳴方式によるワイヤレス給電を提供するものである。磁界共鳴方式によれば，一般的に使われるほとんどの机の面や本・衣類などの物体を介しての給電が可能となり，さらに複数の異なる電力仕様のデバイス：ラップトップPC，タブレット，スマートフォン，ブルートゥース・ヘッドセットなどが同時に充電できる。

表3に AirFuel Resonance（磁界共鳴方式）に関する標準規格仕様名と，その完成時期を示す。

表3　AirFuel Resonance に関する標準規格とロードマップ[1]

	2016	2017
利用環境	自宅内，公衆給電インフラ	自宅内，公衆給電インフラおよびその他サービス
特徴	充電の位置決めの自由度高，1対複数の充電可，送電電力値の拡張性，送受電機器の制御と管理を司る通信機能	
仕様名称	BSS v1.3.1	BSS v1.4
送電ユニット（PTU）の電力	最大70 W	最大70 W
送電ユニットの形態	家具，給電マット，車載用，コンシューマ・エレクトロニクス	
受電ユニット（PRU）の電力	1 W 以下から30 W まで	1 W 以下から50 W まで
充電される機器例	PC, タブレット，携帯電話，スマートフォン，ウェアラブル機器	

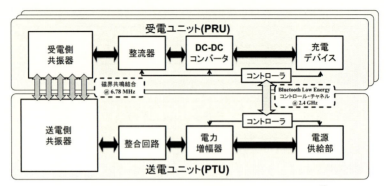

図2 AirFuel Resonance のシステム・アーキテクチャ[2]

AirFuel Resonance のシステムは図2の様な構成になっている。

送電ユニット（PTU）は各受電ユニット（PRU）に各種コマンドを送る中心的なデバイスとして働き，いつどのデバイスに給電するかを決める役割を担っている。PTU は 6.78 MHz 帯の磁界共振器，整合回路，電力増幅器，電源および 2.4 GHz 帯 Bluetooth LE（BLE）を用いた制御部からなる。また，供給電力の大きさに応じてクラス分けが規定されている（表4）。

受電ユニット（PRU）は PTU により制御される周辺デバイスであるが，充電ポートの選択は PRU が個々に決める。PRU は 6.78 MHz 帯共振器と整合回路，整流器，DC-DC コンバータ，充電ポート，負荷となるデバイスおよび 2.4 GHz 帯 Bluetooth LE（BLE）を用いた制御部からなる。制御部は共振器の入力インピーダンス，DC-DC コンバータへの入力電圧・電流，充電ポートの出力電圧・電流などの状態を BLE を介して PTU とやり取りする。また，PRU について負荷デバイスが必要とする電力に応じたカテゴリ分けが規定されている（表5）。

図2からわかるように AirFuel Resonance 方式は送電を行う磁界共鳴周波数帯域 6.78 MHz 帯と異なる周波数帯 2.4 GHz 帯において BLE による帯域外通信を行うことで送受電のシグナリング制御を行っている。

本標準規格では送電・受電器間で必要なプロトコルが規定されているが，その特徴の一つは Short Beacon（ショート・ビーコン）と Long Beacon（ロング・ビーコン）を用いる点である。

表4 PTU のクラス（Class 1, 4, 5, 6 は BSS 1.3 以降で規定）[2]

PTU クラス	送電電力 (W)	受電ユニット数の下限
クラス 1	2*	1
クラス 2	10	1
クラス 3	16	2
クラス 4	33*	3
クラス 5	50*	4
クラス 6	70*	5

第3章　携帯電話他への応用展開

表5　PRUのカテゴリ（Category 4,5,6,7はBSS1.3以降で規定）[2]

PRUカテゴリ	最大出力 （W）	デバイス例
カテゴリ1	未定	Bluetooth ヘッドセット
カテゴリ2	3.5	携帯電話
カテゴリ3	6.5	スマートフォン
カテゴリ4	13*	タブレットPC
カテゴリ5	25*	小型ラップトップ PC
カテゴリ6	37.5*	ラップトップPC
カテゴリ7	50*	未定

　ショート・ビーコンは，送電器の給電エリアに物体が置かれたときに生じるインピーダンスの変化を検知することに用いられ，送電器のスタンバイ電力を節約する上で役立つ。ロング・ビーコンは受電器が起動し応答を返すに十分な電力を供給することが役割である。したがって，送電器はショート・ビーコンによって，インピーダンスの変化を検知するとすぐにロング・ビーコンを発生する。

1.5　AirFuel Uncoupled WCの活動について

　AirFuel Uncoupled電力伝送技術は数cmから数mの距離に渡ってワイヤレス給電を可能にする技術であり，電磁界による結合を用いているAirFuel InductiveおよびAirFuel Resonanceと異なり電磁界による結合を用いていない方式である。したがって，受電器の位置自由度は極めて高く，本方式によればユーザの居場所に関わらず，どこにおいてでも自由に充電ができるという完全なテザーレス（tetherless）ワイヤレス給電を提供できると言える。

　数mに渡って電力を伝送する技術には，近距離場もしくは遠距離場において高周波電力をアンテナを介して送受電する方式，電気を超音波ビームに変換して音エネルギーとして伝送する超音波方式，電気をレーザー光ビームに変換して光エネルギーとして伝送するレーザービーム方式などがある。これらの技術はワイヤレス電力伝送空間に自由度を与え，ユーザのワイヤレス給電サービスの使い勝手を大きく向上させてくれる。

　その中でAirFuel Uncouple WCで検討している方式は，無線周波数帯域として5.75 GHzから5.85 GHzの電波を用いたアンテナを介した電力伝送方式であり，送受電間の制御のためのシグナリング通信には帯域外通信として2.4 GHz帯BLEを用いている。

　受電電力は1Wから5Wまでの仕様を2016年中に，最大15 W受電が可能な仕様を2017年中に完成する予定である。

　給電可能な空間は送電器から半径数in（4，5 cm）から最大15 ft（5 m弱）となり，ユーザ

表6 AirFuel Uncoupled 標準規格の概要とロードマップ[1]

	2016	2017
利用環境	自宅および会社オフィス	自宅，会社オフィス，車内，公共用，産業用
特徴	送受電の位置決めに制限なし，送受電コイルが不要，様々な送受電器間距離で充電が可能	
仕様名称	TS-0007-0 TS-0008-0	未定
複数の受電器で共有される電力の最大値	5Wまで	15Wまで
給電用送電器	M2Mハブ，Wi-Fiアクセスポイント，家具，コンシューマ機器（おもちゃ，ゲーム機など）	
充電器の電力	2Wまで	5Wまで
充電される機器例	スマートフォン，ウェラブル機器，リモートコントローラ，PCアクセサリ，M2Mセンサー	

はこの空間内であれば一つの送電器から複数のデバイスをそれぞれの受電器を介して充電できることになる。

表6にAirFuel Uncoupled WCで開発されている標準仕様の概要とロードマップを紹介する。

1.6 AirFuel Infrastructure WC

「卵が先か？鶏が先か？」無線LAN普及は簡単ではなかった。デスクトップPCの代替として使われていたラップトップPCが，無線LANという新しい通信インターフェース技術によりモバイルPCとして新たな価値を提供する機器となり得ることは，無線LANが登場したとき，誰もが想像し期待したところであるが，現実には製品が初めて世の中に登場してから一般消費者にまで普及するには10年以上の年月がかかっている。それは，ラップトップPCに無線LANデバイスが載るのが先か，無線LANアクセスポイントがLANや公衆ネットワーク・インフラに準備されるのが先かというジレンマがあったからと言える。

そしてワイヤレス給電の普及も同じ種類のジレンマが生じると予想されると思われる。

AirFuel Infrastructure WCではワイヤレス給電インフラの普及が今後のワイヤレス給電社会の実現に極めて大事な課題と捉え，個人宅や公共施設などあらゆる場所でユーザがワイヤレス給電の恩恵にあずかれる，管理しやすく，グローバルに展開できるワイヤレス給電ネットワーク・インフラ構築のための標準規格策定に取り組んでいる。

ワイヤレス給電サービスの普及は，ユーザが頻繁に気にしなければならないバッテリー充電の心配を解消してくれる。そのワイヤレス給電を提供するサービスオペレータは，サービスを提供する「場所」に応じてユーザの使用状況・使用パターンおよび給電スポットの運転状況をモニ

第3章　携帯電話他への応用展開

ターし，解析することを通じて，他社のサービスに対しての違いを産み出すことができると考えられる。このためのクラウド・ベースのワイヤレス給電ネットワークを構築することが重要であり，クラウド・ベースのサービスによってのみ，企業や公共機関におけるワイヤレス給電の導入が促進されると考えられている。

　AirFuel Infrastructure WC が策定している標準規格には主として以下の点が含まれている。①各場所に設置されたワイヤレス給電各システムが，運転状況をクラウド上のセントラル・サーバに通知するとともに，各給電システムがセントラル・サーバからのコマンドを受け取る仕組みに関するプロトコル，②ワイヤレス充電機能を有するモバイル機器が公共の場所に設置されたワイヤレス給電スポットの情報を得るためのアプリケーション・インターフェース，③ワイヤレス電力伝送の送電・受電用デバイスを供給する製造メーカーが，供給デバイスにユニークな識別子をモバイル機器の OS レベルに提供するためのインターフェース，④モバイル機器がワイヤレス給電サービスネットワークにおいて充電サービスを受けるために必要な登録プロセス。

　表7に Uncoupled WC で開発されている標準規格の概要とロードマップを紹介する。

1.7 最後に

　ワイヤレス給電技術の標準化には，すでに5年以上の長い年月がかけられてきた。最初に製品化された電磁誘導方式に関する標準化が進められる中で，新しい方式として磁界共鳴方式が発明され，新たな標準化団体が設立され，それぞれ異なる仕様で電磁誘導方式を推す WPC と PMA，新たな方式磁界共鳴方式を推す A4WP と3つのグローバルな標準化団体が競い合う時期が長く

表7　AirFuel Infrastructure 標準規格の概要とロードマップ[1]

	2015	2016	2017
対象	充電スポットをつなぐ基本通信機能を提供	ユーザ認証をもとにした公衆充電インフラの構築	給電サービスプロバイダのサポートを加える
特徴	クラウドサービスをベースにしたワイヤレス給電		
仕様名称	TS-0005-0	TS-0005-A	TS-0005-B
概要	本仕様はサービスの導入段階を想定し，ワイヤレス給電スポットのオーナーと給電スポットの利用者として観光やビジネスの旅行者を対象としている。	・AirFuel Inductive および Resonance 両者をフルサポートする仕様。 ・セキュリティ機能を強化（ユーザ認証，データ暗号化など）の為の仕様。 ・条件付き給電（ユーザ認証が必要とする認可方式など）を可能とする仕様。 ・クラウド・インターフェースを用いた認証手段とそのテスト環境の仕様。	・サービス・プロバイダとクラウド・インフラ間のインターフェース仕様。 ・サービスの維持管理機能の仕様。 ・ビジネス・インテリジェンスに関する仕様。 ・課金システムに関するインターフェースの仕様。

続いた。しかしながら，それは一般消費者にとっては好ましい状態ではない。使うモバイル機器の種類や異なるメーカーで複数の充電用アダプタを持ち歩かなければいけない状況と何ら変わりがなく，真のテザーレス充電の世界の実現はほど遠いように思えた。

　その様な状況に危惧したのは PMA と A4WP であった。ワイヤレス給電技術は今岐路にたっている。標準規格が世界で統一されないと普及は見込めないと，AirFuel Alliance が設立され，電磁誘導方式と磁界共鳴方式の両者の利点を活かしたワイヤレス給電インフラ構築に動き出した。

　「卵が先か？鶏が先か？」のジレンマも近い将来 AirFuel Alliance の活動により解消されることを期待する次第である。

文　　献

1) AirFuel Alliance, "The new evolution of wireless power is here", Wireless Power Summit (2015)
2) A4WP Wireless Power Transfer System, Baseline System Specification (BSS) V1.2.1 (2014)

2 Remote Wireless Power Transmission System 'Cota'

Hatem Zeine[*1], Alireza Saghati[*2]
日本語概要：篠原真毅[*3]

2.1 概要―遠隔ワイヤレス電力伝送システム「Cota」

本節ではマイクロ波を用いた遠隔ワイヤレス電力伝送システムである「Cota」について紹介している。現在，多数のデバイスが毎日利用され，それらは継続的に電力を必要としている。「もののインターネット（IoT）」とは，近い将来すべてのデバイスがよりスマートによりたくさん利用されることを意味する。完璧なIoT社会を実現するためには，遠隔より電力を供給し，無数のケーブルやバッテリー交換から開放されることが必要である。

Cotaワイヤレス電力伝送システムでは，フェーズドアレーと呼ばれるビーム方向制御可能なアンテナシステムを採用し，ワイヤレス電力伝送を行っている。また，デバイスから発せられるパイロット信号の位相を利用したレトロディレクティブ方式と呼ばれる目標追尾方式も採用している。しかし，レーダー等で用いられるフェーズドアレーとは異なり，Cotaシステムでは「近傍界でのレトロディレクティブアレー」と，「マルチパス環境下でのレトロディレクティブアレー」を採用して，ビームの高効率化と安全性向上を実現している。マルチパスでのパイロット信号を利用して目標自動追尾を行う際，人間を通過するパイロット信号のパスはCota送電システムに届かないため，そのシグナルパスに送電ビームを向けることがないため，人体にマイクロ波ビームが向かず，安全で，ビーム効率も向上させることができる。複数のデバイスにワイヤレス電力伝送を行うためには，時分割による給電を行い，32デバイスまでの給電が可能となっている。

2.2 Abstract

As more and more devices become smart every day, they require continuous power to be able to perform. Internet of Things (IoT) means every simple device will be smarter and will do more in the very near future. One of the main challenges to achieve a perfect IoT compatible environment is to power the devices remotely and without the hassle to change the batteries or using countless wires. As a result of this need, if a wireless power system exists by which devices can be powered remotely and wirelessly from a distance charger this challenge would be overcome and devices could perform reliably and easily. Imagine your clock, thermostat, security system, and electronic door lock being powered wirelessly and also talk to you while on the go using your smart phone. In this chapter, we will outline a truly remote, safe wireless power technology called Cota; its concept, operation, and applications of this long range wireless power

---

*1　Hatem Zeine　OSSIA INC. CEO
*2　Alireza Saghati　OSSIA INC.
*3　Naoki Shinohara　京都大学　生存圏研究所　生存圏電波応用分野　教授

transmission system is discussed. Operation concepts of how the power transmitter (charger) and power receiver work as part of this Cota system will be covered. We will also briefly compare the technique with traditional beam forming.

2.3 Introduction

Based on different applications, wireless power transfer can work for different distances and with different power levels. Fig. 1 can be used to cover only some and not all the possible applications and ranges for wireless charging/power transfer. Obviously, as the distance of the charging device/receiver increases, the power required also increases. While for some applications mostly the line-of-sight (LOS) path should be employed for power transfer for others multi-path could be employed to increase the power received by the receiver. Using multi-path means the entire environment and objects available can be used to reflect power toward the receiver and thus, increase the power received by the device. For example, in applications that are within a 10-meter range, since usually the environment is an enclosed one (such as a room or a warehouse), the multi-path environment can be employed effectively to increase the power received. The wireless power transfer technique which this chapter is focusing on is compatible with both LOS and multi-path environments. As a matter of fact, unlike other systems such as beamforming systems and phased arrays[1], the proposed system adapts itself to the environment using a smart algorithm. Once adapted, the optimum path for power delivery will be chosen and utilized for power transfer by the system.

Foundation of this system is based on near-field retrodirectivity, however, several modifications are applied to the system to make it ideal for consumer and other remote wireless power transfer applications[2]. Benefiting from the time reversal techniques, the environment is continuously mapped by Cota and multi-path is used to employ the optimum delivery conditions for power transfer in LOS and non-line-of-sight (NLOS) situations. Besides the operational concepts, system level design considerations are discussed. Different possible applications are also presented. Because of employing continuous time

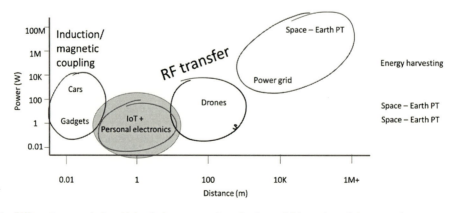

Fig. 1 Different concepts in which wireless power transfer is useful based on distance and power required.

reversal technique, Cota can avoid any absorptive obstacles between the charger and receiver. This will result in an automatic safety which will be discussed in more detail. Measured results for different experiments are also proposed. To the best of authors' knowledge this is the first and only full power transfer system which is implemented based on radiative near-field retrodirectivity/time reversal. Based on these foundations, Cota charger is designed and performed and also presented at CES2016.

2.4 Operation Concepts

In this section, we will outline the differences between phased arrays/beam forming and Cota type operations.

2.4.1 Tuning techniques

(1) Traditional Phased Arrays

Traditional phased arrays have the following required hardware:

1. A set of decoupled antennas with knowledge of their precise location, polarization and power intensity, the antennas circuitry is fed with a single clock
2. The array is usually set in a planar regular grid format. Each antenna is capable of emitting a signal with a set phase.
3. Computing power necessary to handle the calculations required to set each antenna phase relative to the others to create a beam.

A signal is provided to the phase computing engine with desired target direction, which is used by the compute engine to create a beam that is usually focused towards some location in the far field, by setting the exact phases for each antenna. The beam will go in the direction of the target; the target will receive the signal, which if powerful enough, can power the desired device at the target, provided that line of sight (LOS) is available between the transmitter and the receiver. Phased arrays send a beam towards the receiver that may not be focused, polarized or matched to the receiver's antenna(s) radiation pattern, resulting in suboptimal power reception.

In the typical multipath, non-line-of-sight (NLOS) communication system, the relative locations of the transmit and receive antennas is oftentimes unknown, and it may be difficult or impossible to determine the required phase shifts necessary for the conventional phased array to point its beam in the direction necessary to establish the optimum communication link.

2.4.2 Near Field Retrodirective Arrays

Minimum requirement for Cota's hardware are slightly different from traditional phased arrays:

1. A set of antennas placed in space. (Antennas can be coupled but that can lower the overall efficiency of the array, also setting the location and polarization of the antennas is not necessary) (Note 1).

(Note 1) It is assumed that the antennas have synchronized clocks.

2. Each antenna is connected to a transceiver, capable of detecting an incoming signal's phase relative to other antennas with the ability to emit the complex conjugate of the phase on demand.
3. Simple synchronization mechanisms are necessary to ensure that the whole array functions as a unit.
4. The power receiver is also a transceiver, capable of emitting a CW signal.

As shown in Fig. 2, Cota functions by synchronizing when a receiver device emits a beacon signal to train the array of its location, once every antenna in the array detects the phase of the incoming signals. Sending the complex conjugate of the detected phases ensures that the signals travel back from the transmitter array to the target receiver device.

Because of this technique for tuning the array, Cota overcomes this limitation of conventional phased arrays using its proprietary antenna and approach. This retrodirective approach has several advantages over beamforming techniques:

1. The signal reaching the array maybe the resultant of multiple paths (M), whereby the returned signal traverses back every available path from the Mutipath (M) between the receiver and the power transmitter.
2. The antennas in the transmitter maybe arranged in any order or method including non-planar arrangements and different types of antennas can be mixed in the same arrays.
3. Due to the multipath capability, Cota can deliver power in NLOS fashion as well (Fig. 3).

For Cota to work best, the number of antennas should be increased to several hundred to create an array with enough resolution to recreate the multipath in its full complexity.

While in phased array systems it might be impossible or be very hard to charge multiple devices at the same time, using the time reversal technique, and by memorizing the array phase information that different receivers send to the charger, Cota can charge multiple devices using a time-division technique. This means that each device can talk to the charger and mention how critical its condition in terms of power needs is. Afterwards, Cota decides based on a predefined algorithm to priories charging these devices.

It is noteworthy, that the green area shown in Fig. 2 and 3 is a limited area based on the environment

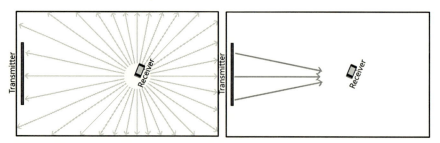

Fig. 2 Beacon transmitted by the receiver and based on the received beacon and phase conjugation power delivery is started.
(light grey lines show the paths for beacon and dark grey lines show the paths power signal travels)

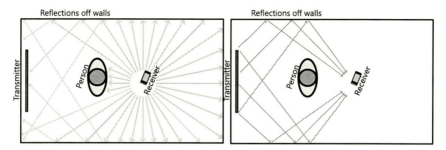

Fig. 3 In a multi-path friendly environment, Cota utilizes the reflective walls/objects to avoid absorptive obstacles (such as a human body) to deliver power efficiently and safely to the receiver only.

used. Also, the power level, distance and how Cota can operate is a function of form factor, number of antennas, and the power available per charger at each time. While charging devices at longer distances such as 10-meters are feasible, not all chargers can be used for those applications. A proper charger size and input power should be employed for different applications. That is why Cota is designed for different applications such as portable/car charger, home charger, and enterprise charger. Each of these chargers will have a limited range and a limited power transfer capability designed for that specific application.

2.4.3 Employing multi-path propagation in Cota's favor

Cota technology utilizes a smart antenna array but differs substantially in terms of how focusing energy is implemented. Conventional phased arrays generally set the relative phases between elements to point a single beam in a desired direction. The characteristics of this beam are described by its gain and beamwidth, which are always inversely related. In these conventional applications of phased array technology, the location of the transmit and receiving antennas are known and there is a LOS path between the two. With knowledge of the relative angular location between the transmit and receiving antennas, it is straight-forward to set the relative phase shifts in the array to point the antenna beam in the desired direction.

In the typical multipath, non-line-of-sight (NLOS) communication system, the relative locations of the transmit and receive antennas is oftentimes unknown, and it may be difficult or impossible to determine the required phase shifts necessary for the conventional phased array to point its beam in the direction necessary to establish the optimum communication link. Cota overcomes this limitation of conventional phased arrays using its proprietary antenna and approach.

Fig 4. Provides a chart for comparison between traditional beam forming power delivery efficiency (loss in dB) in blue and Cota multipath power delivery in teal color. The blue line with + signs shows what can be considered optimal beamforming (where the array is focused at the receiver and matches the receiver's polarization), while the same blue line is considered the worst case scenario for Cota systems in multipath environments, where Cota by default matches the focus and polarization as well as match the receiver's

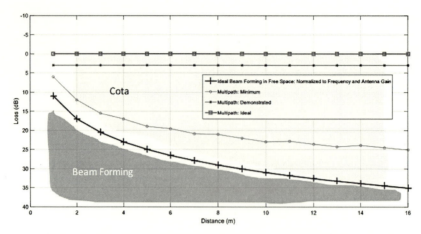

Fig. 4 simplified comparison between multi-path employment and LOS using beamforming.

antenna patern; any scenario where multipath is available, Cota will outperform the best case of beamforming.

In beam forming, all antennas create a planar wave towards the receiver antenna. CST simulations were performed at 2.4 GHz with 8 × 7 antenna array, $\frac{\lambda}{2}$ spacing and Receiver antenna at 40 cm. The array far field realized gain was 19 dBi. Power delivered to antenna at 40 cm was calibrated to 0dBm (Fig. 5(a) and (b)). In contrast, as shown in Fig. 6. the beamforming approach uses all antennas to create a planar wave towards the receiving antenna. Based on simulation results such array far field realized gain is 14 dBi (down by 5 dB) when focusing at 40 cm "near field". This implies power delivered to antenna at 40 cm: + 5.19 dBm (calibrated). Simulated Far field patterns and Electric Field at the receiver are shown in the figures.

Friis equation: In the most fundamental communication link, there is a line-of-sight (LOS) direct path between the transmit and receiving antenna. In these point-to-point communication links, the Friis equation

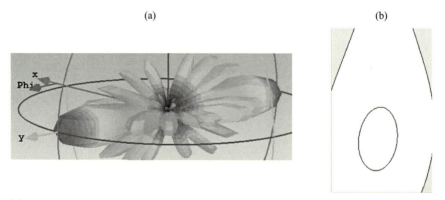

Fig. 5 (a) the pattern of the array when used as a phased array with 0 degrees phase for all elements.
(b) E-filed distribution at the location of the receiver.

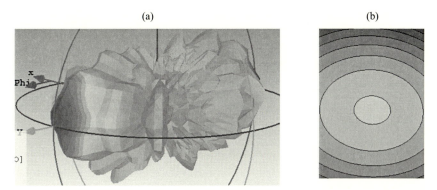

Fig. 6 (a) the pattern of the array when phased using the conjugate phase of the receieved signal which was sent by the receiver. (b) E-filed distribution at the location of the receiver.

is used to perform a link budget calculation, where the received power can be determined from knowledge of the transmit power per channel, the transmit antenna gain, the receive antenna gain, the operating frequency, internal system losses and the distance between the transmit and receive antennas.

　The important point to understand is that the Friis equation is only valid for the free space LOS link because it does not account for the propagation effects of multipath.

　In the general point-to-multipoint communication link, such as cellular communications and WiFi, there is rarely an instance where a free space LOS link is established.

　While most wireless communication systems use diversity and/or MIMO technology to mitigate multipath fades, multipath is necessary in order to establish the communication link.

　Most wireless communication links are established through a combination of all the multipath signals arriving at the receiving antennas.

　In a manner similar to but more advanced than diversity and simple MIMO technologies, Cota uses the numerous multipath signals to establish the most optimum link between the Cota system and the wireless device.

　In conventional link budget calculations, the Friis transmission formula is used to predict the $1/R^2$ free space path loss between the transmit and receive antennas. In a non-line-of-sight wireless communication link, corrections must be made to account for multipath, particularly ground reflections (which typically result in path loss which is lower than the $1/R^2$). While multipath is often necessary for a wireless communication system to work, multipath is generally accounted for by adding an additional loss term to account for fading. This is called fade margin.

　With Cota technology, there is not necessarily a single main beam directed towards the client. Rather, there are numerous beams which send power to the client through many different paths (multipath). These beams combine coherently at the client, optimizing power delivery. Traditional equations for gain and path loss cannot be practically applied to Cota because the gain in each beam as well as the path length for each beam from Cota to the client would need to be determined. The problem is further complicated by the fact that the multipath may be different for each installation.

While multi-path is one of the main reasons why Friis equation might not be completely applicable to Retrodirective and time reversal systems, there is another reason why this formula is not as useful for these systems. When discussing wireless charging using Retrodirective, we are in the radiative near field region of the transmitter. Unlike phased arrays, retrodirectivity makes focus of fields in the near-field possible. Since Friis equation is estimated based on the $1/R^2$ path loss, it is best useful for far-field calculations. As a result of these two points, Friis equation is not the best estimation formula for Retrodirective and also near-field systems.

2.4.4 Near-field vs. Far-field power transfer

Antenna Array design and considerations: Unlike a conventional phased array, the Cota charger does not have a single beam directed toward the client. Based on the beacon received, Cota employs the Retrodirective algorithm to phase the elements in a way that the power signal uses the exact same paths the Beacon signal traversed. Based on different conditions, the antenna elements might be used as a single array, or be used as multiple arrays in case of severe multi-path condition. In the latter case, Cota radiates many beams, and as a result, a single value of gain or half-power beamwidth cannot be defined for it. While a far-field gain could be defined for any single beam, the focusing nature of Cota's multiple beams at the client and the variability of the multipath environment and the resulting Cota beam configuration makes this impractical. In Cota what we look at is the power received at a client based on different environments.

For example, Fig. 7 is a representation of the power distribution inside a reflective room with the Cota charger and a client. As can be seen, a beam of power is directed toward the client, along with two other beams directed toward the reflective walls of the room from where they are reflected to converge at a single

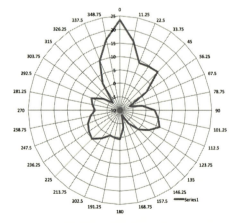

Fig. 7 An example of the charger placed in reflective room with the client placed at 0 degrees. Three main beams are utilized to employ the multi-path as well as the LOS path.

point（receiver's antenna）coherently.

It is noteworthy that this data, when taken in an anechoic chamber, in which the walls are absorptive, will be different and only show one main beam. This proves the concept behind Cota and that two beams are shaped in this simplified example to use the reflective room. If a blocker would be placed between the charger and the client the two back lobes would have been more intense in terms of power in comparison to the direct main beam.

Cota technology is designed to match all beacon polarization delivering power in every polarization enabling receiver devices' freedom of orientation.

The Cota charger demonstrated at CES 2016 is transmitting both linear horizontal and vertical polarizations at the same time. Each pair of facing antenna boards are transmitting either of the two aforementioned polarizations. As a result of our chosen architecture, we are able to deliver power to any antenna with any type of polarization. The beacon signal will tell the charger which polarization components are strongest and the charger will accordingly retransmit those. It should be noted that this sequence happens and works in the presence of multipath and takes into account polarization rotation.

The transmitted power for both pols are the same and each will be half the total radiated power of the charger.

2.5 System
2.5.1 The Charger – Client Concept

The Cota charger has different states, in summary, it first goes into a discovery mode and finds the Cota client. The client sends a signal out that is called a "Beacon". Each antenna element used in the Cota charger receives the Beacon signal sent from the client with a different phase based on the different multiple paths （multipath）the signal travels to reach each element. Then Cota processor detects the phase for each element and the transmitter in the "Charging cycle" sends out a power signal with a conjugated phase on each element. Based on reciprocity theory for antennas, each of these signals will travel the same multiple paths to reach the client.

Based on the location of the client, the Cota system will create a number of beams that follow the multiple paths to reach the client. These beams will all converge in a coherent fashion to create a power ball at the client, which results in maximum feasible power delivery to the Client.

2.5.2 Beaconing

The target is for the transmitter to spend 1 percent of its time detecting the receiver's phase pattern and 99 % of its time delivering power to one or more devices depending on the devices' power needs. In current devices this could range from 94 % and up. We call this cycle the beaconing cycle.

Fig. 8 shows the measured power delivered to a Client from a current experimental Cota PAC charger in two cases, reflective vs. non-reflective room.

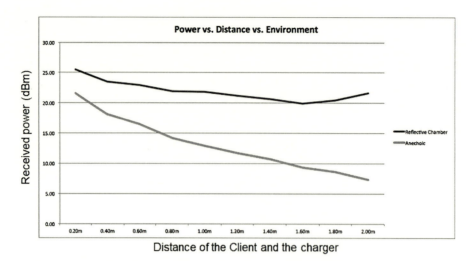

Fig. 8　Power vs. distance for two cases in which Cota is placed in a reflective and an anechoic chamber, respectively.

2.6 Applications

2.6.1 Charging Multiple Devices

Cota can support seamless delivery to simultaneous multiple devices.

The transmitter establishes the signal shape from each device, and replays the signal to power the devices from memory. The transmitter would also refresh the signal shape for each device multiple times a second to be able to follow moving devices. The Cota charger can support a high number of clients, like up to 32 Clients. The max power will be divided between the Clients in a Time domain multiplex fashion.

The power delivered to each device can be controlled separately and as a result, can vary for different clients.（Fig. 9）

2.6.2 Safety

Talking points：

1. Safety is both an engineering challenge and a social engineering challenge. Since solving the technical problem does not dissuade people from wrongly considering any RF system as harmless. Effort needs to be made for showing the active safety of any wireless power system to be deployed within human habitat.
2. Cota system actively and passively avoids living absorptive tissue, making it uniquely qualified for deployment to be used by people in their everyday life.
3. Frequent tracking of receiver device ensures avoidance of living tissue.

Cota will automatically avoid any substance which absorbs RF energy. This will happen during the beacon period in which the receiver will send out a beacon signal. This low-power beacon will be attenuated as it passes through body tissue and those paths will not be used by the charger during

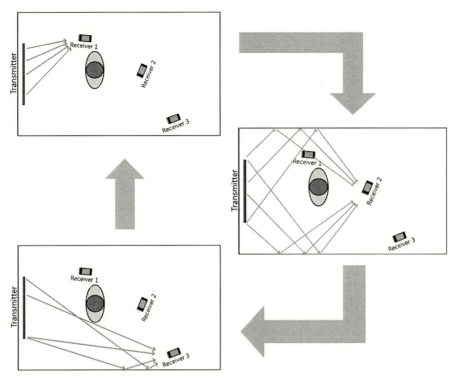

Fig. 9 Cota can charge multiple devices and at the same time does this safely by avoiding obstacles in the environment.

high-power transmit mode. In addition, the matching of delivered power to the receiver power will limit the radius of power. The important point is that the size of the power ball created by Cota charger is limited and matches the receiver antenna. Hence, the area of the high power density created for charging is small and thus only the target (Client) will be placed in the hot RF spot.

In other words, since human body is absorptive to the Beacon signals, Cota charger will automatically avoid it.

Safety in the public perception goes beyond engineering measurements and testing. Public perception needs to be addressed outside the engineering domain, with social acceptance of the technology in the public domain. This topic is however, outside the domain of this book.

2.7 Conclusion

Cota long range power transmission builds on well-established retrodirective concepts to deliver a break through power delivery. This opens up not only new system possibilities but combined with Cota's inherent data communication will enable a new host of capabilities. This will be the foundation for revolutionizing the power envelop.

Reference

1) Mailloux, Robert J. "Phased array antenna handbook." *Boston, MA : Artech House, 1994* (1994)
2) Zeine, Hatem. "Wireless power transmission system" U.S. Patent No. 8159364. 17 Apr (2012)

3 工場内自動搬送台車（AGV）へのワイヤレス給電

鶴田義範*

3.1 はじめに

　金属接点の接触を介さずに無線で電力を供給する，ワイヤレス電力伝送による給電技術が昨今注目されている。電動歯ブラシやシェーバーなど水回りで使用する機器に対しては，送受電間の位置関係が固定された使用方法ではあるが，すでに多くの製品が開発され実際に使用されている。最近では携帯電話の「置くだけ充電」などにも使用され，より身近なものとなってきている。これらワイヤレス給電技術のほとんどは，交流磁界または交流電界，もしくはその両方の電磁気学的な振る舞いを利用して電力伝送を行っているものである。

　ここで，ダイヘンのワイヤレス給電システム開発に関する取り組みについて簡単に説明する。ダイヘンの旧名称は「大阪変圧器」であり，1985年に現在のダイヘンに社名変更を行った。旧名称からもわかるようにダイヘンは，電力会社向けおよび民需向け変圧器や受配電設備の製造販売を行ってきた。また変圧器で使用されている技術を応用し，溶接機・溶接ロボット・半導体製造装置用の高周波電源・シリコンウエハや液晶基板搬送装置・太陽光発電設備向けパワーコンディショナーの製造販売なども行っている。

　電磁誘導現象を利用したワイヤレス給電システム開発に必要な要素技術については，磁気回路設計技術，電力変換技術，高効率インバータ技術，高周波回路設計技術，システム設計技術などがあげられる。これらについては上記の当社製品群で使用されている技術にほとんどが含まれており，様々な事業分野で培ってきた技術を融合することでワイヤレス給電システムの開発を行う

図1　ダイヘンの事業領域と保有技術

＊　Yoshinori Tsuruda　㈱ダイヘン　ワイヤレス給電システム部　部長

ことを可能としている（図1）。

　ワイヤレス給電には様々な方式があるが，ダイヘンでは交流磁界の振る舞いである電磁誘導現象を利用した方式の一つである「磁界共鳴方式」を用いたシステムの開発を行っており，直近では自動搬送台車（AGV）などの工場内で使用する電動機器への給電に使用する製品開発に注力している。

　本稿では電力伝送の原理，AGV市場について，AGVをワイヤレス給電化することのメリット，電気二重層キャパシタを蓄電デバイスとして利用することのメリット，導入事例などについて述べる。

3.2　磁界共鳴方式によるワイヤレス給電の電力伝送原理

　ダイヘンで用いている磁界共鳴方式について，電力伝送の原理を説明する。

　基本的な回路は，直流から高周波への変換回路である高周波源（インバータ），送電コイルユニット，受電コイルユニット，負荷で構成される（図2）。

　図2では受電コイルユニットから負荷へ直接接続して電力を供給しているが，実際は負荷へ供給する前に整流平滑回路を挿入し直流化して供給する場合がほとんどである。

　このように，送電コイルユニットと受電コイルユニットの間は非接触である。そのため，整流平滑回路の直流出力を負荷に接続すると，高周波源部分へ電力を供給するのに用いられる直流電源から出力された電力を，負荷に非接触で供給することを可能としている。

　送電コイルユニットおよび受電コイルユニットは，それぞれインダクタおよびキャパシタで構

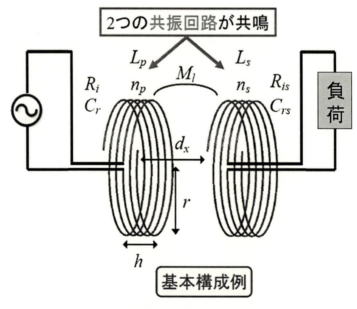

図2　磁界共鳴方式の基本的な回路構成

第3章　携帯電話他への応用展開

共振器の等価回路は上記の回路となり、共振周波数ではインピーダンス虚部が0Ωとなる。

図3　コイルユニットの等価回路

成されている。インダクタとキャパシタを直列接続し，電力伝送に用いる周波数におけるインピーダンス虚部が0Ωとなるよう定数を調整し，共振状態としている（図3）。

高周波への変換回路である高周波源から出力された電力を送電コイルユニットへ送ることで交流磁界を発生させ，近傍に配置された受電コイルユニットに誘導起電力を発生させる。送電コイルユニットおよび受電コイルユニットをともに高周波源の出力周波数で共振状態とすることで，効率よく電力伝送を行うことが可能となる。

またこの送受電コイルユニット部分で構成される回路は，磁気結合した2つのコイルで構成されているためインピーダンス変換回路としても機能している。整流平滑回路および負荷のインピーダンスがこの回路によって変換され，高周波への変換回路からは送受電コイルユニットにより変換されたインピーダンスが見えていることになる。この変換されたインピーダンスが，高周波への変換回路部分すなわちインバータにとって安定して高効率で動作可能なインピーダンスとなっていることが重要である。

受電側の整流平滑回路への接続部分もインピーダンス不整合点となることが考えられるため，ここにも整合回路の役割を果たす回路が高効率電力伝送のためには必要となる。

送受電コイルによる磁気結合部分と合わせて，それぞれの部分でインピーダンス変換，整合回路を適切に設計することにより，全体として高効率なワイヤレス電力伝送が可能となる（図4）。

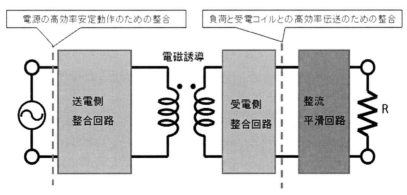

図4　各部での整合回路と整合の目的

表1 産業車両生産実績(日本産業車両協会HPより)

	2015年1～12月	
	生産台数/台	生産金額/百万円
産業車両合計	133,682	336,263
動力付運搬車	133,682	336,263
蓄電池式運搬車(パレットトラックを含む)	(品目統合)	
内燃機関式運搬車	5,436	10,156
無人搬送車		
フォークリフトトラック	115,470	233,270
蓄電池式	51,934	101,259
内燃機関式	63,536	132,011
ショベルトラック	12,776	92,837
構内作業車	(品目から削除)	
動力のない運搬車	(品目から削除)	

3.3 AGVの市場について

　日本産業車両協会の統計データによると，2015年1月から12月までの一年間でも産業車両として13万3千台強の動力付き運搬車が出荷されている(表1)。

　しかし，無人搬送車の出荷量については2000年からのデータ推移でみても，一部の年を除いて年間千台強の出荷台数にとどまっており，産業用の動力付き運搬車全体からすると非常に少ない台数となっている。

　一方で，実際に工場内で使用されているAGVについては工場内の生産管理部門により内製され，工場独自の運用に合わせたカスタム品が多くみられる。また，AGVを内製する際に必要な部品である測域センサの出荷台数も，AGV以外への用途が多いこともあるが，完成品AGVの出荷台数と比較して非常に多くなっている。この測域センサ出荷台数や調査機関の報告などから推測されるAGVの実際の稼働台数は，完成品と内製分を合わせると年間五千台を超えるペースで新規導入されることで増加しており，最近は自動化による省力化ニーズの高まりから，この稼働台数もさらに増えていくことが予想される。これら推測される実際の導入台数とAGVの耐用年数から，現在も10万台を超えるAGVが日本国内の工場で稼働していることが考えられ，これらAGVがワイヤレス給電システム導入の潜在市場であると言える(図5)。

　全世界でみると，日本国内の10倍以上のAGV市場規模があると言われており，さらに大きな市場となることが見込まれている。

3.4 AGVのワイヤレス給電化の利点について

　ワイヤレス給電は，電気自動車への充電で作業の手間を減らすための手段となる技術として注目されることが多い。しかし，24時間稼働の工場などで使用されているAGVについても，充電作業をワイヤレス給電化することで様々な利点があると考えられる。

第3章　携帯電話他への応用展開

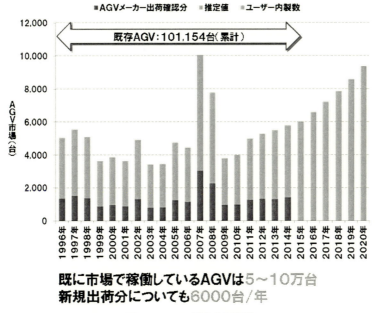

図5　AGVの推定市場規模

　様々な工場での運用を見てみると，AGVの充電作業は人手で行われている場合が多い。稼働を終えたAGVから蓄電池を取り外して充電の完了した別の蓄電池と交換する方法や，蓄電池を搭載したままのAGVを充電のためのエリアへ誘導し充電器と接続する方法などがとられている。

　AGVへの人手による有線充電作業の問題点としては以下が考えられる。

・蓄電池の充電場所への運搬作業および充電作業が必要となること
・充電器置き場や充電作業スペースの確保が必要となること
・充電作業時の感電の危険性があること
・ケーブルやコネクタ部の劣化によるトラブル発生の可能性があること

　これらの問題点がワイヤレス給電による自動充電を行うことにより解消される。すなわち，充電作業のワイヤレス化により以下の利点が考えられる。

・電池の運搬などの重筋作業がなくなる
・充電器置き場や充電作業スペースが不要となる
・充電のためのコネクタ抜き差し作業がなくなり，安全性が向上する
・ケーブルやコネクタ部の劣化に起因するトラブルの発生がなくなる

　これらの利点により生産性の向上や労務費の削減，安全性の向上が見込まれ，工場自動化の促進に貢献できると考えられる。充電作業をワイヤレス化することで，AGVが真の意味での自動搬送台車となると言える（図6）。

　自動化ニーズの高まりから，接触式の自動充電設備が導入されている場合もある。AGV側に

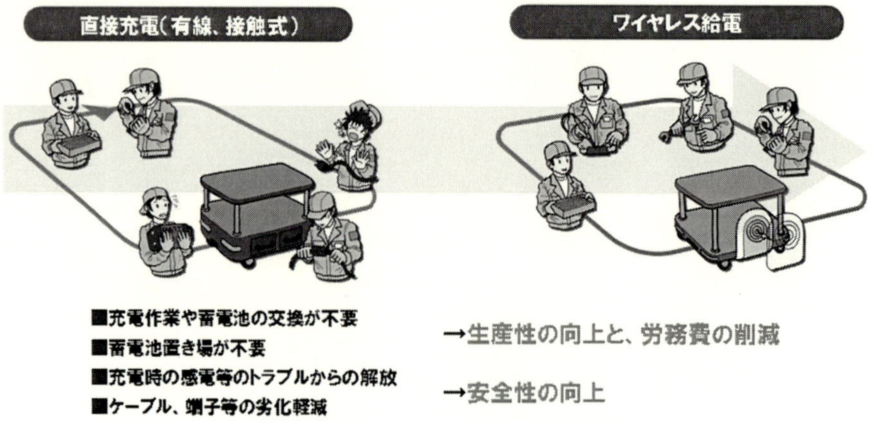

図6　人手による有線充電の問題点とワイヤレス給電化の利点

充電端子としての接触部分が装着されており，AGVが充電装置のそばに停止した際に充電装置側から機械的駆動装置を用いて電極を押し当てることにより充電経路を形成し，電力を送る方式がとられている．接触式の自動充電装置は金属接点を押し当てることで接続する方式である．接点同士の接触不良や位置合わせの失敗などにより充電できなくなることを避けるために，機械的構造や接点材料などに様々な工夫がなされており高価で大掛かりな装置となっていることが多く，定期的なメンテナンスが必要である．

3.5　AGVで使用されている蓄電デバイス

【鉛蓄電池】

　AGV用の蓄電デバイスとしては鉛蓄電池が最も多く用いられており，AGVメーカからの出荷時に標準で付属している蓄電デバイスも鉛蓄電池がほとんどである．鉛蓄電池は自動車に搭載されているのはもちろんのこと，蓄電デバイスとしてAGV以外の電動機器にも数多く使用されており，安価で入手が容易という大きなメリットがある．しかし，充放電を繰り返すことにより蓄電容量が低下し，通常のAGV運用では長くても2年ごとの交換が必要である．また充放電時の電力損失も大きく，後述するが少なくとも40％の電力が充放電で失われるという測定結果が得られている．また，鉛蓄電池は充電電流の制限により急速充電に対応できないものがほとんどであり，充電に時間がかかることもデメリットとなっている．

【リチウムイオン電池】

　近年ではハイブリッド車や電気自動車などでも活用されていることからリチウムイオン電池が搭載されたAGVも導入が進んでおり，鉛蓄電池からリチウムイオン電池への置き換えも行われている．リチウムイオン電池は体積あたりの蓄電容量も鉛蓄電池と比較して数倍大きく，さらに急速充電に対応している製品も販売されており，大電流での充電も可能である．しかし，鉛蓄電池と比較すると高価で現状では同じ蓄電容量では数倍以上の価格となっているため，導入には鉛

第 3 章　携帯電話他への応用展開

	EDLC	Liイオン電池	鉛蓄電池
エネルギー密度(Wh/kg)	5～10	100～200	30～40
パワー密度(W/kg)	10,000>	4,000	200
等価直列抵抗(mΩ)	1	2.5	5
使用温度(℃)	-30～70	-30～60	-30～80
充放電回数(@25℃)	1,000,000>	3,000>	300>

図7　電気二重層キャパシタ（EDLC）と他の蓄電デバイスとの仕様比較

蓄電池利用の場合より多くの初期投資が必要である。

3.6　蓄電デバイスとしての電気二重層キャパシタ（EDLC）利用の利点について

　AGV 用の蓄電デバイスとしては鉛蓄電池が主流であり，一部はリチウムイオン電池も利用されていることは述べたが，ダイヘンではワイヤレス給電化の利点をさらに生かすための蓄電デバイスとして大容量キャパシタである電気二重層キャパシタ（EDLC）の利用を推奨している（図7）。

　鉛蓄電池についても，ワイヤレス給電化を行い充電頻度を上げて，使用した電力をすぐに継ぎ足し充電をすることで蓄電容量の劣化を防ぎ寿命を延長させることができる利点があると考えられる。しかし，AGV の運用形態によっては蓄電デバイスとして EDLC のような大容量キャパシタを用いることでさらなるメリットを得られる。キャパシタは他の蓄電池と比べると蓄電容量が小さく，充電なしでの長時間連続運転には使用が困難であるが，鉛蓄電池と比較して等価直列抵抗が小さいことから充放電時の損失が小さい。蓄電容量の小ささをカバーするため充電頻度を上げることが可能であれば，充電効率の大きく改善された運用が見込まれる。充電頻度を上げることを手動充電で実現することは非常に難しいが，ワイヤレス給電による自動充電を用いれば充電頻度を上げても人手による追加作業の発生がないため，充放電損失が少なく，急速充電が可能であるという，EDLC の特長を活かすことが可能となる。

　AGV の運用としては荷物の運搬作業を行わせることが主であり，その作業特性上，積み下ろしエリアでは一旦停止しなければならない。その停止時間を利用してワイヤレス給電により蓄電デバイスへ給電を行うことで充電頻度を上げることができる。給電するエネルギー量は次の給電ポイントまで動作するのに必要な分だけの電力とし，これを繰り返すことで人手による充電作業のない AGV 運用が可能となる。

　電気二重層キャパシタを用いた場合の電力損失低減効果を確認するため，従来の有線充電器と鉛蓄電池の組み合わせと，ワイヤレス給電と電気二重層キャパシタの組み合わせとで，「送電側 AC 入力」～「受電側 AGV への出力」間の電力供給効率がどの程度違うかを比較する実験を行っ

た。鉛蓄電池の充放電効率実測値は，新品の鉛蓄電池でも，劣化が進み蓄電容量が新品の半分ほどとなったものでも同様で，およそ60％程度であった。また，一般的な有線充電器についてAC-DC変換効率を測定すると，出力電流設定により違いがあるが最大でも90％強の変換効率となっている。これらより，有線充電器と鉛蓄電池の組み合わせによる電力供給効率は，およそ56％と推定される。これに対し，電気二重層キャパシタを搭載した当社ワイヤレス給電システムを用いた場合での「送電側AC入力」～「受電側AGVへの出力」間の電力供給効率実測値は約86％である。

ある条件下での比較ではあるが，ワイヤレス給電と電気二重層キャパシタの組み合わせをAGVで利用することは，システム効率の大きな改善に繋がることを示している。

3.7 実用例

ここで，実際にあるお客様での使用状況におけるコストメリット算出例を示す。このお客様でのAGV運用状況は以下の通りである。

- 稼働AGV台数：1t可搬の大型AGV 9台
- 稼働時間：8時間×3交代の24時間稼働
- 給電ポイント数：4ヶ所

上記のAGV運用を従来の有線充電器と鉛蓄電池との組み合わせで行った場合，ワイヤレス給電と鉛蓄電池との組み合わせで行った場合についても初期投資および運用コストを試算し，比較を行った。

初期導入のための費用を比較すると，蓄電デバイスとして使用する電気二重層キャパシタそのものが，鉛蓄電池に比べてまだまだ価格も高く導入時には費用がかかることがわかる。また，送受電のためのワイヤレス給電システム設備は従来の有線充電器と比較すると高価であるため，その分初期投資が多く必要となる（図8）。

しかし，これまでAGVに搭載されていた鉛蓄電池を人手で交換し，重い鉛蓄電池を充電場所に運搬し人手で充電コネクタを抜き差しするなどの作業を行っていたことがワイヤレス給電によって完全自動化され，労務費が大幅に下がることがわかる。また鉛蓄電池は1.5～2年で劣化による蓄電容量低下のため，新規に追加で購入する費用が発生する。

キャパシタは充放電の繰り返しによる蓄電容量の低下がほとんどなく新たに購入する必要が無いため，追加購入のための費用は発生しない。充放電時の損失が少なく充電効率が向上することから電力料金も下がる（図9）。

これらをもとに投資回収年数を計算すると図10のようになり，このお客様のAGV運用条件での場合は2年から3年で投資の回収ができることがわかる（図10）。

蓄電デバイスとして従来通りの鉛蓄電池を使用した事例を示す。

キャパシタの特徴として鉛蓄電池よりも蓄電容量が少ないことがデメリットとして挙げられることを前に述べたが，AGVの待機時間が長いなど長時間充電できないケースがある運用方法で

第3章　携帯電話他への応用展開

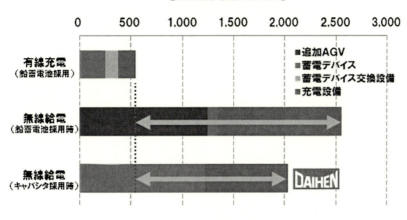

図8　導入費用の比較

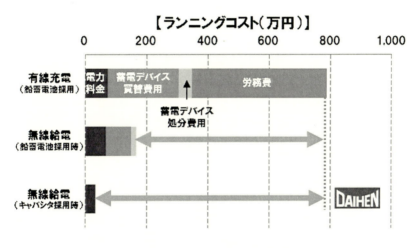

図9　ランニングコストの比較

は，蓄電デバイスとしては鉛蓄電池の方が適している。

　当社内の工場では溶接用ロボットの製造ラインにてワイヤレス給電システムを搭載したAGVが稼働しているが，上記のような待機時間が長い運用であるため蓄電デバイスとしては鉛蓄電池を使用している。充電電流の調整など鉛蓄電池向けに最適化したシステムを全14台のAGVに搭載して，ワイヤレス給電による充電作業の自動化を実現している（図11）。

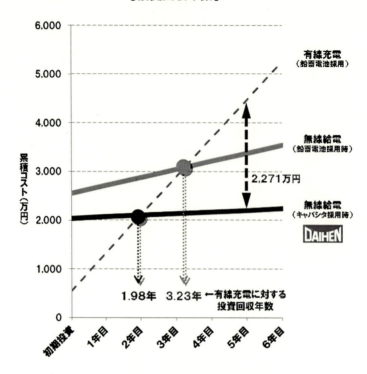

図10　投資回収年数の比較

図11　ダイヘンのロボット工場でのワイヤレス給電システム

3.8 まとめ

ダイヘンにおける磁界共鳴方式ワイヤレス給電システムの電力伝送原理についての考え方，AGV充電のワイヤレス化メリット，蓄電デバイスとして電気二重層キャパシタを用いるメリットについて説明した。また，ワイヤレス給電システムの導入事例について，従来方式との比較を交えて説明した。

ダイヘンでは様々な事業分野で培った技術を結集・応用することで，より安全で高効率なワイヤレス給電システムを開発し，AGVをはじめとする産業用途で使用されている様々な電動機器への充電システムとして供給していきたいと考えている。電動機器のワイヤレス給電化が進むことにより生産性の向上や安全性の向上に役立てて頂き，産業界のさらなる発展に貢献したいと考えている。

4 小型MHz帯直流共鳴ワイヤレス給電システムの設計開発

細谷達也*

4.1 はじめに

本稿では，新しい学際分野である高周波パワーエレクトロニクスを示し，小型MHz帯の直流共鳴ワイヤレス給電システム（DC-R WPT, Direct Current-Resonance Wireless Power Transfer System）の仕様や設計技術を解説する。直流共鳴方式は，「直流電気から共鳴を使ってワイヤレス給電する」という技術思想である。電力変換技術と空間伝送技術を扱い，高周波パワーエレクトロニクスに分類される代表的なワイヤレス給電技術となっている。給電システムの設計では，共鳴結合回路の統一的設計法を構成する3手法として，複共振回路解析（MRA, Multi-Resonance Analysis）手法，調波共鳴解析（HRA, Harmonic Resonance Analysis）手法，F行列共鳴解析（FRA, F-parameter Resonance Analysis）手法を解説し，設計理論に基づいて設計されたシステムを用いた6.78 MHz動作実験などを紹介する[1～20]。

4.2 直流共鳴ワイヤレス給電システムと高周波パワーエレクトロニクス

4.2.1 直流共鳴ワイヤレス給電システムの構成

共振コイルを用いたD級直流共鳴ワイヤレス給電システムの原理構成の一例を図1に示す[1～5]。直流共鳴ワイヤレス給電システムとは，直流電圧（DC, Direct Current）を送電回路に入力して，受電回路から直流電圧を得るシステムである。技術的には，直流電気を送電共振機構に断続的に与えて，電磁界の共鳴現象（Resonance Phenomena）を用いて，送電共振機構と受電共振機構を相互に作用させ，空間を通じて電気を送るワイヤレス給電システムと定義される。直流から共鳴を起こすエネルギー変換システムであり，磁界の相互作用（Interaction）を利用した高周波（RF, Radio Frequency）の電磁界共鳴フィールド（Electromagnetic Resonance Field）を形成する。

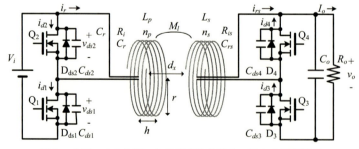

図1 共振コイルを用いたD級直流共鳴システムの原理構成

* Tatsuya Hosotani ㈱村田製作所 技術・事業開発本部 シニアリサーチャー

第3章　携帯電話他への応用展開

4.2.2　パワーエレクトロニクスにおけるワイヤレス給電

　ワイヤレス給電は，近年，開発が活発化しており[1〜19]，離れた場所にある電気機器や二次電池に電力を供給することができる未来社会の新しい電源手段として期待されている。技術，製品，市場の3つを連動させる新しい技術開発，新しい製品，そして新しいビジネスの創出が望まれている。開発者には，技術開発による未来社会への貢献が求められている。

　ワイヤレス給電は，電力回路システムに関わる総合技術である。パワーエレクトロニクス，特に，スイッチング電源技術との関係は深い。パワーエレクトロニクスは，電力用半導体素子をスイッチとして用い，電力の変換と電力の制御を行う技術の総称である。電力変換技術と制御技術を中心とした応用システム全般の技術と言える。電気の大きな特徴には，「エネルギー輸送手段」と「情報伝達媒体」の2つがある。前者は「強電」（電気工学），後者は「弱電」（電子工学）に分類される。パワーエレクトロニクスにおいても強電分野と弱電分野に分類できる。産業機器用途でのモータへの電力供給装置や太陽光発電用途でのパワーコンディショナなどは数十kWを超える電力を扱うことから強電，数kW以下の小電力を扱う電子機器への電力供給装置は弱電に分類できる。ここでは，小型薄型機器での用途を想定して，小電力を扱う弱電，すなわち電子工学におけるスイッチング電源技術を解説する。

　スイッチング電源装置は，電気機器を動作させるために必要な電力を供給する装置であり，今日，情報通信装置や家電製品など，民生機器を始めとするあらゆる電気機器に用いられている。スイッチング電源装置が扱う電力源のほとんどは，直流電圧である。一般家庭に供給される50 Hzや60 Hzといった商用電源と称される交流（AC, Alternating Current）電源も整流平滑回路などを経て直流電圧が電力源となる。乾電池などの一次電池，バッテリーなどの二次電池，そして太陽光発電などにおいても直流電圧が電力源となる。一方，電気機器の多くは直流電圧で動作する。このため，多くのスイッチング電源装置は，直流電圧を電力源として，負荷となる電気機器に必要な直流電圧を供給するDC-DCコンバータを備える。

　スイッチング素子として用いられる電力用半導体素子，回路技術，制御技術，そして磁界解析技術などの技術進歩にともなってスイッチング電源技術は進歩し，高性能化，高機能化を実現している。高性能化においては，特に，電力効率における高効率化，すなわち電力変換動作における電力損失の低減を実現している。スイッチング電源では，電力用半導体素子は，オン（飽和領域）とオフ（遮断領域）を遷移して周期的にスイッチング動作を行う。能動領域で常に動作する線形A級増幅回路などと比較すると電力損失は遥かに小さい。増幅回路装置では，電力用半導体素子自身が電力を消費して電力を制御するのに対し，パワーエレクトロニクスにおける電力用半導体素子は，電力の流れを制御するために用いられ，扱う電力に対して，電力用半導体素子での電力損失は小さい。

　ワイヤレスで電力を供給するという目的において，ワイヤレス給電装置の小型軽量化を図り，発生する電力損失をできるだけ小さくしようとする技術は非常に重要となる。直流共鳴システムは，離れた場所にある負荷に電力を供給するシステムであり，電力源から負荷までの電力供給の

過程を扱う。利用シーンや用途に応じて，電力変換と電力制御の技術を扱い，システム全体の電力効率の向上や安全や安心を担保する技術などが重要となる。ワイヤレス給電においても，パワーエレクトロニクスを応用すること，スイッチング技術を活用することは必須である。直流共鳴方式は，パワーエレクトロニクスを活用したワイヤレス給電であり，高周波パワーエレクトロニクスに分類される代表的なワイヤレス給電技術となっている。

4.2.3 高周波パワーエレクトロニクス

小型薄型機器を扱うワイヤレス給電では，MHz以上の高周波動作が要求される場合が多い。送電や受電のコイルや回路装置の小型化や薄型化が必要な場合，高周波化は有効な手段となる。10 MHz付近の周波数帯域は，電界や磁界を扱うパワーエレクトロニクスと電磁波を扱う無線通信技術の狭間にある。現行のパワーエレクトロニクスより高い周波数，現行の高周波通信技術より大きな電力を扱う帯域として扱える。新しい価値創造を目指した新しい技術分野として，「高周波パワーエレクトロニクス」が提唱されている[1~7]。概念図を図2，高周波パワーエレクトロニクスの周波数領域を図3に示す。パワーエレクトロニクスでは，電界や磁界の近傍界を扱う。4つのマクスウェル方程式の中の1つであるアンペール－マクスウェルの式は，電流と，電界の時間変化である変位電流とで磁界が生じることを示す。近傍界を扱う準定常場問題では，多くの場合，変位電流の項を無視して解析できる。これに対し，無線通信の分野では電磁波，マイクロ波などの遠方界を扱う。波動方程式を扱うため，アンペール－マクスウェルの式における変位電流の項を無視しては解析できない。送信機と受信機は互いに独立に扱うことが多く，フリスの伝送公式などを利用することができる。「高周波パワーエレクトロニクス」は，「電界や磁界」と「電磁波」を上手に扱う領域として捉えることができる。それぞれの有用技術を適材適所で活用することが必要である。

「高周波パワーエレクトロニクス」は，「パワーエレクトロニクス」，「高周波エレクトロニク

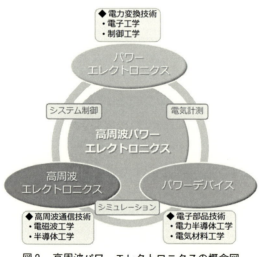

図2　高周波パワーエレクトロニクスの概念図

第3章 携帯電話他への応用展開

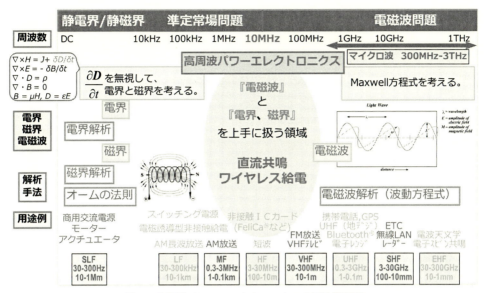

図3　高周波パワーエレクトロニクスの周波数領域

ス」，「パワーデバイス」の3つの技術分野を柱とし，技術融合と相乗効果により技術発展を期待する新しい学際分野である。パワーエレクトロニクスは，1973年に Dr. Newell によって示された。電力用半導体素子をスイッチとして用い，電力を変換，制御する技術の総称である。高周波エレクトロニクスは，電磁波工学や半導体工学などを手段として，通信を目的に様々なデバイスやシステムを開発する技術である。パワーデバイスは，電力用の半導体工学や電気材料工学などを手段として，電力用電子部品を開発する技術である。各技術分野の強みを活かした技術融合と相乗効果により技術革新を促進する。ワイヤレス給電により，高周波パワーエレクトロニクスという新しい学際技術分野を拓き，未来社会を創る新しい技術，新しい価値創造を期待する。

4.2.4　ワイヤレス給電と絶縁形スイッチング電源

商用電源に接続するスイッチング電源では，一次側と二次側とを電気的に絶縁する必要があり，これらは絶縁形スイッチング電源と呼ばれる。基本構成を図4に示す。直流共鳴ワイヤレス給電は，絶縁形スイッチング電源における入力と出力を離して利用するシステムとして扱える。電気絶縁の役割はトランスが担っており，絶縁トランスの一次巻線を送電コイル，二次巻線を受電コイルに置き換えた構成として直流共鳴ワイヤレス給電システムを扱うことができる。

一般に，絶縁形スイッチング電源の動作周波数，すなわちスイッチング周波数は，100 kHz 程度である。高周波化により電力変換回路を構成するインダクタやキャパシタなどの電子部品が小型化でき，装置の小型軽量化が可能となる。一方，高周波化により電力損失は増加する。電磁雑音干渉の問題も顕著となる。電力用半導体におけるスイッチング損失や磁性部品における鉄損は，原理的には，周波数に比例する。インダクタやキャパシタそして配線に含まれる等価抵抗は，高周波動作では大きくなり，電力損失は増加する。高周波化では，これら電力損失の増加を抑制

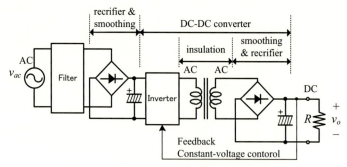

図4　絶縁形スイッチング電源の基本構成

し，電磁雑音干渉の問題を解決する必要がある。

4.2.5　共鳴ワイヤレス給電における先行技術

近年，共鳴現象を用いたワイヤレス給電の研究開発は活発化している[1〜22]。2007年にMIT（マサチューセッツ工科大学）より発表された周波数10 MHz，距離2 mの実験は，伝送効率は40〜50％と報告された。一方，入力と出力の有効電力の割合である電力効率は15％と低い[22]。コルピッツ発振などの高周波増幅装置を用いたためと推察される。

10年以上先行した1994年に，ソフトスイッチングを用いたワイヤレス給電が日本より報告されている[23,24]。10 MHz級複共振形 ZVS（Zero Voltage Switching）コンバータとして発表され，空心トランスを用いた10 MHz級の実験において出力20.4 W，電力効率77.7％を達成している[25]。①動作周波数が10 MHz，②2つのコイルが空間を通して磁気結合する，③2つのコイルに同じ周波数の共振電流が流れて電力伝送する，といった点では，MITでの実験は日本の先行研究と酷似する。他方，それぞれの研究目標は異なる。MITでは長い伝送距離を目標として大型の共振器を用いた。日本の研究では高い電力効率を目標として小型のコイルと共振キャパシタを用いた。さらに，MITでは，共振器間の結合を主に研究しているのに対し，日本の研究では，①直流電圧源から高周波電流への変換動作，②直流電圧を得るための高周波電流の整流平滑動作，③電力の制御なども報告している。

4.2.6　直流共鳴方式と MIT が示した磁界共鳴方式の比較

直流共鳴ワイヤレス給電システムを構成する直流共鳴方式と2007年にMITより研究報告された磁界共鳴方式の特徴を比較する。MITでの実験は，電磁界の共鳴現象を利用して，共振器から共振器へと1対1の電力伝送を実現している[22]。直流共鳴方式とMITが示した磁界共鳴方式を比較すると，両方とも電磁界の自然法則に基づく共鳴現象を利用する点においては同じである。一方，直流共鳴方式は，電磁界の共鳴現象を起こして電力を「供給」するという技術思想であるのに対し，磁界共鳴方式は，共鳴現象を利用して電力を「伝送」するという技術思想として捉えることができる。

直流共鳴方式は直流電気から電磁界の共鳴現象をつくるアクティブ（能動的）技術であり，磁界共鳴方式は交流電気から共鳴現象で伝えるパッシブ（受動的）技術として分析できる。MIT

が示した磁界共鳴方式は共振器に高周波磁界を与える高周波磁界発生装置が別に必要となる。産業利用での物理現象は相違し，異なる技術思想となる。直流共鳴方式は，ワイヤレス給電システム全体を総合的に捉え，直流の電気エネルギーの源から，負荷装置に電力を供給するしくみを扱う技術である。

　直流共鳴ワイヤレス給電システムは，直流電気と電磁界のエネルギー変換システムであり，電磁界の相互作用を利用した電磁界共鳴フィールドを用いる。共鳴フィールドは，空間を通して所定の電力を得ることができる領域である。離れて位置する送電共振機構と受電共振機構に存在する電界エネルギーと磁界エネルギーを相互に作用させて同じ周波数で振動させる。直流共鳴ワイヤレス給電システムは，電磁界の共鳴現象をつくるアクティブ（能動的）技術であることから，複数の送電装置を配置して共鳴フィールドを広範囲に形成したり，複数の中継共鳴装置を配置して共鳴フィールドを拡大したり，複数の受電装置を用いて同時に受電することも技術的には可能である。送電装置，中継共鳴装置，受電装置は互いにエネルギーのやり取りをし，利用シーンや用途に応じた様々な電力供給システムを実現することも技術的に可能である。

4.2.7　インピーダンス変換とインピーダンス整合

　共鳴ワイヤレス給電では，信号伝送システムの構成に基づく研究が多く報告されている。送電部と受電部との間にある共鳴コイル部に対して50Ω系のインピーダンス整合を扱うものが多い。一方，直流共鳴方式では，共鳴現象を起こすという技術思想に基づき，送電部と受電部を一体化して共鳴現象を起こす。共役複素数を考慮するインピーダンス整合ではなく，所望の電圧を得るためのインピーダンス変換や共鳴を起こすための条件を扱う。具体的には，インピーダンス整合ではなく，インピーダンスの虚部のみを整合させる虚部整合を扱う。直流共鳴方式とMITが示した磁界共鳴方式（50Ω系）を図5に示す。直流共鳴方式では直流電圧を電力用半導体を用いてスイッチングするのに対し，MITが示した磁界共鳴方式では，高周波の磁界発生装置や線形電力増幅装置（linear amplifier，リニアアンプ）などを用いる。線形電力増幅器では，如何なる負荷に対しても出力インピーダンスが50Ωになることや振幅電圧が一定となることが要求される。50Ω系の高周波電圧源を用いた場合，電力供給部での50Ωと負荷部での50Ωにおいて電圧は分圧され，理論上の電力効率は最大でも50%が限界となる。システム電力効率は著しく低くな

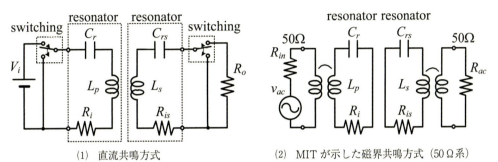

(1) 直流共鳴方式　　　　　(2) MITが示した磁界共鳴方式（50Ω系）

図5　直流共鳴方式と磁界共鳴方式

る。また，単純に電力供給部での50Ωを0Ωに変えたくてもMHzを超えた電力を扱えて，かつ如何なる負荷に対しても出力インピーダンスが安定な0Ωと見なせる高周波電圧源を得ることは技術的に至難である。

　直流共鳴システムでは，送電部，共鳴コイル部，受電部と分けられ，送電部と共鳴コイル部，共鳴コイル部と受電部は一体となる。共鳴コイル部において共鳴フィールドを扱い，伝送空間を設計する。送電部，共鳴コイル部，受電部の各部を互いに独立させて設計するという考えはなく，かつ送電部の出力インピーダンスを常に一定にするという考えもない。

　一方，信号伝送システムの構成は，一般に，送信部，伝送部，受信部と独立して扱われ，電圧信号の伝送を目的に，分離して設計される。各部が独立できるように，送信部は，出力インピーダンスが50Ω一定かつ振幅電圧が一定と仮定して設計されることが多い。受信部は，受信のための抵抗値を50Ω一定として扱う。また，伝送部では，送信部と受信部に対して共役複素数によるインピーダンス整合が要求される。このように，電力給電システと信号伝送システムは，目的や構成が異なる。

　電力供給を目的とする場合，負荷となる電気機器では，その利用状態によって消費電力は変化する。すなわち負荷の大きさは設計者が決めるのではなく，外的要因によって決まる。このため，送電部を独立させて，出力インピーダンスを一定にする構成は技術的難易度が高くなり，合理的とは言い難い。これに対し，直流共鳴システムは，電力源から負荷までの電力供給の過程を扱う構成であり，電力変換技術と空間伝送技術を扱う総合技術である。合理的なシステム構想と考えられる。

4.2.8　小型MHz帯ワイヤレス給電

　小型MHz帯ワイヤレス給電技術は，スイッチング電源の周波数のおよそ100倍，無線通信の電力のおよそ100倍を扱う新しい技術である。

　ワイヤレス給電では，通信機器との混信を抑制するため，また，複数の電子機器における電磁両立性（EMC, Electro-Magnetic Compatibility）を担保するため，ISM（Industry-Science-Medical）バンドを用いることが有効である。ISMバンドは，無線通信以外での産業・科学・医療において，高周波エネルギー源を利用するために割り当てられた周波数帯である。最低周波数は6.78 MHzである。我が国では，6.78 MHz帯磁界結合ワイヤレス給電に関して，2015年に電波産業会から規格が発行され，2016年に国内電波法の省令改正が行われている。これを機に実用化の加速が期待される。

　MHz帯の高周波電力変換回路では，電力用半導体素子としてGaN（Gallium Nitride）FETなどのワイドバンドギャップ化合物半導体の利用が期待できる。GaN FETの電気特性は，Si FETと非常によく似ているが，ゲート容量や出力容量は小さく，Si FETを超える高速スイッチング動作が可能である。現段階で考える主なMHz帯磁界結合ワイヤレス給電のシステム要件を表1に示す。具体的用途例では，今後に適用が期待される用途，技術要件では，実用に際して重要と考える要件，送電回路方式と受電回路方式では，重要な回路トポロジーを示す。結合部の構成，

第3章 携帯電話他への応用展開

表1 小形機器向け MHz 帯ワイヤレス給電のシステム要件

項目	具体例
具体的用途例	スマートフォン，タブレット，RFID タグ，通信機器，IoT 機器，ウェアラブル機器，防水機器，電子カード，医療機器，ペースメーカーなど多様。
技術要件	ISM バンド（6.78，13.56 MHz など）による混信抑制。EMC：CISPL 11，CISPL 22，FCC，ICNIRP。給電電力，伝送距離，電力制御，保護，認証など。
送電回路 送電回路トポロジー	電圧方式 D 級構成：ハーフブリッジ，フルブリッジなど。 電流方式 E 級構成：E 級，プッシュプル E 級など。
受電回路 受電回路トポロジー	電圧方式 D 級構成：全波整流，倍電圧整流，半波整流など。 電圧方式 E 級構成：E 級整流，倍電流整流など。
結合部の構成	磁界結合（磁界共鳴，磁界共振），電磁界結合（電磁界共鳴，電磁界共振）
制御方式	PDM (Pulse Density Modulation)，PAM (Pulse Amplitude Modulation)，PWM (Pulse Width Modulation)，ORM (On-period Ratio Modulation) など。
技術動向	化合物電力半導体（GaN），パワーマネジメント，制御アーキテクチャ，EMC 対応，ロバスト性，相互運用性，通信プロトコルなど。

制御方式，そして技術動向では，重要と考えるキーワードや技術用語を示す[6]。

4.2.9 ワイヤレス給電の回路トポロジー

直流共鳴ワイヤレス給電システムにおいて，基本となる送電回路トポロジーと受電回路トポロジーを図6に示す。直流の電力源としては，電圧源と電流源の2つがある。直流電圧をスイッチングする送電回路では，電圧方式と電流方式の2つの構成が考えられる。電圧方式ではD級インバータ，電流方式ではE級インバータが知られ，基本となる送電回路トポロジーは，D級構成とE級構成の2種に分類できる。電圧方式であるD級構成では，2石ハーフブリッジ，4石

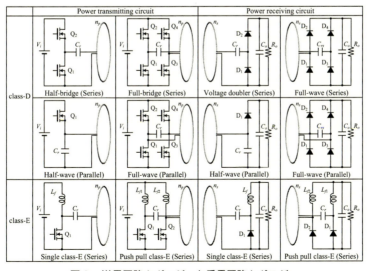

図6 送電回路トポロジーと受電回路トポロジー

フルブリッジなどとなり，電流方式であるE級構成では，1石E級，2石プッシュプルE級などとなる。

電磁界より電力を受け取り整流平滑する受電回路でも，送電と同様に，電圧方式と電流方式の2つの構成が考えられる。基本となる受電回路トポロジーは，D級構成とE級構成の2種に分類できる。電圧方式であるD級構成では，全波整流，倍電圧整流，半波整流などとなり，電流方式であるE級構成では，E級整流，倍電流整流，半波電流整流などとなる。

4.3 6.78 MHz帯磁界結合方式直流共鳴ワイヤレス給電システム規格
4.3.1 システムの概要

直流共鳴方式を核として，ワイヤレス給電の普及を推進するワイヤレスパワーマネジメントコンソーシアム（WPMc, Wireless Power Manegement consortium）で用いられているシステム規格に基づいて解説する。

直流共鳴ワイヤレス給電（DC-R WPT）システムの標準規格で規定するシステムの概要を記す。本標準規格で規定するシステムは，小型電子機器や携帯機器および小型家電機器の利用者に，高周波出力50W以下で6.78MHz帯の電波を利用して，磁界結合方式によるワイヤレス給電の機能を提供する。DC-R WPTシステムにおける電力の流れを制御して電力を管理することを目的に，電力管理制御を採用する。システムの技術的条件は，送電装置（PTU, Power Transmitting Unit）1台に対し受電装置（PRU, Power Receiving Unit）1台を対応させた構成を基本とする。応用として，共鳴フィールドの形成を活用した技術を用いて，複数台の送電装置や複数台の受電装置で構成するシステムが採用される。共鳴フィールドの形成を活用した技術により，複数の送電装置を用いた送電を可能にするとともに，複数の受電装置での同時給電を可能にする。

本標準に準拠した受電装置を搭載した機器であれば異なるアプリケーションの機器であっても同時に受電することが可能である。また，送電装置に対して受電装置の自由な配置（回転変位，水平変位，垂直変位，角度変位に対する柔軟性）を可能にしている。本標準に準拠した送電装置を搭載した機器であれば異なるアプリケーションの機器であっても同時に送電することも可能である。

4.3.2 システム構成

送電装置と受電装置間のDC-R WPTシステムの構成を図7に示す。DC-R WPTシステムは，送電部，共鳴コイル部，受電部により構成される。送電部は，送電回路（Txp），送電共鳴調整回路などにより構成される。共鳴コイル部は，送電コイル，送電共鳴調整回路，受電コイル，受電共鳴調整回路などにより構成される。受電部は，受電回路（Rxp），受電共鳴調整回路により構成される。

・送電回路は，電圧変換回路，電力変換回路，制御回路などから構成される。
・受電回路は，整流平滑回路，安定化回路，制御回路などから構成される。

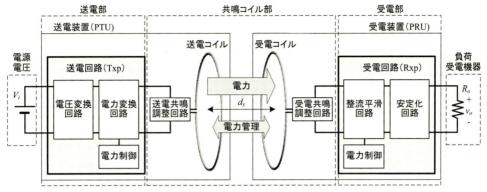

図7　DC-R WPTシステムのブロック図

・送電装置は，送電回路，送電共鳴調整回路および送電コイルなどから構成される。
・受電装置は，受電回路，受電共鳴調整回路および受電コイルなどから構成される。

　本標準規格では，送電装置と受電装置の構成要素および，送電コイルと受電コイルの詳細については規定しない。特に送電コイルや受電コイルは，利用シーンや用途などに応じて設計され，コイル形状や配置は用途ごとに設計される。

　ワイヤレス給電は，送電装置側の電源電圧の直流出力から受電装置側の負荷受電機器に対して行われる。

　送電装置と受電装置の間の電力管理制御には，送電装置の動作周波数を用いた共鳴変調による信号伝送を採用する。

4.3.3　システムの仕様

　6.78 MHz帯磁界結合方式DC-R WPTシステムの安全，安心を担保し，送電装置と受電装置の相互運用性を確保するための仕様を規定する。DC-R WPTシステムにおいて給電を安全，安心，かつ確実に行うために必要となる電力の流れを制御して電力を管理する機能は，電力管理制御回路が担う。具体的には，送電装置における制御回路と受電装置における制御回路で実現される。

　送電の制御回路は，電力変換回路や共鳴調整回路における電流や電圧などを検出する検出回路や共鳴復調回路や発振信号を制御する制御回路などにより構成され，電力の流れの制御，受電装置の検知，送電回路の状態などについて，電力の管理を行う。

　受電の制御回路は，整流平滑回路や共鳴調整回路における電流や電圧などを検出する検出回路や共鳴変調回路や変調信号を制御する制御回路などにより構成され，電力の流れの制御，送電装置の検知，受電回路の状態などについて，電力の管理を行う。

4.3.4　電力管理仕様

　電力供給を安全に行うために必要に応じて送電装置と受電装置の相互接続性を確保し，電力の流れを制御して電力を管理することが必要である。

DC-R WPTシステムでは，送電装置と受電装置との間での信号伝送手段には，ワイヤレス給電に用いる動作周波数と同じ周波数を用いるインバンド方式による共鳴変調方式を用いる。外部の通信手段を用いない構成が可能であり，送電装置や受電装置そしてシステムの小型軽量化，シンプル化が可能になる。

送電装置に対する認証や通知においては，送電装置は，受電装置に信号を伝送する。受電装置に対する認証や通知においては，受電装置は，送電装置に信号を伝送する。

4.4 直流共鳴ワイヤレス給電システムの設計
4.4.1 直流共鳴ワイヤレス給電システムの構成

高効率なワイヤレス給電システムの実現を図るために，図1に示す共振コイルを用いたD級直流共鳴ワイヤレス給電システムおよび共鳴フィールドについて解説する。図1では，送電コイル n_p と受電コイル n_s を用い，コイル間に形成される電磁界共鳴フィールドを用いて電力を供給する。送電コイル n_p と受電コイル n_s のそれぞれにスイッチング素子を直接に接続して構成する。送電コイル n_p と受電コイル n_s は，コイルが共振器となって自己共振する自己共振器として利用される。送電コイル n_p と受電コイル n_s の自己インダクタンスを L_p, L_s, 等価的な漏れインダクタンスを L_r, L_{rs}, 相互インダクタンスを L_{mp}, L_{ms}, コイルの浮遊容量を C_r, C_{rs} とする。共振キャパシタ C_r, C_{rs} は外部部品で構成することも可能である。送電共振機構を漏れインダクタ L_r, 浮遊容量 C_r, 受電共振機構を漏れインダクタ L_{rs}, 浮遊容量 C_{rs} により構成する。スイッチング素子 Q_1, Q_2, Q_3, Q_4 にはFETを用い，スイッチング素子 Q_3, Q_4 は整流素子または同期整流素子として動作させる。スイッチング素子 Q_1 と Q_2 は交互にオンオフし，直流電圧 V_i を送電共振機構に断続的に与える。送電側と受電側の双方にLC共振回路を構成し，反射電力を電力損失としない構成によってシステムの電力効率を向上させる。

直流共鳴ワイヤレス給電システムの別の構成例としてループコイルを用いたE級プッシュプル直流共鳴ワイヤレス給電システムの原理構成を図8に示す。D級は，直流電圧を送電共振機構に断続的に与える構成であるのに対し，E級は，直流電流を送電共振機構に断続的に与える構成となる。直流電圧に十分に大きなインダクタ L_{f1}, L_{f2} を接続することで，それぞれ電流源として機能させることができる。ここでは，送電コイルと受電コイルにシンプルなループコイルを用いている。スイッチング素子 Q_1, Q_2 は交互にオンオフする。スイッチング動作にともなう高調波の抑制には，共振キャパシタ C_r とループコイル n_p からなる送電共振機構とスイッチング素子 Q_1, Q_2 との間に，高調波を抑制するローパスフィルタを接続することが効果的である。

4.4.2 直流共鳴ワイヤレス給電システムの電力変換動作

D級直流共鳴ワイヤレス給電システムについて時間領域解析を行う。エネルギー変換を行う回路動作の解析には，周期状態区分法（periodic state dividing method）を用いることが有効である。周期状態区分法では，1スイッチング周期を等価回路の状態ごとに期間を区分して過渡動作を解析する。各状態の等価回路に関しては，FETやダイオードなどのスイッチング素子が導

第3章　携帯電話他への応用展開

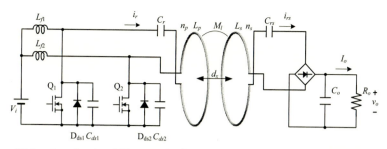

図8　ループコイルを用いたE級プッシュプル直流共鳴システムの原理構成

通か非導通かを判断して等価回路を決定することができる。過渡現象の解析では，各状態における等価回路より導出される時間関数の回路方程式の初期値は，前状態の等価回路における回路方程式での終値となる。平衡状態においては，同一等価回路における初期値の値は，繰り返し周期において収束し，誤差は十分に小さくなる。平衡状態においてスイッチング動作波形を解析することができる。理想的なスイッチング動作波形を図9に示す。1スイッチング周期において，送電回路は，等価回路の状態ごとに4つの期間に区分できる。FET Q_1, Q_2 のゲート電圧を v_{gs1}, v_{gs2}, ドレイン電圧を v_{ds1}, v_{ds2} として，キャパシタ C_r に流れる共振電流を i_r, FET Q_3, Q_4 に流れる電流を電流 i_{d3}, i_{d4} とする。送電側 FET Q_1, Q_2 は，デッドタイム t_d を挟んで交互にオンオフし，直流入力電圧 V_i を台形波電圧に変換する。電磁界共鳴現象により共振電流 i_r の波形はほぼ正弦波となる。受電側の FET Q_3, Q_4 は，整流動作を行い台形波電圧は直流電圧 v_o に変換される。電流 i_{d3}, i_{d4} の波形はほぼ半波の正弦波となる。FETを用いた同期整流技術は，ダイオード整流よりも整流損失を低減できる。

　電磁界の共鳴現象を起こすには，送電スイッチング回路から見た負荷側への入力インピーダン

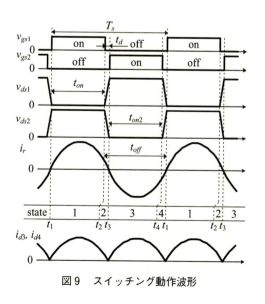

図9　スイッチング動作波形

スは虚部が0，すなわち虚部整合が条件となる。ZVS動作を行うためには，虚部を0に近い誘導性となるように設計する。デッドタイム t_d において共振電流 i_r の遅れ電流によりZVS動作を実現し，スイッチング損失を低減する。デッドタイム t_d は，ZVS動作に必要より短い期間が好ましく，時比率 D（$D = t_{on}/T_s$，$0 < D < 1$）は，0.5に近い。

4.4.3 共鳴フィールドの周波数領域解析

送電コイル n_p と受電コイル n_s は，自己インダクタンス L_p と浮遊容量 C_p が共鳴動作に関与する共振器となる。送電，受電コイル n_p，n_s は，巻数 $n_p = n_s = 5$ ターン，コイル半径 $r = 10$ cm，コイル高さ $h = 5$ cm，線径 $\phi = 2$ mm，材質は銅とする。ムラタソフトウェア製の有限要素法解析ソフト Femtet® を用いて[26]，磁界と電界を静解析する。距離 $d_x = 10$ cm での磁界強度と電界強度を図10(1)，(2)に示す。磁界解析より自己インダクタンス $L_p = 7.55\,\mu$H，電界解析よりコイルの浮遊容量 $C_p = 3.54$ pF となる。内部抵抗 R_i は678 mΩが得られる。自己共振周波数 f_r は，次式となる。

$$f_r = 1/(2\pi\sqrt{L_p C_p}) = 30.8 \text{(MHz)} \tag{1}$$

パラメトリック解析を用いた磁界解析により，距離 d_x を変化させた場合の結合係数 k を図11に示す。距離 d_x が大きくなると結合係数 k は小さくなり，漏れインダクタンス L_r は自己インダクタンス L_p とほぼ等しくなる。送電コイル n_p と受電コイル n_s のそれぞれ単独でのインピーダンス周波数特性を ANSYS 製の HFSS を用いて解析する。結果を図12に示す。30 MHz 付近に自己共鳴周波数 f_r があり，静解析により求めた(1)式の値とほぼ一致する。図12に示される共鳴周波数 f_r の方がやや低いのは，内部抵抗 R_i による影響である。

動作周波数を10 MHz 級とするために，共振コイルの両端に $C_{pa} = 30$ pF を接続して解析したインピーダンス周波数特性を図13に示す。このとき共振周波数 f_r の計算値は次式となる。

$$f_r = 1/(2\pi\sqrt{L_p(C_p + C_{pa})}) = 10.0 \text{(MHz)} \tag{2}$$

共振キャパシタを接続することで共振コイルの自己共振周波数を調整できることが示される。

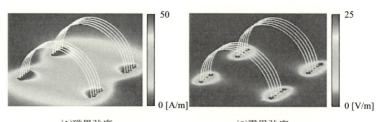

(1)磁界強度　　　　(2)電界強度
図10　電磁界シミュレーションによる磁界強度と電界強度（距離 $d_x = 10$ cm）

第3章　携帯電話他への応用展開

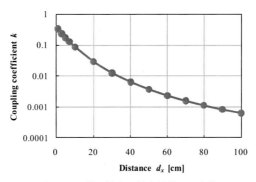

図11　距離に対する結合係数 k の変化

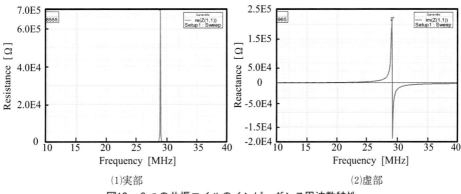

(1)実部　　　　　　　　　　　　　　　(2)虚部

図12　2つの共振コイルのインピーダンス周波数特性

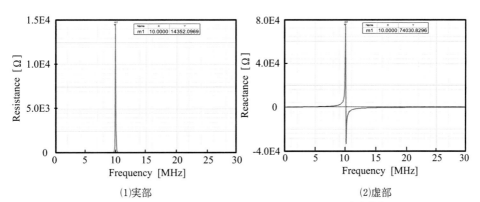

(1)実部　　　　　　　　　　　　　　　(2)虚部

図13　C_{pa}＝30 pF を接続した場合のインピーダンス周波数特性

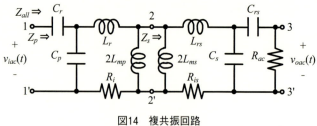

図14 複共振回路

4.5 共鳴結合回路の統一的設計法（MRA/HRA/FRA 手法）
4.5.1 複共振回路解析（MRA）

共鳴結合回路の統一的な設計法として，複共振回路解析（MRA）手法，調波共鳴解析（HRA）手法，F行列共鳴解析（FRA）手法の3つの手法を解説する[1~5]。複共振回路解析（MRA）では，4次元時空間の電磁界の振る舞いを2次元にモデル化した複共振回路（Multi-resonant circuit）を用いて，電圧と電流の時間的変化を解析する。共振コイルに直列に共振キャパシタ C_r を備える場合，形成される電磁界共鳴結合を含めた等価的な複共振回路は図14となる。

HRA 手法では，2石のFETを交互にオンオフして得られる台形波電圧をフーリエ級数展開し，各周波数成分により諸特性を解析する。スイッチング動作により得られる台形波電圧をフーリエ級数展開した電圧 $v_{isqf}(t)$ は次式となる。

$$v_{isqf}(t) = \frac{V_i}{2} + \frac{V_i}{\pi} \sum_{n=1}^{\infty} \frac{1}{n} \left\{ \sqrt{2(1-\cos(\pi n))} \sin(n\omega_s t + \theta) \right\} \tag{3}$$

$$\theta = \cos^{-1}[\{1-\cos(\pi n)\}/\sqrt{2(1-\cos(\pi n))}], \quad \omega_s = 2\pi/T_s \tag{4}$$

直流共鳴方式では，共鳴現象を用いることで，複共振回路に流入する電流はほぼ正弦波となる。フーリエ級数（Fourier series）より，周波数が互いに異なる2つの周期関数の積に対する周期積分値は0となる。すなわち，周波数が互いに異なる電流と電圧が同時に存在しても，電流と電圧の積である瞬時電力の周期積分値は0となる。周期積分値が0となることは電力消費がないことを意味する。したがって，電圧波形が高調波を含む台形波であっても，電流波形が単一周波数の正弦波である場合，基本波に対してのみ電力を消費し，高調波に関しては電力を消費しない。このため基本的な電力の解析は，入力電圧波形の基本波 $v_{iac}(t)$ を用いて解析することが可能となる。

また，受電側において直流電圧が供給される直流負荷抵抗 R_o は，電力消費が等価となる交流実効負荷抵抗 R_{ac} に変換する。基本波電圧 $v_{iac}(t)$，倍電圧整流における交流抵抗 R_{ac} は次式となる。

$$v_{iac}(t) = (2V_i/\pi)\sin(\omega_s t), \quad R_{ac} = 2R_o/\pi^2 \tag{5}$$

第3章　携帯電話他への応用展開

FRA手法では，複数のLC共振回路から構成される複雑な複共振回路をF行列（Fパラメータ）によりシンプルに解析する。図14における端子1-1'と2-2'間の送電共振回路，端子2-2'と3-3'間の受電共振回路，端子1-1'と3-3'間の全体の複共振回路に対するF行列をそれぞれF_p, F_s, F_{all}として，$j\omega \to s$にして表すと次式を得る。

$$F_p = \begin{bmatrix} 1 & \dfrac{1}{sC_r} \\ 0 & 1 \end{bmatrix} \begin{bmatrix} 1 & 0 \\ sC_p & 1 \end{bmatrix} \begin{bmatrix} 1 & sL_r + R_i \\ 0 & 1 \end{bmatrix} \begin{bmatrix} 1 & 0 \\ \dfrac{1}{2sL_{mp}} & 1 \end{bmatrix} \tag{6}$$

$$F_s = \begin{bmatrix} 1 & 0 \\ \dfrac{1}{2sL_{ms}} & 1 \end{bmatrix} \begin{bmatrix} 1 & sL_{rs} + R_{is} \\ 0 & 1 \end{bmatrix} \begin{bmatrix} 1 & 0 \\ sC_s & 1 \end{bmatrix} \begin{bmatrix} 1 & \dfrac{1}{sC_{rs}} \\ 0 & 1 \end{bmatrix} \begin{bmatrix} 1 & 0 \\ \dfrac{1}{R_{ac}} & 1 \end{bmatrix} \tag{7}$$

$$F_{all} = F_p F_s \tag{8}$$

F行列の要素を用いて入力インピーダンスZ_{all}および電圧利得となる電圧変換比G_{all}（$=v_o/V_i$）は次式で表される。

$$Z_{all} = |F_{11}/F_{21}|, \quad G_{all} = |1/F_{11}| \tag{9}$$

共鳴現象を用いた電磁界共鳴結合を形成するには，複共振回路の入力インピーダンスZ_{all}においてリアクタンスX_mがほぼ0となり，大きさが極小付近となることが必要である。出力電力は，(9)式の電圧利得G_{all}により解析することができる。また，スイッチング周波数や入力電圧V_iを調整することで電力を制御することができる。

4.5.2　入力インピーダンスと電圧利得の解析

ワイヤレス給電システムの諸特性について解析する。回路パラメータは有限要素法解析ソフトFemtet®により得られる$L_p = 7.55\,\mu\text{H}$, $C_p = 3.54\,\text{pF}$, $R_i = 678\,\text{m}\Omega$, $C_r = 30\,\text{pF}$を用い，入力電圧$V_i = 50\,\text{V}$，動作周波数$f_s = 10\,\text{MHz}$程度を想定する。抵抗$R_o = 50\,\Omega$として，距離d_xを10～50 cmと変化させた場合を解析する。(9)式より，入力インピーダンスZ_{all}に対する実部のレジスタンスR_{re}と虚部のリアクタンスX_mの周波数特性をそれぞれ図15(1), (2)に示す。レジスタンスR_{re}は，複共振回路の共鳴周波数f_r付近では距離d_xが大きくなるに従い小さくなる。一方，距離$d_x = 0.2\,\text{m}$以下では，リアクタンスX_mが0となる周波数は3つ存在して双峰特性となる。$X_m = 0$となる周波数を低い方から順に共鳴周波数f_{r1}, f_r, f_{r2}と定義する。

入力インピーダンスZ_{all}の大きさと電圧利得G_{all}の周波数特性を図16(1), (2)に示す。Z_{all}とG_{all}は，距離が大きくなると，双峰特性，臨界特性，単峰特性と変化する。電圧利得G_{all}は，単峰特性となる距離$d_x = 0.4\,\text{m}$付近にて最大となり，出力電圧v_o，出力電力P_oも最大となる。

FRA手法を用いたAC-RF-AC変換での数式計算によるDC出力電圧を解析する。図16(2)に示すAC入力電圧v_{iac}に対するAC出力電圧v_{oac}の電圧変換比率である電圧利得G_{all}を用いる。$V_i = 50\,\text{V}$としてDC出力電圧v_oを計算した結果を図17(1)に示す。また，計測技術研究所のス

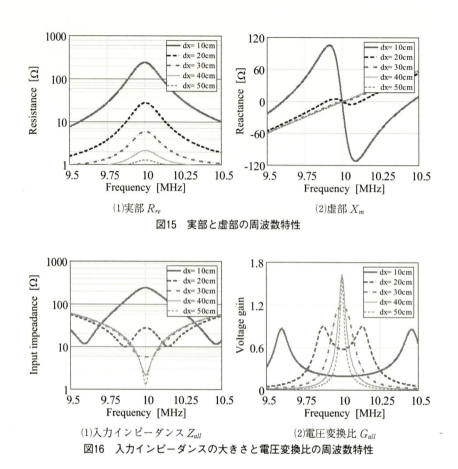

(1)実部 R_{re}　　(2)虚部 X_m
図15　実部と虚部の周波数特性

(1)入力インピーダンス Z_{all}　　(2)電圧変換比 G_{all}
図16　入力インピーダンスの大きさと電圧変換比の周波数特性

イッチングコンバータ解析ツールSCAT ver. K.492を用いた非線形スイッチング回路シミュレーションによるDC-RF-DC変換でのDC出力電圧の解析結果を図17(2)に示す。解析では，整流素子にダイオードを用い，ダイオードの順方向電圧降下は0.7 V，FETのオン抵抗は100 mΩ，寄生容量 C_{ds} = 100 pF としている。図17(1)と(2)はよく一致している。FRA手法を用いた数式計算と，反復計算によるシミュレーション解析は，解析過程が全く異なるにもかかわらず，解析結果は一致している。DC-RF-DC電圧変換を行う非線形スイッチング回路に対して，FRA手法を用いたAC-RF-AC電圧変換の複共振回路として解析する共鳴結合回路の統一的設計法の妥当性が確認できる。

　直流共鳴システムにおけるDC-RF-DC変換における電力効率特性について，SCATを用いて距離 d_x を変化させた場合について解析した結果を図18(1)に示す。SCATによる解析では，スイッチング速度は瞬時として扱われるために電力損失は少なく見積もられる傾向があるが，システムのDC-RF-DC電力効率は70％を超える。MITの研究報告ではDC-RF-DC変換における電力効率は15％である。直流共鳴システムは圧倒的な高効率特性を得ることが可能である。また，距離 d_x = 20 cm で位置ずれの値を変化させた場合について，DC-RF-DC変換における電力効率特性

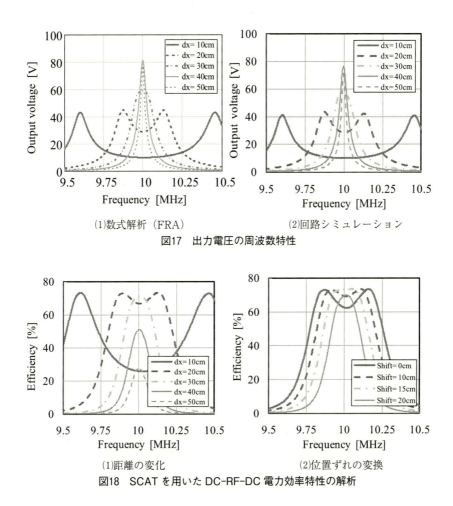

(1)数式解析(FRA)　　(2)回路シミュレーション
図17　出力電圧の周波数特性

(1)距離の変化　　(2)位置ずれの変換
図18　SCATを用いたDC-RF-DC電力効率特性の解析

を解析した結果を図18(2)に示す。解析では,磁界解析により得られた結合係数kを用いてシステム設計理論に基づいてSCATを用いて電力効率を解析している。空間的に離れて位置する送電コイルと受電コイルに対する結合係数kが磁界解析などにより得られれば,回路シミュレーションを用いてワイヤレス給電システムのDC-RF-DC電力効率を解析できることが示されている。また,図16(2)に示される電圧変換率と図18(1)に示される電力効率は異なる特性である。伝送電力と電力効率は,それぞれが最大となる条件は一致しない。

4.5.3　GaN FETを用いた10 MHz級50 W動作実験

共鳴結合回路の統一的設計法を用いてシステムを設計し,高周波動作が期待されるワイドバンドギャップの電力用化合物半導体であるGaN FETを用いた実験による検証を行った[14]。実験では,共振キャパシタに,村田製作所製の高周波特性に優れた中高圧積層セラミックコンデンサを用いる。スイッチング素子には,ローム製の研究試作サンプルである100 V耐圧,20 Aパルス耐圧,オン抵抗0.21 Ω,スレッショルド電圧0.8 Vのノーマルオフ型GaN FETを用いる。上昇,降下時間はともに6 nsであり,高速スイッチング動作が期待できる。整流素子には,ショット

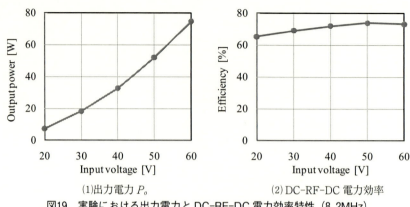

(1) 出力電力 P_o　　　　　(2) DC-RF-DC 電力効率

図19　実験における出力電力とDC-RF-DC電力効率特性（8.2MHz）

キーバリアダイオードを用いる。基本的な知見を得るために，磁界を発生させる最小単位のループコイルを送電と受電のコイルとして用いる。半径5cm，線径1mmの2つのループコイルを接近させて用い，主に，送電部の送電能力を確認する。共鳴フィールドの形成では，一般に，幾何学的な相似則が成り立つ。対応する寸法比が等しい図形の相似のように考えることができる。距離とコイル半径の比率において，距離を大きくする場合は半径を大きくするという対応となる。スイッチング周波数 $f_s=8.2$ MHz，負荷 $R_o=50\,\Omega$，結合係数 $k=0.567$ において，実験により得られた出力電力特性とシステムにおけるDC-RF-DC電力効率特性を図19に示す。入力電圧60Vでは，出力電圧61.2V，最大供給電力74.9W，システム電力効率73.3%，また，入力電圧50Vでは，出力電圧51.0V，供給電力52.0W，DC-RF-DC電力効率74.0%を達成できる。

4.5.4　最適ZVS動作とGaN FETを用いた6.78MHz実験

最適ZVS動作とGaN FETを用いたD級直流共鳴ワイヤレス給電システムの原理構成を図20に示して解説する[7〜11]。スイッチング素子 Q_1, Q_2 は GaN FET であり，動作が類似する MOSFET と同じ記号で表す。送電と受電のコイルは，シンプルなループコイル n_p, n_s を用いる。自己インダクタンスを L_p, L_s，等価的な漏れインダクタンスを L_r, L_{rs}，相互インダクタンスを L_{mp}, L_{ms} とする。共振キャパシタ C_r, C_{rs} はセラミックコンデンサを用いる。送電と受電のコイル n_p, n_s と共振キャパシタ C_r, C_{rs} とでLC共振機構を構成する。送電と受電のそれぞれの共振機構の間で電磁界の共鳴を起こして電磁界共鳴フィールドを形成して，空間を隔てて電気を送る。

送電と受電の間の共鳴現象により送電コイルに流れる共振電流 i_r は正弦波状となる。2つのFETがオフとなるデッドタイム t_d において，遅れ位相の共振電流 i_r により2つのFETの寄生容量 C_{ds} を充放電して転流を行う。転流期間 t_c の後，寄生ダイオード導通期間 t_a において FET をターンオンしてZVS動作を実現し，次式を得る。

$$t_c \cong t_r \cong t_f \leq t_d \leq t_c + t_a \tag{10}$$

第3章 携帯電話他への応用展開

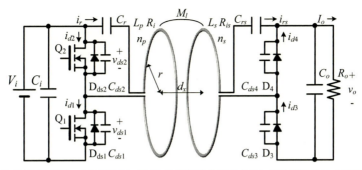

図20　GaN FET を用いた6.78 MHz ZVS-D 級直流共鳴ワイヤレス給電システムの原理構成

期間 $t_a = 0$ の条件では，ZVS 動作とともに，最小電流でターンオフする最適 ZVS 動作によりスイッチング損失を最小にできる。この動作モードでは，転流期間の終わりに FET Q_1 の電圧 v_{ds1} の傾きは緩やかになり，$dv_{ds1}/dt = 0$ かつ $v_{ds1} = 0$ となった時点で FET Q_1 はターンオンする。FET Q_2 も同様である。最適 ZVS 動作は，ターンオンで ZVS 動作する条件のなかで，電流 i_d のターンオフ電流が最小となる動作である[23]。

スイッチング周波数 $f_s = 6.78$ MHz，$C_r = C_{rs} = 1.68$ nF として，入力電圧 $V_i = 15$ V，距離 $d_x = 3$ mm において，EPC 社[27]製 GaN FET の EPC2014 を用いて負荷 $R_o = 60$ Ω と $R_o = 140$ Ω の場合における実験波形を図21に示す。共鳴現象により正弦波状の共振電流 i_r が得られる。それぞれ出力 19.4 V，45.7 V，給電電力 6.3 W，14.8 W となっている。

最適 ZVS 動作による高効率な電力変換の実現を検討する。デッドタイム t_d を変化させて最適な値に調整する。入力電圧 $V_i = 15$ V として負荷を $R_o = 90 \sim 160$ Ω に変化させた場合の DC-RF-DC 電力効率を図22(a)，負荷を $R_o = 20 \sim 160$ Ω に変化させた場合の DC-RF-DC 電力効率を図13(b)に示す。デッドタイム $t_d = 10$ ns に調整して，負荷 $R_o = 110$ Ω において，高効率な DC-RF-DC 電力効率 89.5%，出力 11.3 W，電力損失 1.29 W を達成している。入力電圧 $V_i = 18$

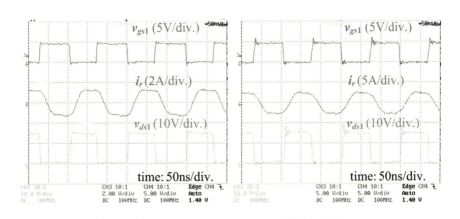

(1) $R_o = 60$ Ω　　　(2) $R_o = 140$ Ω

図21　6.78 MHz 動作実験におけるスイッチング波形

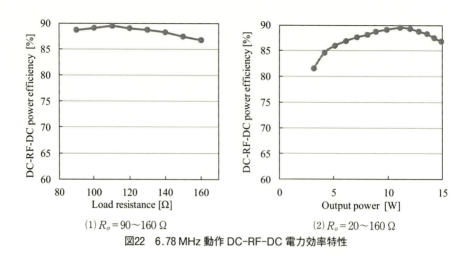

(1) $R_o = 90 \sim 160\,\Omega$ (2) $R_o = 20 \sim 160\,\Omega$

図22　6.78 MHz 動作 DC-RF-DC 電力効率特性

V，負荷 $R_o = 170\,\Omega$ では，出力61.8 V，出力22.4 W を達成している．GaN FET は，6.78 MHz の高速動作にも対応でき，デッドタイム調整によって，これまでにない圧倒的に高効率な DC-RF-DC 変換電力効率を達成できる．

4.5.5　共鳴フィールドの実証実験

送電と受電にループコイルを用い，中継共鳴ループコイルを適宜複数配置して，電磁界共鳴フィールドの拡大について実験する[13,14]．磁界解析と実験の結果を図23に示す．磁界解析では電磁界共鳴フィールドにおける磁界ベクトルを解析している．実験では，太陽電池により発電した直流電圧から共鳴を起こして電磁界共鳴フィールドを形成し，受電装置に備えた複数の LED を点灯させている．①直流―直流の給電，②複数負荷への給電，③共鳴フィールドの拡大，④様々な方向への給電など，これまでにない画期的な技術を実証している．産業への利用が大いに期待できる．

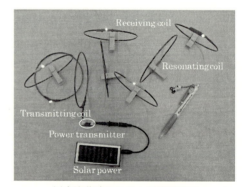

(1)共鳴フィールドの解析（磁界ベクトル）　　(2)直流共鳴システムの実証実験

図23　共鳴フィールドのシミュレーションと実証実験

4.6 まとめ

本稿では，新しい価値創造を目指した高周波パワーエレクトロニクスを示し，直流共鳴ワイヤレス給電システムの仕様や設計技術を解説した。直流共鳴システムは，直流電気から共鳴を使ってワイヤレス給電するという技術思想であり，電力変換技術と空間伝送技術を融合した総合技術を扱う。まとめると以下となる。

(1) 直流共鳴ワイヤレス給電システムでは，送電コイルと受電コイルにスイッチング素子を電気的に接続して，送電コイルと受電コイルの間で電磁界共鳴結合を形成して電力を供給する。

(2) 共鳴結合回路を統一的に設計する3つの手法として，複共振回路解析（MRA）手法，調波共鳴解析（HRA）手法，F行列共鳴解析（FRA）手法を解説した。距離変化や位置ずれに対するシステムの電力特性などを明らかにすることができる。

(3) システム設計理論に基づいて，高速動作を期待するGaN FETを用いた10 MHz動作実験では，給電電力75 W，DC-RF-DC電力効率74.0％を達成できる。

(4) 小型GaN FETを用いた6.78 MHz動作実験では，出力22.4 WとDC-RF-DC電力効率89.5％を達成できる。出力11.3 Wでのシステムの電力損失は1.29 Wと小さい。

(5) 複数の中継共鳴コイルを配置した電磁界共鳴フィールドを拡大する実証実験では，受電領域を広げることができ，送電装置，共鳴装置，受電装置を複数備えた様々な目的に応じた応用可能な電力システムの開発が可能となることを示した。

ワイヤレス給電は，新しい市場を拓く大きなポテンシャルを有している。特に小型MHz帯直流共鳴システムは，利用シーン，用途そしてニーズは圧倒的に大きく期待が大きい。ワイヤレス給電は，総合技術を必要とし，複雑な物理現象や特性に対応しなければならない。物理現象はシンプルな要素の集合体である。複雑な現象を理解するにはもとになる大切な部分を調べ，本質を捉える必要がある。

新しい価値創造，新しい製品の創出を目指して，各分野の開発者が力を合わせて協力し，新しい技術，新しいビジネスを拓き，未来社会に貢献することが期待されている。

文　　献

1) 細谷達也, 信学技報, WPT2011-22（2011）
2) 細谷達也, 信学技報, WPT2012-23（2012）
3) 細谷達也 ほか, パワーマグネティクスのための応用電磁気学, pp.235～270, 共立出版（2015）
4) 細谷達也 ほか, 電界磁界結合型ワイヤレス給電技術, 科学情報出版（2014）

5) 細谷達也 ほか, グリーン・エレクトロニクス No.11, CQ出版社（2012）
6) 細谷達也 ほか, 電気学会全国大会, S18-5（2016）
7) T. Hosotani, CS MANTECH Proc., pp.15-19（2015）
8) 細谷達也, 電気学会全国大会, S3-8（2015）
9) 細谷達也, 信学会総合大会, BCI-3-4（2015）
10) 細谷達也, 信学技報, WPT2014-50（2014）
11) 細谷達也, 信学会ソサイエティ大会, B21-4（2014）
12) 細谷達也, 信学技報, WPT2014-20（2014）
13) 細谷達也, 自動車技術会, 6-20135507（2013）
14) 細谷達也, 信学技報, WPT2013-16（2013）
15) T. Hosotani, I. Awai, IEEE IMWS-IWPT Proc., pp.235-238（2012）
16) 細谷達也, マグネティックス研究会, MAG-12-030, pp.43-48（2012）
17) 細谷達也, 信学技報, WPT2012-5（2012）
18) 細谷達也 ほか, マグネティックス研究会, MAG-11-070, pp.47-52（2011）
19) T. Hosotani, I. Awai, IEEE IMWS-IWPT Proc., pp.235-238（2012）
20) 居村岳広 ほか, *The Institute of Electrical Engineers of Japan*, **130**(1), pp.84-92（2010）
21) A. Kurs *et al.*, Science Express, **317**(5834), 83-86（2007）
22) T. Hosotani *et al.*, IEEE INTELEC Proc., pp.115-122（1994）
23) 細谷達也 ほか, "整流デッドタイムを有する10MHz級零電圧スイッチング電流共振形コンバータ", 電学論, **117-A**(2), 140-147（1997）
24) 田中 ほか, 信学技報, PE95-69（1996）
25) http://www.muratasoftware.com
26) http://epc-co.com/epc/GaNLibrary.aspx

5 電界結合方式を用いた回転体への電力伝送技術

原川健一*

5.1 まえがき

日常生活に欠かすことができない電気であるが，機械的方法を介在させない純粋に電力を送電する方法には，4種類存在する。

一つ目は接触方式であり，コンセントプラグとして日々使用している。

二つ目は，磁界結合である。1つの回路に生じる誘導起電力の大きさはその回路の湾曲部分の内側を貫通する磁界の変化の割合に比例するというもの。ファラデーの電磁誘導の法則として知られている。トランスなどに多用されている。

三つ目は，マイクロ波送電である。電力送電されてはないが，電子レンジで食品にエネルギーを加えて加熱している。将来的には，SPSとして宇宙空間に浮かべられた太陽電池パネルから地上に電力を送電するはずである。

四つ目が，本論のテーマである電界結合である。電界はタッチパネルなどには使用されているが，電力伝送用途には全く実用化されていない。電界結合電力伝送装置を実際に製作してみると，性能が劣るために使用されていないのではなく，やられていないだけであると感じる。決して性能的に他方式と比べて劣るものではない。電界方式は，磁界方式と相互補完的関係にある技術であるため，車の両輪のように発展することが望ましい。

一方，本論では電界結合方式を用いた回転体への電力伝送に絞って議論を展開する。既存技術として，回転体への電力伝送として用いられているものにスリップリングがある。このスリップリングは，現代の機械システムに多用されているが，同時に多くの問題点も指摘されている。電界結合方式は，このスリップリングの問題点を解決することができるため，スリップリングの代替や，新しい用途の開拓も可能と思われる。

5.2 電界結合方式

5.2.1 電界結合とは

図1に電界結合の基本回路を示す。電源と負荷の間に金属平板を対向させた接合容量（コンデンサ）が入っていて，このコンデンサを介して負荷に電力を送る。電界結合の面白い点は，二枚の金属板を対向させた極めてシンプルな構造であるとともに，その金属板を相互に動かすことができる点である。金属板表面に酸化膜などがあっても電力伝送できるため，接触式とは異なる用途展開が可能になる。ただし，直流は送電できず，高周波電流の送電のみ可能である。このため，通信波を重畳させることも容易である。金属板間には，接合容量があり，この値が大きい程送電効率が増すため，次の対策の幾つかを取らなければならない。

① 金属板間を近づけること

---

* Kenichi Harakawa ㈱ExH（イー・クロス・エイチ） 代表取締役

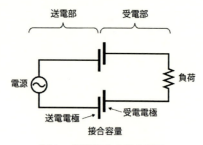

図1　電界結合の基本回路

② 対向面積を増やすこと
③ 周波数を高くすること
④ 接合容量に加わる電圧を高くすること
⑤ 金属板間に挟まれる誘電体の誘電率を高くすること

である。

これらをすべて満足する必要はないが，用途に応じて①～⑤の依存割合を変えていく必要がある。

さらに，電力伝送する回路方式として，直列共振方式，並列共振方式があり，これらの回路を用いることにより効率的な電力伝送を可能にしている。

5.2.2　回路方式

(1) コンデンサのみによる結合

最も基本的な回路として，コンデンサのみによる結合回路を図2に示す。

電源の電圧をV，送電周波数をfとし，2つの接合容量が同じ値でCとする。負荷抵抗をRとする。

伝送電力Pは(1)式で示され，電流iは，(2)式で表される。

$$P = Vi \tag{1}$$

$$i = 2\pi f C V_C \tag{2}$$

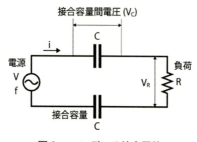

図2　コンデンサ結合回路

第3章　携帯電話他への応用展開

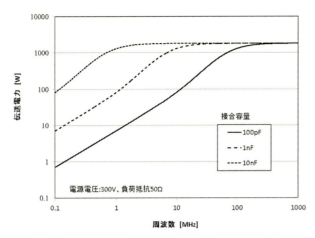

図3　電界結合回路における伝送電力の周波数依存性

これから判るように，送電電力を増大するためには，電源電圧 V，送電周波数 f，接合容量 C を大きくする必要がある。接合容量の電圧 V_C は，負荷と接合容量の電圧分配比で決まる値であるため，電源電圧を大きくすれば大きくなる。ここで注意しなければいけないことは，V_C を大きくしないで伝送電力を大きくすることもできることである。すなわち，接合容量 C または送電周波数 f を上げて，V_C を低く抑えることも可能である。

図3は，電源電圧300V，負荷抵抗50Ωとしたときに，接合容量を100pF，1nF，10nFと変化させたときの，伝送電力の周波数依存性を示している。周波数が十分に高い領域では，接合容量のインピーダンスが無視できて，電源と負荷が直結することになり，1.8kWの電力伝送が可能になるが，周波数が低くなるにつれて送電電力が低下してくる。これは，図3に示すように，接合容量のリアクタンスが大きくなって負荷に掛かる電圧が減少するためである。

計算結果からは，いくらでも電力伝送できそうであるが，現時点で効率の良い電力伝送用インバータが準備できるのは，10MHz程度までであるとともに，10nFの接合容量を得るのが困難な場合がある。このような場合には，次に説明する直列共振方式または並列共振方式を用いる必要がある。

(2) 直列共振方式

図4に，直列共振回路を示す。この回路は，電源の送電電圧をV，送電周波数をfとし，負荷抵抗をRとしている。その他には，接合容量Cがあるが，これらに直列にインダクタンスが接続されている。このインダクタンスには，直列抵抗R1がある。

送電電圧を300Vとし，1MHzで共振している直列共振回路のインダクタンスまたはキャパシタンスの値を1/100にすることにより，共振周波数を10MHzにシフトさせた例を図5に示す。キャパシタンスを変えずに，インダクタンスのみを1/100にした時には，Qが小さくなり，ブロードな特性になる。他方，インダクタンスをそのままにしてキャパシタンスを1/100にした時には，急峻な特性になる。Qが100倍違うことになる。

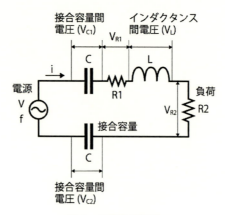

図4 直列共振回路

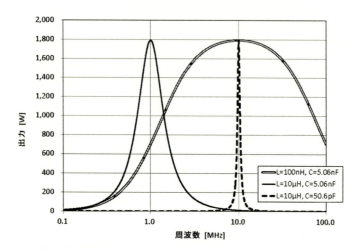

図5 直列共振回路でLまたはCを1/10にした特性（R＝50Ω）

　伝送電力が満足されるのならば，Qが小さい方が，周波数やキャパシタンスの変化に鈍感になるとともに，インダクタンスやキャパシタンスに印加される電圧も低くなる。ただし，共振回路自身の損失が大きく伝送効率は上げられない。これに対し，共振回路自身の損失を低減するためにはQは大きいほうが良く，伝送効率があげられる。用途に応じて使い分ける必要がある。

　電界結合は，接合容量を介して電力伝送し，接合容量を送電側と受電側に分けて駆動させるため，接合容量が変化してしまう場合には，Qを低減させる必要がある。しかし，直列共振方式では，共振周波数から大きくずれると殆ど送電できなくなる。

(3) 並列共振方式

　図6に並列共振回路図を示す。この回路は，左側から電源があってトランスで昇圧して送電し，L2，C1の並列共振回路，接合容量を経て，受電側のC4，L3の並列共振回路を励起し，トランスで降圧して負荷に電力を供給している。この回路は，2007年のマサチューセッツ工科大学による磁界結合方式で2m離れて電力を送った回路と共振回路やトランスの構成は同じである。

第3章　携帯電話他への応用展開

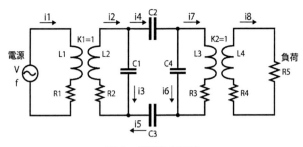

図6　並列共振回路

異なるのは，伝送媒体が磁界ではなく電界である点であり，接合容量が付け加えられている。

図6の回路の基本は，接合容量で送電側と受電側が接続されていることおよび受電側の並列共振回路である。図7は，その部分のみを取り出して簡略化した回路である。受電側トランスの二次側には負荷抵抗 R が接続され，負荷側から見て1対 n の巻き数比となっているため，n^2R の負荷が接合容量で接続した回路となっている。並列共振回路は，共振時にそのインピーダンスが高くなるため，接合容量のインピーダンスが変動しても負荷側の電力分配率が高くなるため，効率的に電力が伝送できる。伝送効率の高さとロバスト性を兼ね備えたシステムが構築可能である。

接合容量は，リアクタンス成分であるため，ベクトル的に記すと図8のように示せる。これにより，送電側電圧 nQV が効率的に受電側に伝送できていることが判る。

5.3　在来技術との比較

本論では，電界結合技術を回転体への電力伝送に応用しようとしている。では，回転体への電力伝送にはどのような既存技術があり，それらに対して電界結合方式は，どの様な利点や問題点を有しているのか，比較検討する。

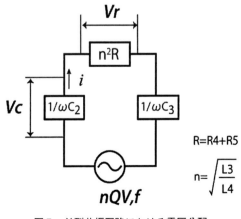

図7　並列共振回路における電圧分配

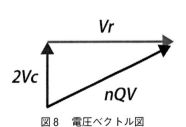

図8　電圧ベクトル図

ワイヤレス電力伝送技術の研究開発と実用化の最前線

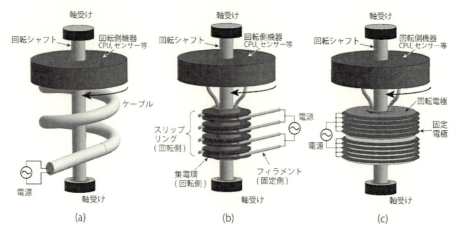

図9　回転体への電力伝送方式の比較

　図9(a)には，ケーブルによる方法が記載されている．図から直ぐに判ることは，ケーブル方式が最も単純だが，何回転も回転する用途には使用できない．ケーブルが回転シャフトに巻き付き，逆回転した場合にはケーブルがよじれたり，絡まったりして損傷が大きいからである．ただし，右回りと左回りそれぞれに半周以下の回転ならばケーブル方式が優れていると思われる．ただし，回転頻度が多い場合にはこのような低角度の回転の場合にもケーブル損傷が気になるようである．ロボットの関節や車のハンドルなどはこれに該当するかもしれない．

　同図(b)は，ケーブル方式の問題点を解決すべく開発されたスリップリングである．スリップリングは，図に示すように回転シャフトに取り付けられた集電環に固定体側からフィラメントを接触させた構造をしている（カーボンやブラシ状フィラメントを擦る場合もある）．すなわち，金属同士の接触による電力伝送方式を採用している．ただし，接触点は点またはそれに近い状態であるので，電流が集中し発熱しやすくなる．このため，1つの回転リングに対して2か所以上の接触点を作り，必要なだけ段数を増加させている．このため，大電力送電する場合には送電電圧を高くし，電流を抑えて送電する方法も併用されている．方式としては単純であるが，大電力化するには大きさが大きくなり，コストもかさむことが判る．

　同図(c)には，電界結合方式による電力伝送方式を示している．この図の場合には，回転シャフト側に付けられた円盤状の回転電極と固定体側につけられた円盤状の固定電極を多層に積層して，大きな接合容量を得ようとしている．この方式では，電極の両面で接合容量を作っているので接合容量を稼ぎやすい．より一層，接合容量を増大するためには，円盤の半径を大きくしたり，段数を増やしたり，電極間隔を狭くすることが可能である．さらに，固定時や回転時においても，電流密度が高くなる部位が無いので，固定または回転にかかわらずに使用できる．

　ケーブル方式の問題点は明確であるため，これを除外して電界結合方式とスリップリングのみを比較して表1に示した．上記文書にも説明してない細かな点まで比較している．
　このように比較すると，電界結合方式はスリップリングに比して多くの利点を有し，スリップリ

第3章　携帯電話他への応用展開

表1　電界結合方式とスリップリングの比較

	電界結合方式	スリップリング
動作周波数	10kHz以上	直流，交流
伝送原理	電界結合式	接触式
電磁界放射	シールド構造が採用可能	直流であれば，放射はない。
出力	接合容量を多層構造，極近接構造などを採用すれば，接合容量を極めて大きくできるため，100kW以上の大電力送電が可能。	点接触のため，大電力化困難。
伝送効率	インバータ性能に依存する。接合容量のみでは，条件により99％も可能。	未計測のため不明である。接触式のため，低電力では発熱もなく高効率と思われる。
電極露出	電極を絶縁体で覆うことが可能。	集電環、フィラメントは露出する。
耐水性	水が浸入しても問題ない。水は，比誘電率80の高誘電材であるため，接合容量は高まる。	水の侵入により，フィラメントが浮き，接触不良になる。
耐腐食性	電極を酸化膜などで覆うことができるため，耐腐食性が得られる。	集電環，フィラメントが露出しているため，耐腐食性が無い。
発塵	特に発塵しない。	導電性の切削粉が発生するため，メンテナンスが必要である。
回転数	制限なし	フィラメントと集電環の間に空気膜ができるため，回転制限がある。接触圧力を高めると，発塵が多くなる。
停止時送電	特に問題ない。面全体で電力伝送するため，電流密度が極端に高くなるところが無い。	点接触で送電するため，接点部の電流密度が高くなり，停止時に大電力送電すると，加熱変形が起きやすい。停止時に大電力送電する機会の多い場合には，電極段数を増やす必要がある。
電極材料	アルミニウム，極薄金属	銅，金(接点)，カーボン(接点)
コスト	インバータなどの高周波電源回路にコストがかかる。近年，SiC素子，GaN素子が市場に出回りはじめ，低コスト化，高効率化が図れるようになりつつある。	基本構造は安価であるが，耐水性，耐腐食性などを考えて，機械精度を上げて多重にOリングを入れると，回転摩擦の増大になるとともに，コストも増大する。
電波監理局などへの申請	50W以下であれば，申請不要。50W以上でも，シールドが十分に行えるならば，申請が不要になる可能性がある。(要調整)	10kHz以下であれば，申請が不要である。
アース	不可能(※1)	可能
熱電対使用	不可能(※1)	可能であるが，安定性が得られない場合がある。
メンテナンス	メンテナンスフリーである。	導電性の切削粉の清掃が必要である。Oリングの交換は，実質的に困難な場合もある。

※1　電界結合方式とスリップリングのハイブリット方式も採用できるため，実際の応用では，電界結合方式でもアースなどの問題には対応可能である。

ングの欠点をカバーしている。このため，電界結合型電力伝送軸受の開発が本格化すれば，スリップリングの代替が進むと予想される。さらに，スリップリングではできないことも可能になるため，新しい市場も開拓可能になる。

ワイヤレス電力伝送技術の研究開発と実用化の最前線

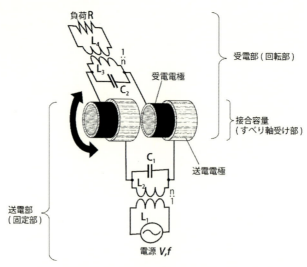

図10　滑り軸受を用いた回転体への電力伝送システム

5.4　実施例

　図9(c)に示した円盤を用いる方法の他に，円筒を用いて接合容量を形成する場合もある。図9(c)の円盤を用いた場合には，上下に軸受けがあって電極自身では荷重を受けていない。これに対し，図10に示す方法は，自身が荷重を受けるタイプの軸受けである。特に，滑り軸受型は高荷重用途に適していて，軸受け自体に電力伝送機能を付けられる。

　図10は，実際に製作した電界結合型電力伝送軸受けの回路図を示す。中央に2つの滑り軸受部があり，それぞれが接合容量として機能する。この場合には，固定部から回転部に送電している。回路としては，図6に示した並列共振回路を用いている。

　図11には，滑り軸受として，NTN社製のMLEベアリングを用いた。特に改良することなく用いることができた。本ベアリングは，バックメタルにリン青銅粒子を焼結させて粗面を作り，これにフッ素樹脂を絡ませて極めて強い付着強度を実現している。フッ素がコーティングされているため，シャフト側の電極との間の摩擦力が小さく，軸受けとして機能する。ただし，焼結金

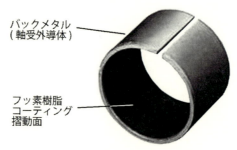

図11　NTN社製の滑り軸受（MLE）

第3章　携帯電話他への応用展開

図12　回転系電力伝送の実証事例

属がテフロン表面に露出している箇所があるらしく，金属表面と接触したりしなかったりして不安定であった。このため，軸側金属電極表面にタフラム処理を施した。タフラム処理は，アルミ電極の上にアルマイト層を陽極酸化によって形成し，表面にテフロン層を残す方法である。このため，タフラム処理した面は絶縁性と摺動性を有する。この処理を施すことによって安定した送電が可能になった。

図12は，実際に製作した装置を示している。回転は手回し式であり，二組の滑り軸受部があり，軸上には図10に示す共振回路と負荷（白熱電球）がある。送電側にも，図10に示す共振回路と電源がある。電力は電波法の関係から50 W に抑えた。周波数は2 MHzであり，白熱電球をその周波数で点灯させている。

使用感は，とてもスムーズであった。特に，固定，回転を問わず電球の明るさが一定であった。また，電球の光が照射される部分は加熱されるが，それ以外に発熱する部位は存在しなかった。電界結合方式による回転体への電力伝送は実用性が高いと思われる。

しかし，実際の機械系に適用するにはさらに検討が必要である。図12に示すモデルでは，シャフト，滑り軸受固定部がすべて樹脂製であるため，機械的強度を出すことはできない。

実際の機械系に電力伝送軸受を取り付ける方法を考えてみる。図13(a)は，図12の方式であり，回転軸の両端に電力伝送軸受けが付けられている。この方法では，これら軸受けの中央部に電源が設けられ，負荷も回転軸のどこかに設けられるため，大きなループ回路が形成されてしまう。これにより，電磁波が放射され，回転に伴って変化することが予想される。このため，実用的であるとは言えない。同図(b)の場合には，左端に二つの電力伝送軸受けを持ってきた場合である。この場合には大きなループが形成されない。しかし，軸の他端にも軸受けが必要である。このため，一つの軸に3つの軸受けが付けられる。この場合には，どこかの軸受けに極めて大きな荷重が掛かって破損する。軸上に荷重が掛かる場合，高速回転する場合などには軸がたわむことが原因である。

これを解決する方法として，同図(c)に示すように，回転軸の荷重を支える軸受は，両端の軸受

ワイヤレス電力伝送技術の研究開発と実用化の最前線

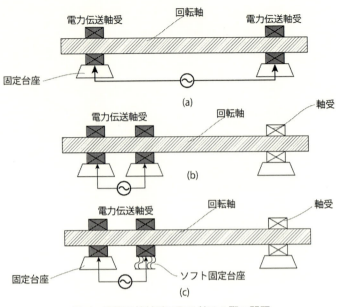

図13　実際の機械系に取り付ける際の問題

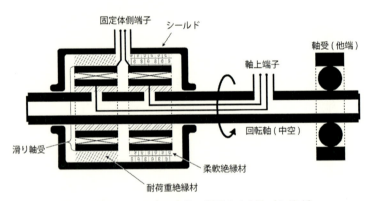

図14　回転シャフト上の負荷に送電する方法（2線式）

けに限定し，送電する一つの軸受けは，ソフトな固定台座を用いて支えることにより，極端に荷重のかかる軸受けをなくせる。

　図13(c)の電力伝送軸受の例を図14に示す。図14には，中空シャフトを用意し，この中に2線式電力ケーブルを内蔵させる。回転軸の左端に置いた2組の滑り軸受（電力伝送軸受）の一方を耐荷重性のある絶縁材で支え，他の軸受けを柔軟絶縁材で支えている。これらの電力伝送軸受全体をシールドでカバーする。さらに平行二線をツイストペアにし，回転軸自体をシールドとして働かせることにより，外部への放射を低減できる。

　図15は，回転軸を同軸線路とした場合である。この場合には，シャフト自体も一つの電極として機能する。電力伝送軸受は一つですむが，これを覆うシールドカバーとシャフト間の接合容量

第3章　携帯電話他への応用展開

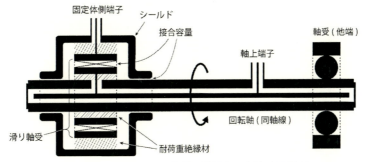

図15　回転シャフト上の負荷に送電する方法（同軸法）

を利用することによりシャフトへも送電する。回転軸を同軸ケーブルとして機能させるため，電磁エネルギーはシャフト内を通して流れる。ただし，シールドカバーとシャフト間の接合容量から外部に電磁波放射があるため，接合容量をなるべく大きくすることで放射を低減する。

5.5　まとめ

　以上，電界結合の基本，既存の回転体への電力伝送方式との比較，電界結合方式を用いて実際に製作した電力伝送軸受け，実際の機械系に適用するための方策についても述べてきた。実用化可能な形態を，図14および図15に示したが，他にも各種方法が存在する。紙面の都合で紹介できなかったが，今後公表していきたい。

　この電力伝送軸受をIoT（Internet of Things）の要素として機能させるためには，単に電力を送るだけでなく，通信も可能にしていく必要がある。回転体に対する通信機能は，無線LANを用いることで解決する安易な方法もあるが，無線LANではセキュリティ性の高いシステムを構築することが難しい。同様な機器の存在により，相互干渉して伝送速度が低下することは十分に考えられる。極端なことを言えば，HPM（High Power Microwave）を用いて通信機能を無効化することも可能である。このため，回転系に内蔵する防御性の高い通信方法も検討してゆかなければならない。工場の生産設備に用いる場合（Industry4.0）には，信頼性こそ大切な要素になる。

　図9（c）の多層構造径を用いると接合容量を大きくできるため，100 kWの電力を送電することも夢ではない。

　一方，伝送効率が99%を超える高効率なインバータが登場してきている。これは，SiCやGaNを用いたFETが登場してきたからである。このため，接合容量が大きく取れれば，送電サイドから受電再度までの送電効率が98%を超える可能性もある。これならば，スリップリングとの伝送効率の差も無くなってくる。スリップリングが，面積の狭い接点を用いて送電しているため，大電力化するためには多段化して大型化しなければならない。この点でも，電界結合式伝送軸受は，スリップリングを凌駕できる可能性が出てきた。

　このように，回転部を含む機械系に大きな変革をもたらせる可能性が出てきた。

電界結合電力伝送技術は，回転系だけでなく，リニア系，フリーポジション系などにも適用可能であることを付け加えておく。

6　2次元 Surface WPT

張　兵*

6.1　はじめに

2次元 Surface ワイヤレス給電技術は2次元伝播するマイクロ波をシート状媒体に閉じ込め，給電カプラがそこに電磁近接接合することにより，電力伝送を行っている。そのため，空間への電磁波漏えいが極めて少なく，端末ごとの配線が不要で電波が空間に広がらないことから，広範な分野での活用が期待できる。本稿では，送電シートの表面近接領域におけるマイクロ波帯の誘導電磁界によって電力伝送を行う2次元 Surface WPT 技術についてその要点と標準化動向を述べる。

6.2　2次元 Surface WPT 技術の概要

電磁波の大半を2次元シート内に閉じ込めるためには，図1のような導電層，誘電層，メッシュ導電層の3層構造が必要である。メッシュ導電層や裏面の導電層は，アルミニウムなどの安価な素材，また誘電層も発泡体や樹脂板など身近にある安価な素材によって実現可能である。保護層は，メッシュ導電層や導電層に直接触れないように保護するものである。このように誘電体の表裏を導体で挟んだ構造で，表面にメッシュ状の導体を持つことで表面にエバネッセント波を形成している。エバネッセント波は光や電磁波で発生する現象として知られている。エバネッセント波は導波路の進行方向と垂直な方向において距離に応じて指数関数的に減衰し，境界面から

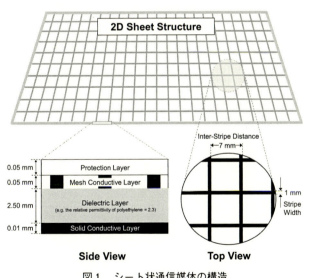

図1　シート状通信媒体の構造

＊　Bing Zhang　（国研）情報通信研究機構　ワイヤレスネットワーク総合研究センター
　　ワイヤレスシステム研究室　主任研究員

波長より短い距離（近接場）にのみ存在する。エバネッセント波を発生させるためにはメッシュ導電層のメッシュの周期を伝搬する波長よりも十分短くする必要がある。メッシュの周期が短いほど，表面に染み出すエバネッセント波は弱くなる。近接カプラはシートの表面に近接することによりカプラ内導体とシート近傍の電磁場が相互作用し，エネルギーの授受が行われる[1~3]。

6.3 電力伝送をする周波数とその共用検討

電力伝送を行う最適な電磁波周波数を考察する場合，以下の要素が重要となる。
① シート媒体内での電磁波減衰量
② 送受電カプラのサイズ
③ 他の周波数との共存及びEMC対策の容易さ

まず低い周波数で電力伝送を行う場合，電磁波波長が長くなるので，シート表面にエバネッセント波の形成が難しく，エバネッセント波方式によるWTPの実現が困難である。しかし，周波数が低い場合，シート内における電磁波減衰が小さく，電子回路も容易に構成できるというメリットがある。

次に，図1に示すような誘電体の表裏を導体で挟んだ構造を用いることにより，エバネッセント波方式が実現できることを想定する。この場合，シート表面にシート長より小さな波長を持つ電磁波が伝搬する。シート長は1m前後とする場合，1GHz以上の電磁波が対象となる。しかし，高い周波数を使用する場合，導電層の金属抵抗による減衰が設計上において重要なパラメータとなる。

一方，受電カプラの長さよりも波長が著しく長い場合，カプラとシートの間における近接結合が難しく，電磁波波長はカプラの長さより短いことが望ましい。一般的に受電端末の長さは10cmとすると，これに相当する電磁波の周波数は3GHzとなる。以上の考察から給電周波数は1～3GHzの間で妥当である。よく知られているように，2.4GHz帯はISMバンド（Industry Science Medical）で，国際電気通信連合（ITU）により，無線通信のほか，産業・科学・医療に高周波エネルギー源として利用するために割り当てられた周波数帯である。そのため，本2次元Surface WPT技術において，2.4GHz帯マイクロ波を使用することが電波法的，またはEMC的など様々な観点から見て最もよい選択だと考えられる。

2015年12月にワイヤレス電力伝送システムのARIB規格（ARIB STD-T113）の第3編として「モバイル機器用マイクロ波帯表面電磁界結合ワイヤレス電力伝送システム」が承認された[4]。電力伝送方式は，無変調の連続波で電力伝送を行う方式で，利用周波数は，2497MHzを超え2499MHz未満で，電力伝送をする中心周波数は2498MHzである。本表面伝送型WPT技術は，電波法第100条第1項第2号に規定される高周波利用設備のうち，同法施行規則第45条第3号に規定される各種設備において，許可を要しない高周波出力値以下で運用することを想定している。

電力伝送を行う周波数は図2に示す通り，2.4GHz帯を利用する無線通信システムのインバン

第3章　携帯電話他への応用展開

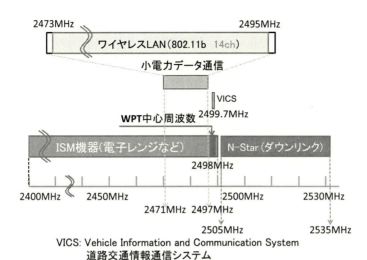

図2　2.4 GHz帯における周波数配置図

ドと重ならない周波数を選定している。隣接する無線通信システムは，無線LANが主として用いられる小電力データ通信システム（ARIB STD-33）及びVICS（道路交通情報通信システム）で，離調周波数はそれぞれ約1 MHz及び約2 MHzとなっている。一方，N-Star（衛星航空機電話サービス）ダウンリンクの離隔周波数は7 MHzとなっているが，低受信電力の設備であるため，感度抑圧干渉を生じる可能性がある。上記の隣接する無線通信システムに対して，最大入力電力は，許可を要しない高周波出力値以下（最大30 W）で干渉検討を実施した。その結果，ARIB STD-T113では放射妨害波の許容値は，電波法施行規則第46条の7第1項第1号を参考に，30 mの距離で2497 MHzを超え2499 MHz未満の周波数において283 mV/mと定められている。また，全方位への放射電力を考慮したとき，送電時の漏えい電力の総和は0.15 Wとなっている。漏えい電力の算出方法はARIB STD-T113の解説2に記載されている。

6.4　Q値の算出方法

電力伝送効率を確保するために，共振回路の共振の鋭さを表すQ値が高くなるよう，システム設計する必要がある。ARIB STD-T113では，送電シートのQ値と受電カプラのQ値はそれぞれ200以上であることが規定されている。

6.4.1　送電シートのQ値の算出方法

送電シートのQ値を測定する場合は，まず被測定送電シートの条件で構成したQ値算出用送電シートを準備し，基準受電カプラとの組み合わせでSパラメータを測定する。次に，測定されたSパラメータを用いてQ値を算出する。図3は送電シートの透過係数 $|S_{21}|$ の測定系を示す。ネットワークアナライザのポート1は，基準受電カプラ，ポート2はQ値算出用送電シート端部の同軸コネクタ（port1, port2）に接続される。Q値算出用送電シートは，送電シート端

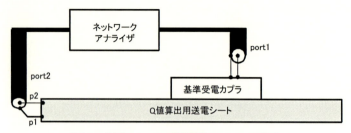

図3　送電シートの透過係数 $|S_{21}|$ の測定系

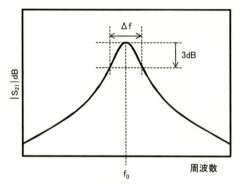

図4　透過係数 $|S_{21}|$ の測定例

部に同軸コネクタ接続部とメッシュ形状導体との間に構造の不連続が生じるため，これを小さくするためにメッシュ形状導体の外形をテーパ形状にしている。

図4に $|S_{21}|$ の測定例を示す。(1)式は $|S_{21}|$ の測定値とQ値の関係を示す。Q値は $|S_{21}|$ が最大となる周波数 f_0 と $|S_{21}|$ の最大値から $-3\,\mathrm{dB}$ となる点の帯域幅 Δf により算出することができる[5]。

$$Q = \frac{f_0}{\Delta f} \tag{1}$$

6.4.2　受電カプラのQ値

受電カプラのQ値を測定する場合は，上記と同様にQ値算出用基準送電シートの上に受電デバイスが置かれた状態でSパラメータを測定する。そして，測定されたSパラメータを用いてQ値を算出する。図5は送電シートの透過係数 $|S_{21}|$ の測定系を示す。ネットワークアナライザのポート1は，Q値算出用送電シート端部の同軸コネクタ，ポート2は受電カプラの出力ポート（port1，port2）に接続される。受電カプラのQ値は送電シートのQ値算出と同様に，(1)式を用いることにより算出することができる。

第3章 携帯電話他への応用展開

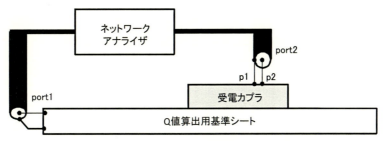

図5 受電カプラの透過係数 $|S_{21}|$ の測定系

6.5 電力供給制御方式

Surface WPT による電力伝送を安全かつ確実に行うために，端末状況に応じた電力伝送制御機能が必要となる．電力伝送制御を行うため，端末の状態検知，電力伝送の状態検知が必要となり，送電側と受電側におけるデータ通信を行うことにより，送電開始の制御，送電停止の制御などの電力伝送の状態制御などが可能となる．電力伝送制御のためのデータ通信は，電力伝送の周波数とは周波数を用いて行う．図2に示す2.4 GHz 帯の小電力データ通信，例えば WiFi，Bluetooth などの通信方式を用いることができる．送電制御は，送電の開始，停止などといった制御の制御を行う．受電制御は，受電電圧，受電電流，充電状態などの情報を検出し，送電側に関連情報を送る．図6に送電制御フローチャートを示す．

(1) 電源投入後に電力伝送と同じ周波数で「問い合わせ送電」を行い，受電部の検知を行う．
(2) 送電側は，受電端末に対して，端末情報（受電電圧，受電電流，最大定格電圧，最大定格電流など）の送信を要求する．
(3) 送電側は，受電側から送信される端末情報を受信する．
(4) 送電端末は，受け取った端末情報を参照し，受電電力（受電電圧×受電電流）が「問い合わせ送電」の50 mW を超えた電力である場合において，受電端末が送電デバイスの上に置かれていると判定する．
(5) 送電端末は，受電端末が送電シート上に置かれたことが検知された場合に，送電を開始する．
(6) 送電端末は，送電が開始された後に受電端末情報（受電電圧，受電電流，充電状態など）をモニタリングする．
(7) 送電端末は，モニタリングしている結果に基づき，送電継続や送電停止の判断を行う．
(8) 異常時の停止でない場合は，(1)に戻る．
(9) 異常と判断した場合，送電部の電源供給が停止される．電源遮断時は，システムの動作を終了する．

6.6 表層メッシュパターンの検討

6.2項で述べたように，誘電体の表裏を導体で挟んだ構造で，表面にエバネッセント波を発生させることができる．従来では図7(a)に示すように，細い導電層で形成された正方形のメッシュ

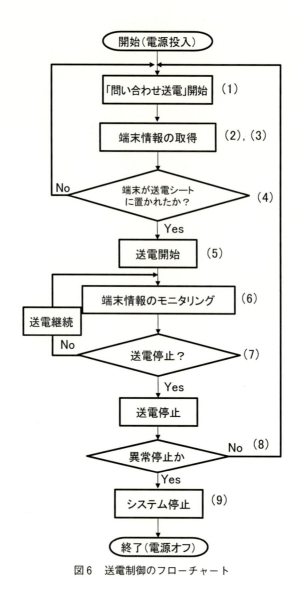

図6　送電制御のフローチャート

パターンを用いている。メッシュの周期が短いほど，表面に染み出すエバネッセント波は弱くなり，電磁界の漏れが少なく半面，電力の伝送効率が下がる傾向がある。メッシュパターンの周期を広く取ることで，誘導性を高め，より強いエバネッセント波を発生することが可能である。しかしながら，周期が波長に対して無視できない長さとなるため，シート表層の磁界分布に不均一性が発生する。そこで，図7(b)に示すように，メッシュパターンをメアンダ状とすることで周期を広げることなく誘導性を確保する方法を検討した[6]。

　上記のメアンダ状メッシュパターンについて，電磁界シミュレーション評価を行った。図8はシート上における受電カプラの配置位置及び配置向きを示す。図9はシート上の複数箇所に受電カプラを配置し，さらにカプラの配置向き（受信偏波）を X-position, Y-position と変化させて

第3章　携帯電話他への応用展開

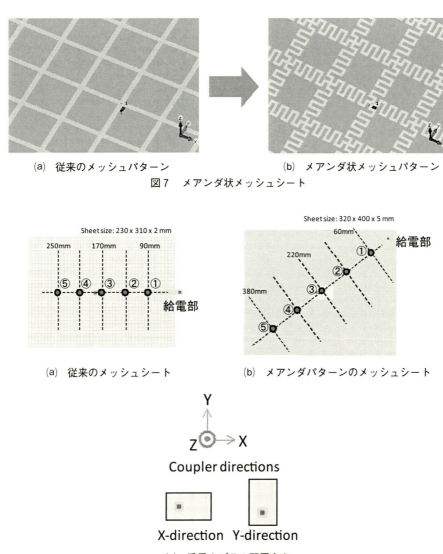

(a) 従来のメッシュパターン　　　　(b) メアンダ状メッシュパターン
図7　メアンダ状メッシュシート

(a) 従来のメッシュシート　　　　(b) メアンダパターンのメッシュシート

(c) 受電カプラの配置向き
図8　シート上における受電カプラの配置位置及び配置向き

送受電間の通過損失を電磁界シミュレーションによって計算した結果を示す。図9のAve.で示す配置位置①から⑤のdB平均値より，従来のメッシュ方式ではカプラの配置向きによって通過損失に30dB程度の著しい差があるが，メアンダ方式ではカプラの配置向きによる変化が1dB程度と少ない。また，従来のメッシュ方式で通過損失の良い配置向き（X-position）のみと比較しても，メアンダメッシュ方式はX-position，Y-position両方の配置向きで通過損失の平均値が3dB程度改善できることがわかった。

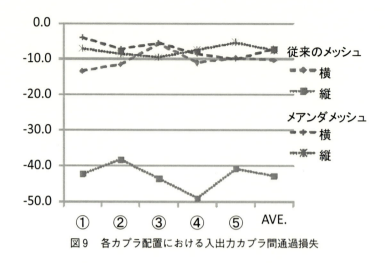

図9 各カプラ配置における入出力カプラ間通過損失

6.7 レトロディレクティブ方式による電力伝送

　シート状媒体による表面伝送型給電を行う場合，媒体となるシート全体に電磁波が伝播し，媒体面の任意の場所において電力供給が行えることから，利便性が高く，多様なアプリケーションが考えられる（図10，図11）。しかし，シート状媒体による電力伝送を高効率に行うためには，電磁波をシート状媒体内に満遍なく伝播させるより，端末が置かれる場所だけに集中させることが望ましい（図12）。一方，3次元空間においては，小さなアンテナを多数配列するアレイアンテナを用いて，アンテナ毎に電波の位相をずらすことにより，所望の方向だけにビームが集束できるレトロディレクティブ方式がよく知られている[7]。同様に，シート状媒体においても，複数の近接カプラによって構成される送電電極アレイを用いて，それらの位相を調整することにより電力を局所的に集束することが可能であると考えられる。入力電力のピーク値を多点入力に分散することにより，漏洩電力のピーク値を同時に抑制することができる。

図10　電池が不要でシート上を走行しながら給電できる車両

第 3 章　携帯電話他への応用展開

図11　2cm 角大きさのカプラによる LED への電力供給

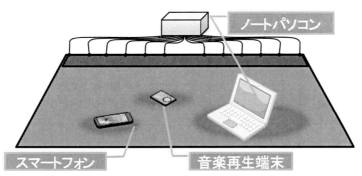

図12　端末が置かれる場所だけに電磁波が集中する様子

受電端末から電極までの電磁波は次式で表される。

$$f(x,t) = A(x)e^{i(kx-\omega t+\theta)} \tag{2}$$

ここで，端末と電極の距離は x とし，$A(x)$，k と ω はそれぞれ電磁波の振幅，波数と角周波数である。また，t は時刻で，θ は初期位相を表している。N 本の電極から端末まで送信される電磁波の合成波は次式で表される。

$$g(x,t) = \sum_{n=1}^{N} A(x_n)e^{i(kx_n-\omega t+\theta_n)} \tag{3}$$

各和の要素 $kx_n+\theta_n$ が $2m\pi$ （m は整数）のとき，合成波の振幅が最大となる。すなわち各入力信号の初期位相 θ_n を調整することにより，複数の入力電極から送られている電磁波は端末に置かれている場所に集束することが可能となる。

この初期位相を決定するために，パイロット信号を用いたレトロディレクティブ方式を適用し，その電力伝送システムの概要を図13に示す。まず，シート上に置かれた端末がパイロット信号を送信する。送信されたパイロット信号をシートの一端に等間隔でアレイ上に配置した送受信電極で受信する。このとき受信したパイロット信号の相対位相を測定する。(3)式から分かるように，パイロット信号を各電極で同時に測定することで初期位相及び時間が等しくなり，測定され

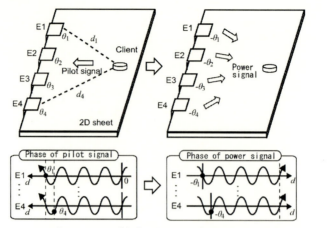

図13 レトロディレクティブ方式を用いた2次元 Surface WPT システム

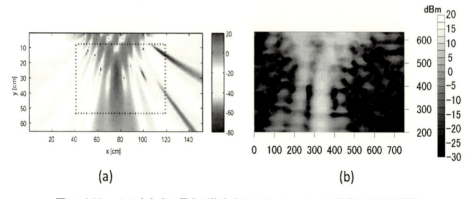

図14 (a)シートの中心点に電力が集束するシミュレーション結果と(b)実測結果

た位相差は kdn の差のみとなる。よって，この位相差を反転して（共役の位相）で電力信号を送信することで，端末のある場所で電磁波が同位相で合成され，最大の電力を受信することができる[8,9]。

図14(a)と(b)は集束目標をシート状媒体の中心点に置いた場合，電力分布のシミュレーション結果と計測結果をそれぞれ示す。シミュレーション評価と実測評価の両方から，シート内の電磁波が目標とした場所に集束し，集束目標付近で最も大きな電力が取得できていることが分かる。

6.8 おわりに

2次元 Surface WPT 技術は ARIB 規格の成立に伴い，いよいよ黎明期から本格的な発展期を迎えようとしている。本 WPT 技術はケーブルフリーな生活空間が創出できるとともに，柔軟なシート媒体に膨大な数の微小センサを付けることにより，体の動きや生体情報をリアルタイムに収集し，保健・介護医療器具を制御することも可能である。特に最近ドローンテクノロジーの著

第3章　携帯電話他への応用展開

しい発展に伴い本技術によるドローンへのワイヤレス充電も期待されている。今後電力伝送制御方式を既存プロトコルへの実装，評価，さらに国際標準化などは課題となる。

文　　献

1) H. Shinoda, Y. Makino, N. Yamahira, and H. Itai, "Surface sensor network using inductive signal transmission layer", Proc. Fourth International Conference on Networked Sensing System, pp. 201-206 (2007)
2) 張，篠田，2次元通信システム「サーフェイスLAN」トランジスタ技術増刊 RFワールド, No. 5, pp. 115-120 (2009)
3) 張兵，システム/制御/情報, **57**(9), 357-362 (2013)
4) ARIB STD-T113, ワイヤレス電力伝送システム標準規格
5) Akihito Noda and Hiroyuki Shinoda, *IEEE Trans. on Microwave Theory and Techniques*, **59**(8), (2011)
6) 堀端研志，小柳芳雄，松田隆志，張兵，二次元通信媒体における給電方式及び層構成の一検討，電子情報通信学会総合大会 (2016)
7) D. L. Margerum, "Self Phased Arrays, in Microwave Scanning Antennas", Vol. III Array Systems, Academic Press (1966)
8) 張，太田，門，板井，手塚，浅村，信学論, **J93-B**(7), 937-946 (2010)
9) 松田隆志，太田敏史，門洋一，張兵，電気学会論文誌C, **132**(3), 350-358 (2012)

7 宇宙太陽光発電システムを想定したマイクロ波ビーム方向制御技術の研究開発

牧野克省*

7.1 はじめに

 化石燃料の大量消費による枯渇や二酸化炭素等の温室効果ガス排出による地球温暖化等の問題がより深刻なものとなりつつあり，人類社会を「持続可能な社会」としていくためには，化石燃料に代わるクリーンなエネルギー源を新たに確保する必要がある。地球規模のこれら喫緊の課題を解決する手段の一つとして，その可能性を秘めた「宇宙太陽光発電システム（Space Solar Power Systems：以下，「SSPS」）」が注目されている。太陽から地球近傍に到達する太陽エネルギーは，人類社会が使用する総エネルギーの1万倍以上に及び（1時間に地球に供給される太陽エネルギー量は，全世界の1年間分のエネルギー消費量よりも多い），クリーンで無尽蔵のエネルギー源として大きな可能性がある。その宇宙空間において太陽光発電を行い，発電した電力（電気エネルギー）を無線（マイクロ波またはレーザーに変換）にて地上に伝送するという構想があり，それを実現するのがSSPSである。地球という閉鎖系の中ではなく，開かれた宇宙空間に地球規模課題の解決の道を探ろうというものである。宇宙基本計画（平成27年1月9日宇宙開発戦略本部決定）においては，将来の宇宙利用の拡大を見据えた取り組みとして，「エネルギー，気候変動，環境等の人類が直面する地球規模課題の解決の可能性を秘めた『宇宙太陽光発電』を始め，…（中略）…研究を推進する」と記載されている[1]。また，エネルギー基本計画（平成26年4月11日閣議決定）においても，「無線送受電技術により宇宙空間から地上に電力を供給する宇宙太陽光発電システムの宇宙での実証に向けた基盤技術の開発等の将来の革新的なエネルギーに関する中長期的な技術開発については，これらのエネルギー供給源としての位置付けや経済合理性等を総合的かつ不断に評価しつつ，技術開発を含めて必要な取組を行う」とあり[2]，SSPSの研究開発については，国の計画として明確に謳われている。

 本稿では，SSPSの概要とその代表的な概念設計モデルを紹介するとともに，SSPSの成立性に大きく関わるマイクロ波ビーム方向制御技術（無線電力伝送技術の中枢技術）の研究開発状況として，国立研究開発法人宇宙航空研究開発機構（以下，「JAXA」）と経済産業省から委託を受けた一般財団法人宇宙システム開発利用推進機構（以下，「J-spacesystems」）が連携し，2014年度に実施した「マイクロ波無線電力伝送地上実証試験」の結果（成功裏に終了）について述べる。

7.2 宇宙太陽光発電システム（SSPS）の概要

 高度36,000 kmの静止軌道上の宇宙空間に太陽発電衛星を構築することにより，昼夜問わず安定して発電することが可能となる。太陽光のエネルギー密度は地球近傍の宇宙空間で約1.35 kW/m^{2}であり，地上の約1.4倍となる。また，夜があり天候の影響を受ける地上での平均

---

* Katsumi Makino （国研）宇宙航空研究開発機構　研究開発部門
宇宙太陽光発電システム研究チーム　主任研究開発員

第3章　携帯電話他への応用展開

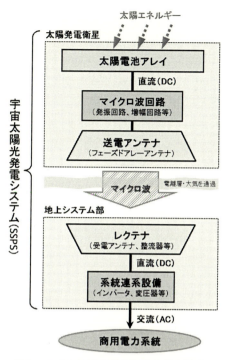

図1　マイクロ波方式 SSPS の基本構成

日射量の5～10倍に達する。無線電力伝送にはマイクロ波（電離層での反射・散乱や大気・雨での吸収・散乱がほとんどない「電波の窓」と呼ばれる周波数であり，これまでの実験等では電波法との適合性からISMバンドである2.45 GHz，5.8 GHz帯が主に使用されている）を用いることで，天候に左右されることなく，宇宙で発電した電力を地上に送り続けるベース電源（安定的なエネルギー供給源）としての役割が期待される。図1にマイクロ波方式SSPSの基本構成を示す。太陽発電衛星と地上システム部から構成されるSSPSは，地上の太陽光発電システムと比較して，マイクロ波無線電力伝送の過程でエネルギー変換の際のロスが生じるが，無線送受電技術の最近の進展から，太陽発電衛星におけるDC/RF変換効率70～90％，受電サイトで受ける送電ビームの収集効率90％以上，地上システム部におけるRF/DC変換効率90％以上を見込んでおり，無線電力伝送の過程で失われる電力は，将来50％以下となる可能性がある。このため，SSPSは，地上の太陽光発電システム（平均日射量を考慮）と比較して数倍以上エネルギー収集効率の良い，かつ安定的な電源システムとなり得ると考えられる。また，地上送電網への依存度が低く，電力を必要とする地域へ無線により柔軟に送電でき（エネルギーの伝送先を素早く切り替えられる），地上の自然災害の影響を受けにくいことや（太陽発電衛星は宇宙空間にあり，発電所として全損することはない），化石燃料と異なり紛争や需給逼迫に伴うエネルギー価格急騰の影響が少ないという多くの長所を持つ。

　その一方で，SSPSの実現には，高効率な発電・送電・受電，大規模宇宙構造物の構築，宇宙

空間への大量輸送，軌道上での長期間の運用・維持・補修，設計寿命を迎えたSSPSの安全な廃棄または再利用等，多くの技術的課題を解決する必要がある。加えて，人体，大気，電離層，航空機等へ悪影響を及ぼさないよう環境への配慮や安全性を十分考慮したシステムとする必要があるとともに社会的に受容される必要があること，SSPSを経済的に成立させるため，大量宇宙輸送手段の実現とその大幅な低コスト化が必要であること，現在は電波法上による無線電力伝送用周波数の割り当てが無いことから（世界中において正式に認められていない），SSPSなどの無線電力伝送の社会的必要性を説明しながら国内外の関係機関と調整を進め，正式に周波数が割り当てられる必要がある等，解決すべき課題も多い。

7.3　過去に世界各国で検討された代表的な宇宙太陽光発電システム（SSPS）

SSPSの最初の概念は，1968年に米国のグレーザー博士により提案された[3]。1970年代には，米国エネルギー省とNASA（米航空宇宙局）により，技術面のみならず，社会，経済，環境の側面から総合的に検討が行なわれた。この時に検討されたSSPSは，リファレンスシステム[4]と呼ばれている。リファレンスシステムは余りにも巨大なシステムとしたため，技術的・社会的な飛躍が大きく，未だ時期尚早と判断され，検討作業は終了した。その後，1980年代の終わり頃から地球環境問題が世界的に認識されるようになり，これを解決する手段の一つとしてSSPSをあらためて見直そうという機運が高まった。1990年以降，米国，日本，欧州で様々なタイプのSSPSが検討されており，これまでに報告された代表的なSSPSを図2に示す。

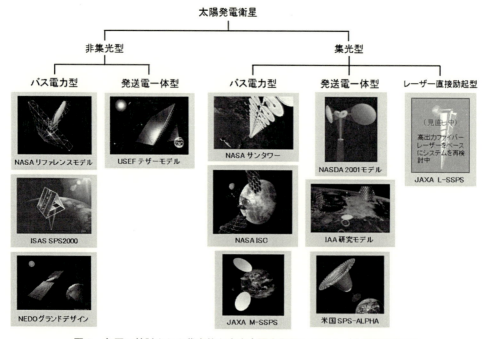

図2　各国で検討された代表的な宇宙太陽光発電システム（太陽発電衛星）

第3章 携帯電話他への応用展開

7.4 日本において検討されてきた代表的な宇宙太陽光発電システム（SSPS）

日本でもこれまで，様々なタイプのSSPSのシステム設計検討が行われてきた。その中でも詳細な検討が行われたマイクロ波方式の代表的なモデル「発送電一体・テザー型SSPS[5,6]」及び「反射鏡型SSPS[7]」について紹介する。

7.4.1 発送電一体・テザー型SSPS

発送電一体・テザー型SSPSは，「発送電一体型パネル」を4隅のテザーで吊って重力安定させた「テザー型SSPSユニット」を構成単位とし，このユニットを多数結合して一つのSSPSを構成する（図3）。テザー型SSPSユニットからは約2MWのマイクロ波を送電することができ，25×25ユニットの組合せで商用SSPS 1基（100万kWを地上の電力網に供給）を実現する[6]。100万kWのシステムの発送電パネルのサイズは2.5km×2.4km，重力安定化用のテザーの長さは5～10km，総重量は18,000～27,000トン程度である。発送電一体型パネルは，太陽電池の発電部とマイクロ波発振回路，増幅回路，給電回路，送電アンテナ等の送電部を一体化（積層化）させた，自ら発電した電力のみでマイクロ波を放射する多機能パネルである。各々のパネルが独立（自立）して発電し，その電力をマイクロ波に変換する。各パネルからマイクロ波を放射する際，一つの大規模アレーアンテナ（数十億オーダーのアンテナ素子数）として，そのタイミング等（位相や振幅）をシステム全体で統制をとってコントロールし，地上への無線送電のためのマイクロ波ビームを形成する。多少のスペースデブリが衝突したとしても発電所としての機能が簡単に損なわれることのないロバストな設計思想である。発送電一体型パネルの最小単位の電気モジュールサイズを0.5m×0.5mとすると，40年間のSSPS運用における発電電力のロスは，スペースデブリの衝突確率から5%以下程度に抑えることができる[6]。太陽電池は発送電一体型パネルの両面に実装され，片方の面（送電面）には地球に向けてマイクロ波を放射するパッチアンテナと太陽電池セルとが混在して実装される。システム全体は地球指向となり，発電面は太陽を

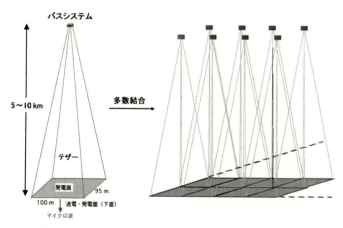

図3 テザー型SSPSユニットを多数結合して構成する
発送電一体・テザー型SSPS[6]

指向しないため発電電力は時間とともに変動する。発送電一体型パネル内に蓄電機能を持たせることでSSPSの送電電力を一定に保つ設計に加え，SSPSの発電電力の変動は規則的であるため，地上の商用電力系統との協調制御（計画的運用）を行うとして，あえてSSPSの送電電力の変動を許容するという設計も考えられる。テザー型SSPSユニットのバスシステムは，重力傾斜力による姿勢安定のための重量としての役割と，マイクロ波の基準信号を発生し，各発送電サブパネルへ源振の周波数と位相同期信号を無線LANで供給する役割を担う。「発送電一体・テザー型SSPS」の完成イメージを図4に示す。

発送電一体・テザー型SSPSの特徴としては，以下のことがいえる。

➢ 発電面を太陽指向させるための回転駆動機構等が不要

発電面を太陽指向，送電面を地球指向として，それぞれの向きを異なる設計とすると，これらの間で大電流を通すための大型の回転駆動機構（ロータリージョイント）や大量の集配電ケーブルが必要となる（質量が増大する）。また，回転駆動機構の数十年に及ぶ長期運用に対する高い信頼性や保守性，大電流が回転駆動機構に集中することによる高電圧設計が必要となり，現状では技術的難易度が非常に高い。発送電一体・テザー型SSPSの場合，発電量は発電面が太陽指向型のシステムと比較して平均で64%となるが（図5），先述の回転駆動機構を必要としない信頼性の高い設計といえる。

➢ 能動的な姿勢制御が不要

重力傾斜力による安定化により姿勢が維持されるので，姿勢安定のための推進系を常時機能させる必要がない。

➢ 低コストの大量生産が可能

比較的シンプルなシステム構成であり，構成モジュールは構造的にも電気的にも全く同じとすることができる。

➢ 着実な建設，比較的容易な保守

ユニットは構造的にも電気的にも同じなので，健全性を確認しながらの着実な建設が可能である。また，ユニット単位での保守・交換が可能である。

図4　発送電一体・テザー型SSPS（完成イメージCG）

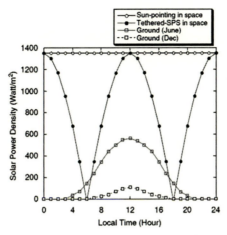

図5　太陽光のエネルギー密度変動[5]

発送電一体・テザー型 SSPS は，数ある SSPS のシステム構想の中でも「シンプルな構成でロバスト性重視」をシステム設計のポリシーにしており，比較的実現性が高いモデルであるが，これを実現させるには，発送電一体・テザー型 SSPS 特有の以下の技術的課題[6]をクリアする必要がある。

・95 m×100 m テザー SSPS ユニットの展開方法
・テザー SSPS ユニット同士の脱着方法
・微小テンションテザーの伸展方法とダイナミクス
・建設途中での姿勢安定性の確保（テザー SSPS ユニット接続の順序）
・軌道維持方法（推進機の取付け位置と動作時のダイナミクス）
・各モジュールのマイクロ波原振の位相同期の方法（バス同士の同期と各バスとパネル上モジュールの同期の階層化）
・マイクロ波の一様放射の場合の電磁干渉防止（テーパーを付けた場合よりも漏れ電力が大きい）

7.4.2 反射鏡型 SSPS

反射鏡型 SSPS は，図6に示すように，発電部・送電部及び反射鏡から構成され，発電部（太陽指向）と送電部（地球指向）の2つの異なる指向性をシステムとして成立させるため，主衛星と反射鏡を分離して，これらが編隊飛行するという構成である。反射鏡は受ける太陽輻射圧を軌道維持のための力として利用する一方，地球の自転とともに太陽光を発電部に常に照射するよう自ら回転させる機能を設ける。反射鏡の軽量化要求は非常に厳しく，$0.1 \sim 0.3 \, \text{kg/m}^2$ とされている[8]。また，km オーダーの反射鏡を編隊飛行させるという軌道制御に係る高度な技術，高い信頼性が要求される。反射鏡型 SSPS の主な特徴としては，「反射鏡により太陽光が常に発電部に導かれるため，発電量が一定で変動せず，かつ，太陽エネルギーの取得効率が高い」ということがいえる。反射鏡型 SSPS 1基で原発1基分に相当する1 GW の電力を地上に供給することを目標にしており，その場合の主要諸元（大きさ・重量）は表1に示すとおりである。

図6 反射鏡型 SSPS（完成イメージ CG）

表1 反射鏡型 SSPS（1 GW 級）の大きさと質量

大きさ	反射鏡：2.5 km×3.5 km×2枚，発電部：直径1.25 km，送電部：直径1.8 km
質量	反射鏡：1,000トン×2，発電部＋送電部：約8,000トン

7.5 宇宙太陽光発電システムの実現に向けて（マイクロ波無線電力伝送地上実証試験の実施）

　SSPS の実現にはマイクロ波による長距離無線電力伝送技術が必須であり，その中枢となる技術が「高精度マイクロ波ビーム方向制御技術」である。SSPS においては，静止軌道から直径約2～3 km の地上の受電サイトに向けて極めて正確にマイクロ波ビームを指向させる技術が要求される。その精度は，受電サイトの外周約1 km の保安区域以内にマイクロ波ビームを収めるとして，0.001°である。

　「高精度マイクロ波ビーム方向制御技術」の着実な獲得に向けて，JAXA と J-spacesystems は，連携協力の下，「マイクロ波無線電力伝送地上実証試験」を平成26年度に実施した。JAXA は，マイクロ波無線電力伝送地上試験システムのうち，ビーム方向制御部の開発を担当し，J-spacesystems は送電部及び受電部の開発を担当した。この地上実証試験の目標は，「伝送距離10 m 以上でビーム方向制御精度0.5° rms 以下を達成すること」である。

7.5.1 マイクロ波による送電ビームの方向制御方式

　マイクロ波方式 SSPS の送電用アンテナパネルは，先述のとおりサイズにして km 級となる。これ程の巨大なアンテナ構造面は，太陽熱による歪みや重力傾斜トルクにより，必要なアンテナ面精度を維持することは難しく，変形は避けられない。そのため，送電アンテナから放射されるマイクロ波ビームの方向を極めて正確に地上の受電サイトへ向けるよう制御する際には，各送電アンテナモジュール間の構造的な位置ずれや角度ずれを電子的に補正する必要がある。そこで，これらを考慮したマイクロ波ビームの方向制御方式として，パイロット信号の到来方向検知に「振幅モノパルス法」，複数の送電アンテナモジュール間における位置ずれを補正する手段として「素子電界ベクトル回転法（Rotaing-element Electric-field Vector Method：REV 法）」を用い，

第3章　携帯電話他への応用展開

これらを組み合わせた独自の制御方式を開発した[9]（図7）。REV法は，本来はアンテナ素子や給電回路の特性のばらつきを補正する際に用いられる手法であり，フェーズドアレーアンテナの各素子に接続された可変移相器に着目し，アレー動作状態で一つの素子の位相を0度から360度まで変化させた時のアレーアンテナ合成電界の振幅変化を測定して，その素子の振幅と位相を求めるものである[10]。ここでは，各送電パネルの電界が余弦的に変化することを利用して，送電パネル間の相対的位置関係を位相差として検知し，その位相差が0となるような位相指令を送電部内の初段高出力増幅器の前段にある移相器に設定することで，構造的位置ずれを電子的に補正する。

7.5.2 マイクロ波ビーム方向制御装置の開発

J-spacesystemsとの連携協力の下で開発したマイクロ波無線電力伝送地上試験システムは，送電部，受電部及びビーム方向制御部（ビーム方向制御装置）から構成される（図8）。送電部側はSSPSの太陽発電衛星に相当し，受電部側は地上システム部に相当する。送電部は4枚の送電パネルから構成され，送電パネル1枚あたりのサイズは0.6 m×0.6 m，アンテナ素子数は304素子（76サブアレイ）である。ビーム方向制御装置は，送電部・受電部のそれぞれに搭載されており，①受電部から送電部に向けて，高出力マイクロ波のビーム方向を指示するパイロット信号（2.45 GHz帯）を送り，②振幅モノパルス方式により，パイロット信号到来方向をパイロット信号受信アンテナにて検出，③当該方向に高出力マイクロ波（5.8 GHz帯）をビームとして打ち返すよう各送電アンテナの位相器に正確な指示を出す。また，送電部における4枚の送電アンテナ

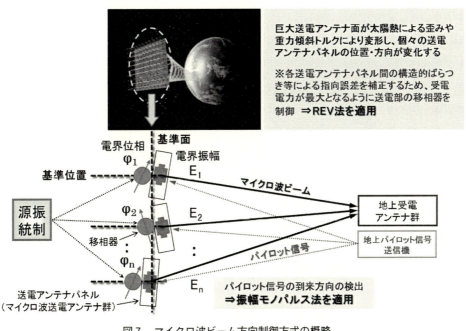

図7　マイクロ波ビーム方向制御方式の概略

ワイヤレス電力伝送技術の研究開発と実用化の最前線

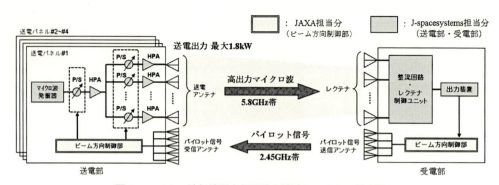

図8 マイクロ波無線電力伝送地上試験システムの概略図

パネルは軌道上のSSPSにおける巨大な送電アンテナ面の変形を模擬する機能を有しており，面と面の段差（±20 mm）や角度ずれ（±5°）の変形設定が可能である．このような送電アンテナ面の変形状態においても，REV制御により，受電電力が最大になるよう，受電部からの受電電力情報及び受電部側ビーム方向制御装置に搭載されているモニタアンテナからの受電電力情報を基に各送電パネル単位での位相制御を行う機能を有している．REV制御の際の送電部への位相制御情報は，パイロット信号送信アンテナからパイロット信号受信アンテナに向けて，パイロット信号の変調により送られる．

7.5.3 マイクロ波ビーム方向制御精度評価試験（屋内試験）

マイクロ波ビーム方向制御の精度評価を行う試験のコンフィギュレーションを図9に示す．試験実施場所は，国内で唯一，大電力マイクロ波を用いた応用実験が実施可能な京都大学宇治キャンパスにある電波暗室（A-METLAB）内である．最大1.8 kWの高出力マイクロ波ビームを電波暗室の床面からの高さ3.65 mの位置において水平方向に放射できるような装置配置とし，伝送距離10 mの試験系を構築した．

受電側に受電部の代りにX-Yスキャナを設置し，X-Yスキャナには送電部から放射されたマイクロ波ビームの電界強度を測定するためのモニタアンテナを装着している．このX-Yスキャ

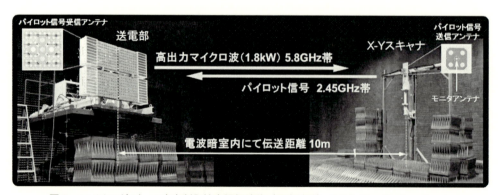

図9 マイクロ波ビーム方向制御精度評価試験（屋内試験）のコンフィギュレーション

第 3 章　携帯電話他への応用展開

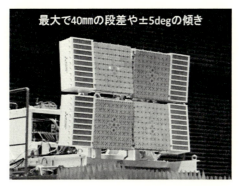

図10　送電アンテナパネルの変形設定

ナを用いてマイクロ波ビームの二次元電界強度分布を測定し，ビーム中心位置を割出す。

　大規模 SSPS における送電アンテナ面の構造上の変形量に関するシステム要求として，40 mm の段差や±5°の傾きが最大許容値として示されている[11]。送電部にてこれらの変形を模擬し（図10），この状態でビーム方向制御装置の REV 制御機能により要求されるビーム方向精度が確保できるか検証したところ，ビーム方向制御精度として，rms 値で0.15°の結果[9]を得て目標を達成した。また，REV 制御の有無によるビーム形状の補正効果の一例を図11に示す。REV 制御により各送電パネルの励振位相を補正し，結果としてビームポインティングが正しく行われていることが確認できる。数十億オーダーのアンテナ素子から成る km サイズの SSPS においては0.001°のビーム方向制御精度が要求されるが，アレーアンテナにおけるビーム指向誤差は，アンテナ素子数の1.5乗に反比例する[12]ことから，今回の試験システム規模で0.15°を達成したことで，本ビーム制御方式が SSPS に適用できる可能性があることを技術的に実証した。

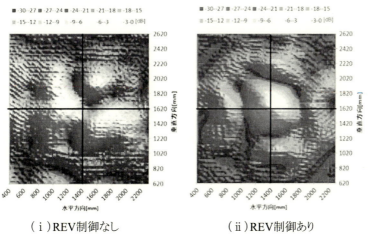

（ⅰ）REV 制御なし　　　　　（ⅱ）REV 制御あり

図11　REV 制御によるマイクロ波ビームの補正効果（例）

7.5.4 屋外でのマイクロ波による無線電力伝送

屋内（電波暗室）でのビーム方向制御精度評価試験において目標精度を達成したことから，伝送距離50 m以上の屋外での無線電力伝送を試みた。実施場所は，三菱電機㈱の兵庫県内の屋外試験場である。ガイドビームであるパイロット信号のマルチパス対策を講じたものの，その影響が大きく，振幅モノパルス法によるパイロット信号到来方向検知は見送り，送電パネルと受電パネルを正対させた上で送電パネル上2枚と下2枚で段差を与え，このような送電アンテナ面の変形状態において，送電電力約1.8 kWの無線電力伝送試験を行った（図12）。REV制御により送電アンテナ面の変形の無い基準状態と同様，受電部にて約330～340 Wの電力が取り出せることを確認し，REV制御の有効性を実証した[9]（表2）。

7.5.5 無線電力伝送の実用化に向けた技術実証（デモンストレーション）

平成27年3月8日（日），「無線電力伝送の実用化」に向けた技術実証の公開試験（デモ）として，JAXAはJ-spacesystemsとの連携協力の下，赤穂アマチュア無線クラブの協力を得て，無

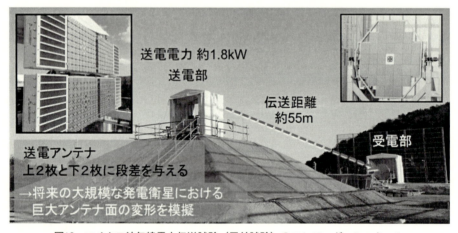

図12 マイクロ波無線電力伝送試験（屋外試験）のコンフィギュレーション

表2 REV制御による受電電力の改善

No.	送電アンテナの変形設定	REV制御	受電電力（総和）	モニタアンテナの受信レベル	備考
1	なし（基準状態）	ON	341 W	0.0 dB	―
2-1	上下段差（20 mm）	OFF	152 W	−5.9 dB	下側2枚の送電アンテナを基準位置より +20 mm
2-2		ON	332 W	0.0 dB	
3-1	上下段差（40 mm）	OFF	211 W	−2.7 dB	・上側2枚の送電アンテナを基準位置より −20 mm
3-2		ON	339 W	0.0 dB	・下側2枚の送電アンテナを基準位置より +20 mm

※受電電力(総和)：受電部のレクテナモジュール（全36枚）の出力電力の総和
※モニタアンテナ：受電部中央に設置された5.8 GHz帯送電ビームの強度を測定するアンテナ

第3章 携帯電話他への応用展開

線で伝送した電力を用いてアマチュア無線局の運用を実施した。無線送電した電力を実負荷（ユーザ）に実際に供給した伝送試験は日本初である。送電側装置から約55 m離れた受電側装置に向けて約1.8 kWの高出力マイクロ波を放射，それを受電側装置において電力に変換し，アマチュア無線の交信に電源供給した[13]（図13）。公開試験時の受電部から取り出した電力は約320〜340 Wであり，送電アンテナ面が変形状態（半波長の26 mmに近い30 mmの段差を与えた状態）にあるときの値である。なお，段差補正なしの場合は85〜95 W程度であった。伝送時間（継続時間）は，技術的には制約はないが，スケジュール上，最大約1時間とした。アマチュア無線局は1局を運用し，交信局数（7 MHz帯）はリハーサル時を含め283局に及び，今回の無線送電デモについては効果的にアピールができたといえる。

7.6 おわりに

SSPSの実現に向けた研究開発は長期に亘る（ゆうに数十年を越える）。数十億〜数千億円規模の軌道上技術実証（宇宙から地上への無線電力伝送技術の実証）を経て，目的とするエネルギー問題や地球環境問題への貢献に至るまでには，巨額の研究開発費（国費）を投入する必要があり，国民の理解を得られ続けることが難しいことも想定される。SSPSの研究開発を進めることの意義・価値を広く世の中に理解して頂き，研究開発を加速させるにあたっては，実際に宇宙から有意な電力が無線で送れることを技術的に実証してみせる「技術実証を優先する考え方」がある一方，無線電力伝送技術（SSPSの中核技術）を早期に社会実装するという「研究成果の社会還元を重視する考え方」もある。このため，無線電力伝送技術の航空分野等の他分野における応用とその実用化（社会実装）に向けた検討も進めている。また，SSPSの実現には再使用型ロ

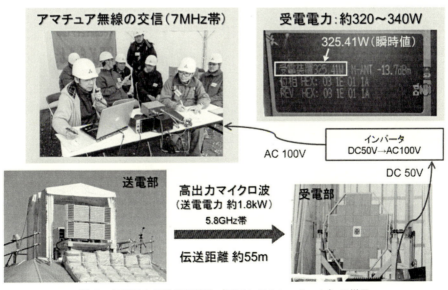

図13　無線電力伝送公開試験（デモンストレーション）の様子

ケット等の低コスト大量宇宙輸送技術が必須であり，この技術がないとSSPSは経済的に成立しない。この将来型宇宙輸送技術の研究開発を含めた一つのプログラムとしてSSPSの研究開発を進めることが必要と考えており，SSPSという大量宇宙輸送の確かなニーズがあるとなれば，必要な宇宙輸送に係る研究開発は加速し，双方の間で将来に向け良い循環ができると考えている。大規模宇宙システムとなるSSPSの研究開発を如何に進めていくか，その進め方次第では，これまでの宇宙開発プログラムの進め方を変える契機となる得るかもしれない。

　SSPSの研究開発は，エネルギー自給率の低い日本が進めることに意味がある。エネルギー源に完璧なものは存在ぜず，エネルギーのベストミックスを考えるとき，エネルギー源は多様であればあるほど，あらゆるリスクに対して対処しやすくなる（リスク・トレードオフという考え方）。SSPSがエネルギー問題や地球環境問題に寄与するまでには相当の時間がかかるかもしれないが，長期的視点に立って宇宙太陽光発電という新たなエネルギー源を選択肢として確立しておくこと（選択肢の拡大）は，時代や環境の変化に柔軟に対応するという点で非常に重要である。

文　献

1) 宇宙基本計画（平成27年1月9日宇宙開発戦略本部決定），P.23
   http://www8.cao.go.jp/space/plan/plan2/plan2.pdf
2) エネルギー基本計画（平成26年4月11日閣議決定），P.74
   http://www.enecho.meti.go.jp/category/others/basic_plan/pdf/140411.pdf
3) P. E. Glaser, *Science*, **162**, 857-886（1968）
4) DOE and NASA report, "Satellite Power System; Concept Development and Evaluation Program", Reference System Report, Oct.（1980）
5) S. Sasaki, K. Tanaka, K. Higuchi, N. Okuizumi, S. Kawasaki, N. Shinohara, K. Senda, and K. Ishimura, *Acta Astronautica*, **60**, 153-165（2006）
6) 佐々木進，日本太陽エネルギー学会学会誌「太陽エネルギー」，**42**(1), 5-11（2016）
7) 森雅弘，香河英史，斉藤由佳，長山博幸，"JAXAにおける宇宙エネルギー利用システムの研究状況"，第7回SPSシンポジウム講演集，pp.132-137（2005）
8) 篠原真毅 監修，現代電子情報通信選書「知識の森」宇宙太陽光発電，P.29，オーム社（2012）
9) 牧野克省，上土井大助，中台光洋，谷島正信，大橋一夫，高橋智宏，佐々木拓郎，本間幸洋，電子情報通信学会技報，SANE 2015-22, pp.37-42, June（2015）
10) 真野清司，片木孝至，電子通信学会論文誌，**J65-B**(5), 555-560（1982）
11) 平成18年度 太陽光発電利用促進技術調査 成果報告書 別冊，システム専門委員会報告書，P.21-22, ㈶無人宇宙実験システム研究開発機構，平成19年3月
12) 大塚昌孝，千葉勇，片木孝至，鈴木龍彦，電子情報通信学会論文誌，**J82-B**(3), 427-434（1999）
13) 牧野克省，日本太陽エネルギー学会学会誌「太陽エネルギー」，**42**(1), 21-27（2016）

ワイヤレス電力伝送技術の
研究開発と実用化の最前線

2016年8月29日　第1刷発行

監　　修	篠原真毅	（T1019）
発 行 者	辻　賢司	
発 行 所	株式会社シーエムシー出版	
	東京都千代田区神田錦町1-17-1	
	電話 03(3293)7066	
	大阪市中央区内平野町1-3-12	
	電話 06(4794)8234	
	http://www.cmcbooks.co.jp/	
編集担当	福井悠也／門脇孝子	

〔印刷　尼崎印刷株式会社〕　　　　　　　　　　　　Ⓒ N. Shinohara, 2016

落丁・乱丁本はお取替えいたします。

本書の内容の一部あるいは全部を無断で複写（コピー）することは，法律で認められた場合を除き，著作者および出版社の権利の侵害になります。

ISBN978-4-7813-1175-3　　C3054　　￥68000E